한국해양수산개발원 학술총서 ❽

해 양 책 략

OCEAN STRATAGEM

홍승용 지음

2

CONTENTS

제9장 팍스 브리태니카 · 7

1. 해양력으로 유럽 최강국을 만든 엘리자베스 1세 여왕 · 9
2. 크롬웰의 《항해조례 책략》 · 22
3. 커피하우스와 로이즈 해상보험 · 25
4. 미국을 잃은 영국 노스 수상의 《차 조령 책략》 · 29
5. 팍스 브리태니카의 전성기를 만든 빅토리아 여왕 · 33

제10장 팍스 아메리카나 · 45

1. 맨해튼 월가의 지배자가 세계경제 지배 · 47
2. 협상테이블에서 만든 영토 대국 · 51
3. 시워드 국무장관의 《알래스카 매입과 세계화 책략》 · 57
4. 팍스 아메리카나를 설계한 《TR과 마한의 해양책략》 · 63
5. 미국 조선업의 아버지 헨리 카이저의 《빨리 빨리 책략》 · 74
6. '마하니즘'으로 격돌하는 미국과 중국 · 79

차례

제11장 세계 최대 해양영토국가 프랑스 · 87

1. 프랑스의 《해양영토 세계 1위 책략》 · 89
2. 태양왕 루이 14세와 《콜베르의 해양책략》 · 97
3. 해양력 아킬레스에 발목 잡힌 나폴레옹 황제 · 101
4. 드골 대통령의 《해양개발 책략》과 해양탐험가 쿠스토 · 106
5. 글로벌 해운강자 CMA · CGM 그룹 · 113

제12장 중국의 꿈 '해양굴기 海洋崛起' · 121

1. 중국의 콜럼버스 '정화' · 123
2. 백년의 마라톤과 해양책략 · 130
3. 류화칭의 《제1·제2·제3 다오롄 島鍊 책략》 · 136
4. 연해주의 그레이트 게임과 《차항출해 借港出海 책략》 · 139
5. 시진핑의 《일대일로 一帶一路 책략》 · 147

CONTENTS

제13장 섬나라 일본의 줄기찬 해양강국전략 · 161
1. 사카모토 료마의 《선중팔책 船中八策》 · 163
2. 해양영토 극대화 위한 《특정 유인 국경낙도 책략》 · 176
3. 난세이 제도의 전략적 가치와 센카쿠 섬 분쟁 · 181
4. 일본 조선업의 성공과 쇠락 · 188

제14장 한국역사에 나타난 바다경영 · 193
1. 동아시아 해상왕 《장보고의 해양책략》 · 195
2. 만주와 연해주를 다스렸던 바다의 나라 '발해' · 202
3. 세계를 향한 고려의 해양 전략 · 207
   1) 후삼국을 통일한 왕건의 해양력 · 207
   2) 천년을 앞선 개성상인 복식부기와 금융제도 · 210
4. 공도정책과 해금정책이 만든 쇄국주의 · 215

차례

제15장 현대한국의 해양경영과 해양책략 · 223

1. 이승만 대통령의 《평화선 책략》 · 225
2. 《해양화 책략》이 만든 한강의 기적 · 242
3. '무모한 도전·무서운 질주' 세계 1위 조선업 · 247
   1) 박정희 대통령과 정주영 회장의 《조선강국 책략》 · 247
   2) 해양플랜트에 사활 달린 세계 최강의 한국조선업 · 256
4. 국가 해양력과 수출입국의 기본 인프라 해운업 · 263
   1) 압축성장의 해운정책과 '적기조례'에 묶인 해운업 · 263
   2) 박근혜 정부의 조선·해운업 구조조정 방안과 그 후 · 270
   3) 구지·무능·무책임이 만든 해운업 붕괴 · 278
   4) 글로벌 해운강국과 기업들의 《해운업 생존·성장책략》 · 287
5. 원양어업에서 재계의 타이쿤이 된 김재철 회장 · 296
6. 1998년 한·일 어업협정 · 305
7. 2000년 한·중 어업협정 · 323
8. 《태평양 심해저광구 확보책략》 · 336

참고문헌 / 표 참고 / 그림 참고 / INDEX

제9장
팍스 브리태니카

1. 해양력으로 유럽 최강국을 만든 엘리자베스 1세 여왕
2. 크롬웰의 《항해조례 책략》
3. 커피하우스와 로이즈 해상보험
4. 미국을 잃은 영국 노스 수상의 《차 조령 책략》
5. 팍스 브리태니카의 전성기를 만든 빅토리아 여왕

19세기 영국은 한 명의 노련하고 전략적인
여인의 지혜로 인해 전성기를 누렸다.

제9장 팍스 브리태니카

1. 해양력으로 유럽 최강국을 만든 엘리자베스 1세 여왕

역사에서 피지배국가의 아픈 역사를 승화시킨 나라들이 세계 패권국가가 되었다. 영국, 네덜란드, 미국이 그렇다. 대영 제국의 이미지는 근세사에서 제국주의와 해외 식민지 운영을 통한 자원 착취 등으로 부정적 이미지로 평가되기도 한다. 그러나 영국은 기원 후 43년부터 5세기까지 로마, 바이킹족에 의한 침공과 일부 지역 피지배, 1066년 프랑스 노르망디 지방에 살던 노르만족의 노르망디 윌리엄 공 이후 300여 년간 피지배시대 등 15세기까지는 줄 곧 다른 나라의 지배와 침공을 수없이 당했던 피지배 국가의 역사를 갖고 있다. 'UK United Kingdom'은 잉글랜드, 스코틀랜드, 웨일스, 북 아일랜드의 네 개의 나라로 구성되어 있다.

대영 제국의 출발은 튜더 왕조의 마지막 군주인 '엘리자베스 1세 여왕 Elizabeth Tudor I(재위 1558~1603년)이다. 그녀는 45년간 잉글랜드 왕국과 아일랜드 왕국을 다스렸으며, 대영 제국으로 발전할 굳건한 토대를 마련했다. 엘리자베스 1세는 헨리 8세와 두 번째 왕비인 앤 불린 사이에서 태어났다. 모친인 앤은 엘리자베스를 낳은 후 간통죄로 참수 당했지만, 부친인 헨리 8세는 딸 엘리자베스의 교육에 애정과 관심을 쏟았다. 엘리자베스

는 여섯 살 때부터 당대 최고의 학자들로부터 교육을 받았으며 그녀 스스로
도 "그리스, 로마의 내로라하는 학자들을 뛰어 넘겠다."는 당찬 기개를 보였
다. 그녀는 라틴어, 프랑스어, 그리스어, 에스파냐어, 이탈리아어, 웨일스어
를 자유롭게 쓰고 읽고 대화할 수 있었다. 특히 철학과 역사에 관심이 많아
서 매일 세 시간씩 역사책을 읽었다. 자신보다 책을 많이 독파한 학자는 거
의 없다고 자부했으며 죽는 날까지 키케로나 플루타르크 번역을 소일거리
로 삼았다. 그녀는 학문을 사랑한 학자이자 여왕이었다.

25살의 엘리자베스 1세는 여왕 즉위식 날 두 가지 영국 왕의 징표를 얻
게 된다. 오른손 넷째 손가락에는 백성들과의 결합을 상징하는 반지를 꼈
고, 무게가 3킬로그램에 이른다는 잉글랜드 왕실 왕관을 썼다. 그녀는 당면
한 두 가지 안건인 결혼과 종교를 면밀히 검토했다. 첫 번째 문제인 결혼에
관한 그녀의 결론이다. 엘리자베스 1세는 평생을 독신으로 지내 '처녀 여왕
The Virgin Queen'이라 불렸으며, "짐은 국가와 결혼하였다."는 이유로도 숭
배의 대상이 되었다. 종교에 관해서 엘리자베스 여왕은 개신교를 국교로 삼
았지만, 개신교와 로마 가톨릭교 간의 극단을 피하는 중용노선을 취함으로
써 종교분쟁을 지혜롭게 해결하였다.

엘리자베스 1세 여왕은 지성과 위엄이 조화된 미모의 소유자였다. 성적
매력과 자신감에 남성들은 뇌쇄당했으며, 노년에도 목이 깊게 팬 드레스를
입었고 아침에 몸치장을 하는 데 두 시간씩을 썼다. 온 몸을 다이아몬드와
진주로 휘감아 치장했고, 특히 보석에 집착한 그녀의 컬렉션은 단연 유럽
최고 수준이었다. 15세기 말에서 16세기 초 유럽의 최고 갑부였고 신성 로
마 제국을 좌지우지했던 야고프 푸거의 목걸이는 훗날 엘리자베스 여왕의
목에 걸렸다. 보석에는 그녀의 좌우명인 '셈페르 에어뎀 semper eadem(항상
같다)' 문구를 새겼다.[1]

그림 9.1. 스페인 무적함대 격파 기념 엘리자베스 1세 여왕 초상화 (대영박물관)

엘리자베스 1세가 여왕으로 등극하기 전에 영국은 프랑스와 백년전쟁(1339~1453년)을 치렀다. 백년전쟁은 영국 왕이 프랑스 왕실의 혈통을 이어받았기에 프랑스 왕위도 자신들이 계승해야 한다며 일으킨 전쟁이다. 영국은 1066년 노르만 왕조의 성립 이후 프랑스 내부에 영토를 소유하였기 때문에도 양국 사이에는 오랫동안 분쟁이 계속되었다. 그러다 1328년 프랑스 카페 왕조의 샤를 4세가 남자 후계자가 없이 사망하자, 그의 4촌 형제인 필리프 6세가 왕위에 올랐다. 이에 대하여 영국 왕 에드워드 3세는 그의 모친이 카페 왕조 출신이라는 이유로 프랑스 왕위를 계승해야 한다고 주장하면서 양국 간에 심각하게 대립하였다. 영국의 에드워드 3세는 프랑스 경제를 혼란에 빠뜨리기 위하여 프랑스의 플랑드르에 수출해오던 양모공급을 중단했다. 그 보복으로 프랑스의 필리프 6세는 프랑스 내의 영국 영토인 기옌 지방의 몰수를 선언했으며, 1337년 에드워드 3세는 필리프 6세에게 공식적으로 도전하면서 백년전쟁이 시작되었다. 원래 플랑드르는 프랑스 영토에 속했고 중세기 유럽 최대의 모직물 공업지대로서 번창하였지만, 원료인 양모의 최대 공급국인 영국이 이 지방을 경제적으로 지배하고 있었다. 기옌 역시 유럽 최대의 포도주 생산지였으므로, 프랑스 왕들은 항상 이 두 지방의 탈환을 바라고 있었다. 따라서 전쟁의 근본적 원인은 이 두 지방의 쟁탈을 목표한 것이었다.

   영국은 토지가 척박하여 농업 대신 양을 키우는 목축업에 집중했다. 영국산 양모는 당시 모직기술이 탁월한 프랑스 플랑드르에 수출되었고, 그곳의 우수한 디자이너들이 가공하여 고부가가치 제품을 만들었다. 영국은 양모 생산, 프랑스는 가공이라는 상생체제였다. 영국의 입장에서는 플랑드르가 중요한 지역이었고, 프랑스의 영향력을 배제함으로써 양모 원료와 제품 생산 공정의 원스톱체제 확보로 경제적 이익을 극대화하고 싶어 했다. 플랑드르의 모직물업자들도 프랑스에 지배당하기보다 영국의 지배가 훨씬 이익이라는 사실을 공유하고 있었다. 그래서 전쟁이 발발하자 플랑드르에 거주하던 프랑스 모직물 가공업자 대부분은 영국으로 이사했다. 1339년 이전의 영국은 양모 원료수출국으로 후진국이었지만, 1백여 년이 경과한 1453년 전쟁 말에는 모직물 제품의 수출이 급증하면서 선진 무역국으로 변모했다. 따라서 프랑스 플랑드르의 기술과 자본을 획득한 영국은 더 이상 플랑드르를 필요로 하지 않았기 때문에 프랑스에서 철수했다. 흔히 성녀 잔 다르크가 나타나 프랑스의 승리를 가져왔다고 하지만, 실속을 거둔 쪽은 명예롭게 철수한 영국이었다. 역사에서 보는 '승자의 저주'가 프랑스에 적용되었다. 백년전쟁에서 프랑스는 이긴 것처럼 보였고, 승리에 도취한 결과 영국처럼 산업기술 혁신을 이루지 못했다. 프랑스는 봉건적인 농업경제, 영토주의가 지속됐기 때문에 산업기술에서 그 후 영국보다 약 100년 뒤처지는 국가가 되었다.

백년전쟁 이전에는 경제적으로 후진국이었던 영국은 백년전쟁 중에 습득한 자본과 기술의 집적, 여기에 중앙집권화라는 근대적 국가경영체제 강화로 세계경제의 선두그룹으로 진입하게 되었다. 플랑드르의 비즈니스 모델 성공, 자본과 기술의 축적은 그 후 18세기 방적기, 증기기관으로 대표되는 영국의 산업혁명으로 이어진다. 플랑드르가 쇠퇴하면서 네덜란드는 영국산 양모제품을 대륙 곳곳에 판매하는 '소매업'으로 영국제품을 독점으로 사들였다. 역사상 다른 나라의 제품을 소매업자가 제휴해서 영업을 한 비즈니스 모델은 네덜란드가 처음이다. 네덜란드는 중계무역국가 전략으로 성공하는 모델을 만들어 낸 것이다. 유럽항만의 중심도 앤트워프에서 암스테르담으로 넘어갔다. 그 후 네덜란드는 영국제품을 독점하려고 도매업을 발달시키고, 상거래자금 수급 규모 확대와 금융업의 발전을 도모했다.

영국이 신대륙 탐험에 최초로 나선 것은 죠반니 카보토 Giovanni Caboto(영어식 이름 John Cabot, 1450~1499) 였다. 카보토는 이탈리아 베네치아 출신으로 영국에 이주한 해양탐험가이며, 콜럼버스와 동시대의 인물이다. 콜럼버스가 서방 항로 개척에 나섰을 때, 카보토는 북방 항로 개척을 통해 신대륙을 발견하려 했다. 역사의 가정이지만, 카보토도 서방항로를 개척했다면 어땠을까? 여하튼 카보토는 위도가 높을수록 동양으로 가는 항해거리가 짧아질 것으로 믿었기에 영국의 브리스톨 항은 그의 항해를 실현시킬 수 있는 최적의 장소였다. 1496년 헨리 7세가 카보토를 지원하여 1497년 뉴펀들랜드(카보토는 New Found Land라는 명칭을 부여함)와 노바스코샤 쪽으로 진출하는 데 성공하였다. 그 후 죠반니 카보토의 아들인 세바스챤 카보토가 1508년과 1509년에 북미 대륙의 허드슨 만과 체사피크 만을 탐사한 후 귀국했지만, 헨리 7세 다음 왕권을 받은 헨리 8세(재위 1509~1547년)는 해외탐사에 관심을 두지 않았고, 기록도 제대로 남아있지 않았다.

엘리자베스 1세 여왕(재위 1558~1603년) 시대는 해외 원정에 국력을 쏟아 붓던 탐험과 모험의 시대였다. 여왕의 대표적인 해양참모는 두 사람으로 오른팔 역할은 해군강화와 최초로 해외에 영국 식민지를 건설했던 월터 롤리 Walter Raleigh 경이었고, 왼팔 역할은 해적 출신으로 세계 항해와 스페인 무적함대를 이긴 선봉장인 프랜시스 드레이크 Francis Drake (1540~1593)라 할 수 있다. 미국대륙의 식민지 개척에는 월터 롤리, 험프리 길버트, 그리고 리처드 그렌빌이 앞장섰다. 월터 롤리는 "바다를 장악하는 자, 무역을 장악 한다. 세계의 무역을 장악하는 자, 세계의 부를 장악할 것이며 결과적으로 세계 그 자체를 제패할 것이다."라는 역사에서 회자되는 명제를 남겼다. 비록 나이 차가 많았지만, 엘리자베스 1세의 마음을 사로잡은 것은 하양 전략가이자 해양탐험가 월터 롤리 경이라는 설이 있다. 험프리 길버트는 1583년 대서양을 횡단하여 뉴펀들랜드에 상륙하여 이를 영국령으로 선포했다. 그 뒤 그는 대륙의 본토로 항해했으나 선박이 좌초하여 실패하고, 아메리카 식민지 개척은 길버트의 동생인 월터 롤리가 수행했다. 1584년 롤리는 식민지를 찾기 위해 두 척의 배를 이끌고 노스캐롤라이나의 로어노우크 섬에 도착했다. 롤리는 이 땅을 처녀 여왕인 엘리자베스를 기념하여 '버지니아 Virginia(처녀의 땅)'라 명명했고, 이듬해에 사촌인 리처드 그렌빌의 인솔 아래 100명의 식민들을 파견했다. 그러나 기근과 인디언에 시달리던 식민들은 1년도 못 버티고 프랜시스 드레이크의 함대 편으로 귀향해 버렸다. 1차 식민 활동이 실패한 후 월터 롤리는 1587년 다시 150

명의 식민들을 보냈고, 이 탐험 역시 너무 적은 인적자원 공급 때문에 실패하였다. 그 후 1606년, 국왕 제임스 1세는 식민지화 목적을 위하여 런던의 버지니아 회사를 특허하였다. 1607년, 회사가 보낸 식민지 주민들은 미국 동부에 첫 영구적 영국인들이 이민하여 '제임스타운'을 건설하였다.

새로운 시장을 찾으려는 시도는 엘리자베스 1세 여왕 시대에 들어와서 한층 더 활발해지고 다양해졌다. 그 무렵 '한자동맹'이 쇠퇴함에 따라 영국 상인들은 오랫동안 봉쇄되었던 발트 해로 다시 진출할 수 있게 되었다. 그들은 1579년 북동부 독일로 직물을 수출했을 뿐만 아니라 지중해 무역도 재개했다. 지중해 무역은 1581년에 투르크 회사가, 그리고 뒤이어 베네치아 회사가 설립되어 지중해 무역을 독점했다. 이 두 회사는 1592년 레반트 회사로 합병하여 이후 2세기 넘게 존속했다. 또한 잉글랜드 상인들은 남대서양으로의 진출도 도모하였다. 런던 상인들이 파견한 탐험대는 1591년과 1596년 두 차례에 걸쳐 아시아 쪽을 탐험하여 교역 가능성을 탐색했다. 그 결과 1600년에 '동인도회사 EIC'가 설립되었으며, 이후 영국 역사상 최대의 무역회사가 되었다.

엘리자베스 1세 여왕 시대의 영국인들은 평화적인 교역과 항로의 개척뿐만 아니라 노예무역과 해적행위도 일삼았다. 존 호킨스는 일찍이 1560년대에 서아프리카 해안에서 흑인 노예를 사들여 카리브 해 일대의 스페인 식민지에 팔고, 그 지방 산물인 가죽, 설탕, 진주 등을 실어와 크게 돈을 벌었다. 영국인들은 이 노예 상인을 위대한 인물로 칭송했고, 엘리자베스 1세 여왕도 선박을 대여하는 방식으로 그 사업에 참여했다. 그러나 1567년 출항한 3차 항해는 스페인 측이 존 호킨스의 노예무역 선단을 공격하여 6척의 선박 중 2척만이 간신히 귀국할 수 있었다. 영국인들은 '호킨스 사건'에 분노했고, 그 후 영국의 뱃사람들은 보다 노골적으로 대서양을 누비면서 스페인의 무역선과 식민지를 습격하기 시작했다. 그중 가장 두드러진 활약상을 보인 인물은 프랜시스 드레이크였다. 그는 파나마 지협 인근에 출몰하여 스페인인들을 괴롭히고, 많은 물품을 약탈하여 잉글랜드로 실어 날랐다. 그는 스페인과의 긴장이 고조되던 시기에도 카리브 해 일대의 스페인 식민지들을 자주 해적질했다.

엘리자베스 1세는 잉글랜드의 국력이 프랑스나 스페인에 한참 못 미친다는 것을 알고, 표면적으로는 세력 균형 정책을 펴면서 뒤로는 프랜시스 드레이크 등 해적들을 지원하여 스페인을 견제하였다. 마르틴 루터의 종교개혁 이후 네덜란드의 독립 전쟁에서는 개신교 국가인 네덜란드를 지원했다. 그 결과 가톨릭을 국교로 한 스페인과의 관계가 균열되었고, 두 나라는 숙적이 되었다. 그 무렵 스코틀랜드의 여왕이자 로마 가톨릭교도인 메리 스튜어트 Mary Stuart는 프로테스탄트를 믿는 귀족들의 반란으로 어린 아들인 제임스에게 왕위 양위를 강요당하고, 1568년 잉글랜드로 망명하였다. 엘리자베스와 숙명적 관계인 메리 스튜어트는 그 후 20년 동안 자신이 헨리 8세 누나의 적손임을 내세워 엘리자베스 1세를 제거하여 영국왕위를 찬탈할 온갖 음모를 꾸몄지만 1587년 암살 계획이 발각되어 단두대에서 처형되었다.

사실 엘리자베스는 왕으로 즉위하기 전까지 목숨과 권력을 위해 피눈물의 세월을 토내야만 했다. 헨리 8세의 딸로 태어날 당시는 적자였던 엘리자베스 1세는 일찍이 아버지로부터 서출로 내쳐지는 비극을 겪었다. 가톨릭 세력은 엘리자베스의 어머니인 앤 블린이 가톨릭 국가인 스페인의 공주였던 캐서린을 폐하고 왕비자리에 올랐기 때문에 끝까지 엘리자베스를 서출로 생각했고, 그들은 엘리자베스를 대신할 다른 왕위계승자로 가톨릭 신자인 메리 스튜어트를 주목했다. 그러나 헨리 8세 사후 헨리 8세가 만든 영국 국교회와 대부분의 잉글랜드 국민들은 엘리자베스를 왕으로 인정하였다. 엘리자베스 1세 여왕이 종교문제에서 중용정책을 표방하면서도 가톨릭 대신 개신교를 중시한 것은 여왕 즉위의 정통성과 관련 있기 때문이다. 16세기 영국은 엘리자베스 1세와 메리 스튜어트 두 여자가 만들었다고 해도 과언이 아니다. 엘리자베스 1세는 메리 스튜어트라는 강력한 라이벌이 있었기에 자신의 통치권을 더욱 공고히 하고 성군이 될 수 있었다. 한편 메리 스튜어트는 죽음의 칼이 목에 들어오는 순간까지도 자신의 왕위 계승권을 저버리지 않았다. 그것이 결국 아들에게 이어져 제임스 1세가 잉글랜드와 스코틀랜드를 통합하게 되는 것이다.[2]

엘리자베스 1세를 견제하려던 메리 스튜어트가 처형되자 스페인은 이를 핑계로 영국에 대해 선전포고를 하였다. 칼레 해전이 발발한 첫 번째 이유다. 마침 북아메리카에서의 영국의 식민 활동도 스페인을 자극했고, 드레이크를 위시한 영국인의 해적행위는 스페인의 위신을 크게 추락시켰던 것이 두 번째 이유였다. 세 번째 이유는 엘리자베스 1세 여왕이 드레이크에게 기사 작위를 수여했고, 설상가상으로 펠리페 2세의 청혼을 엘리자베스 1세 여왕이 거절하자 스페인의 자존심은 크게 상했다. 가장 중요한 원인인 네 번째 이유는 스페인에 대한 네덜란드의 반란을 영국이 지원한 데 있었다. 가톨릭교의 수호자를 자처한 펠리페 2세가 네덜란드의 개신교를 탄압하고 과중한 세금을 부과하는 등 강압 정책을 펴자 그에 대한 불만으로 네덜란드는 1566년 반란을 일으켰다. 압제에 대한 저항으로 시작된 반란은 점차 독립 전쟁으로 발전해 갔으나, 1578년 이후 그 세력은 크게 약해졌다. 남부와 북부가 분열하여 전체 17개 주 가운데 오늘날의 벨기에에 해당하는 남부 10개 주가 독립 전쟁의 대열에서 이탈했고, 1584년경에는 북부 7개 주마저 분쇄될 처지에 놓였다.

이때 역사를 바꾼 것은 영국 엘리자베스 1세 여왕의 개입이었다. 초기에 엘리자베스 1세는 은밀하게 네덜란드를 지원하면서 막강한 스페인에 맞서는 정면충돌보다는 외교적 유화정책을 구사했다. 네덜란드가 펠리페 2세의 수중에 들어가면 그것이 영국 침공의 발판이 되리라 판단한 여왕은 1585년 평생의 연인이자 심복이었던 로버트 더들리 경 Sir Robert Dudley(1532~1588)이 지휘하는 군대를 파견하여 네덜란드를 도왔지만 별 성과를 거두지 못하고 귀환했다. 그러나 해상에서는 드레이크를 비롯한 여러 약탈자들이 스페인 선박들을 공격하여 좋은 성과를 거두었다. 그런 과정에서 펠리페 2세 역시 네덜란드를 진압하려면 우선 영국부터 쳐야 된다고 판단했다.

1588년 칼레 해전에서 펠리페 2세는 영국을 제압하기 위해 스페인이 자랑하는 무적함대를 출동시켰다. 영국의 엘리자베스 여왕은 찰스 하워드 경을 사령관으로 하고, 존 호킨스, 프랜시스 드레이크 등 해전의 맹장들을 배치하여 싸우게 하였다. 스페인의 전력이 막강했지만, 100년 전부터 해군력을 준비하고 강화해 온 영국의 해군도 만만치 않았다. 대양해군의 필요성을 인지하고 해군의 기초를 닦은 헨리 7세(재위 1485~1509년), 신형 갤리언 전함 건조로 속도와 대포를 탑재시켜 전투력을 배가시킨 헨리 8세(재위 1509~1547년), 1570년부터 존 호킨스 주도하에 근대해군으로 무장하고 훈련시킨 엘리자베스 1세 여왕이 100년을 준비한 왕들이었다. 영국의 해군력은 기동력이 뛰어났고 선원들은 잘 훈련되어 있었다. 칼레 해전에서 '무적함대'인 스페인은 영국에 대패하였고, 무적함대는 태풍까지 만나 재기불능 상태에 빠지게 되었다.

영국은 1588년 스페인 무적함대를 공격하고 한 번에 일류 해군국이 되었다. 30여 년(1567~1604년)의 장기간 지속된 영국과 스페인의 해상패권은 유럽과 세계사에 하나의 전환점이 되었다. 역사상 세계 3대 해전은 살라미스 해전(그리스 대 페르시아), 칼레 해전(영국 대 스페인), 트라팔가르 해전(영국 대 프랑스)이며, 이 중 두 개 해전인 칼레 해전과 트라팔가르 해전에서 영국이 승전국이 되면서 대영 제국이 형성된 것이다. 무적함대의 패배는 스페인의 해상무역권이 영국에 넘어가고 네덜란드가 독립과 함께 17세기 해양패권국가로 우뚝 서는 결정적 계기가 되었다. 역사의 큰 흐름은 그렇다. 엘리자베스 1세 여왕의 영국은 당대 유럽 최강인 스페인의 아르마다를 상대로 승리를 거두었고, 위기에 처한 유럽의 개신교를 구출했다. 영국인들은 이를 계기로 국민의 일체감과 애국심이 고양되었고, 대양 진출과 더불어 펼쳐질 위대한 미래에 대한 꿈을 키워나가게 되었다.

그러나 칼레 해전 직후의 상황은 역사의 큰 흐름과 달리 영국의 일방적 승리는 아니었다. 칼레 해전에 대한 얘기는 대체로 스페인 무적함대가 엘리자베스 1세 여왕과 존 호킨스, 프랜시스 드레이크가 이끄는 영국 함대에게 패배한 전쟁으로 유명하지만, 1604년까지 지속되었다. 칼레 해전 1년 후인 1589년 영국의 드레이크-노리스 원정대 1만 2천명이 스페인 항구도시 라코루냐에서 스페인군에게 대패한 후 전황은 다시 교착 상태에 빠졌다. 이후로 잉글랜드는 스페인과 전면적인 해상 교전을 벌일 능력을 상실했다. 그리고 스페인 함대는 재건되어 다시 1596년과 1597년 영국을 공격했지만 폭풍 등으로 인해 패배하고 만다. 스페인의 펠리페 2세는 1598년에, 영국의 엘리자베스 1세는 1603년 후계자를 남기지 못하고 죽자 스코틀랜드 왕이었던 제임스 1세가 왕권을 이어받았다. 양 국가는 전쟁으로 재정 문제가 가중되었고 앙숙인 두 나라 수장이 죽으면서 전쟁의 전개는 진전이 없었기에 1604년 런던평화협정을 맺는다. 영국은 스페인으로부터의 군사적 위협이 사라졌고 종교적 자유를 얻었으며 카톨릭 교도들을 계속 탄압할 수 있었다.

스페인도 영국 해협과 항구들의 개방, 영국의 해적활동 전면 중단, 영국의 네덜란드 독립군에 대한 지원 전면 중단이라는 결과를 얻는다. 이것이 사실상 영국-스페인 전쟁(1585~1604)의 끝이며, 영국과 스페인은 1625년까지 평화를 유지했다.[3] 이후 시간이 갈수록 스페인 무적함대의 명성 또한 저물어 갔고, 스페인은 점차 힘을 잃어갔다. 스페인이 힘을 잃어갈수록 영국은 힘을 얻었다. 스페인과 평화관계를 맺으면서 영국은 다른 나라들의 식민지를 공격해 약탈하는 행동에서 스스로 국외에 식민지들을 건설하는 것으로 전략을 바꾸었다. 비록 처음엔 계획성 없이 일을 시작했지만, 17세기 초에 들어서면서 대영 제국은 북아메리카와 카리브 해의 작은 섬들에 자국민들을 이주시키는 사업과 더불어 개인 회사인 영국 동인도회사를 설립하여 아시아와의 교역에 착수하기 시작했다. 동인도회사 설립은 엘리자베스 1세 여왕의 가장 큰 업적의 하나이다.

임종을 앞두고 여왕이 의회에서 행한 마지막 연설은 후세에 '황금의 연설'이라 일컬어지며, 한 나라의 최고 지도자가 갖춰야 할 백성에 대한 사랑, 덕목, 품위가 느껴지는 명연설이다.

"단언하건대 나만큼 국민을 사랑하는 군주는 없을 것이다. 신께서 나를 여왕으로 만들어 주신 데 감사하지만 내가 누린 가장 큰 영광은 백성의 사랑을 받으며 통치할 수 있었다는 것이다. 신께서 나를 왕좌에 앉히신 점보다 애정을 보내준 백성의 여왕이 되어 그들을 안전하게 보호하고 위험에서 구하도록 하신 점이 훨씬 더 기쁘다. (중략) 신께서 내게 주신 책무를 이행하고 신의 영광을 드높이며 백성을 안전하게 지켜야 한다는 양심의 명령이 없었다면 나도 이 왕관을 누구에게든 주어버리고 말았을 것이다. 나는 내가 백성들에게 도움이 될 수 있는 날까지만 살아서 통치할 생각이다. 나보다 더 강하고 현명한 군주는 과거에도 있었고 앞으로도 있을지 모르지만 나만큼 백성을 사랑하는 군주는 이제까지 없었고 앞으로도 없을 것이다."

엘리자베스 여왕은 1603년 3월 24일 45년의 긴 치세와 70년의 긴 삶을 마감하고 죽을 때까지 군주의 품위를 흩뜨리지 않았다. 엘리자베스 1세 여왕은 프랑스와의 백년전쟁의 후유증이 남아 있었고 종교전쟁, 열강들의 위협, 급격한 인플레이션 등으로 혼란스럽던 상황에서 유럽 후진국이었던 영국을 세계 최대의 제국으로 발전시킨 위대한 지도자였다. 그녀의 재위 45년간 역사에 기록된 국가경영전략의 주요핵심은 『수장령 Acts of Supremacy』(국왕을 영국 교회의 유일 최고의 수장으로 규정한 법률)과 『통일령 Act of Uniformity』(국교회의 예배와 기도·의식 등을 통일한 법률)의 제정으로 종교 질서 확립과 신교국가의 기반 마련, 스페인 무적함대 격파, 동인도회사 설립으로 국제 무역과 해외시장 개척, 아메리카 등 해외 식민지 개척, 통화개혁 추진으로 가격혁명에 따른 부정적 결과들에 대한 대응책 추진, 사회복지정책의 초석이 되는 『구빈법』 제정이었다. "인도는 잃을지언정 셰익스피어는 잃을 수 없다."고 토마스 칼라일이 극찬한 윌리엄 셰익스피어 William Shakespeare(1564~1616)가 활동한 시기도 엘리자베스 여왕 시대였다.

그녀의 치세는 후대에 향수 어린 시절로 회상되고 영국 역사의 황금시대로 칭송되어 왔다. 후대의 영국인들에게 엘리자베스 1세 여왕은 역대 어느 군주보다도 높은 찬미와 송덕의 대상이 되었다. 엘리자베스 1세 여왕은 새로운 밀레니엄 전환기에 세계적으로 실시된 조사에서 가장 위대한 정치지도자로 선정되었다.

2. 크롬웰의 《항해조례 책략》

영국은 절대주의가 최고조에 달했던 엘리자베스 1세 여왕 사후 의회파와 왕당파 간의 갈등으로 '청교도혁명'(1640~1660년)과 '명예혁명'(1688년)을 겪은 후 1707년 대영 제국이 성립됐다. 엘리자베스 1세의 뒤를 이은 것은 아이러니컬하게도 그녀의 최대 정치적 라이벌이던 메리 스튜어트의 아들인 제임스 1세(재임 1605~1625년)였다. 그리고 제임스 1세의 아들이 왕권신수설을 제창한 찰스 1세(재임 1625~1649년)다. 찰스 1세는 의회를 무시하고 새로운 세금을 부과하려 하자 지방에서 실권을 쥐고 있던 대지주들이 의회에 집결했다. 찰스 1세는 무력으로 의회를 제압하려 했으며 결국 내전이 벌어졌다. 이 때 올리버 크롬웰이 청교도 병사로 구성된 철기대로 국왕군을 물리치고 찰스 1세를 처형했다. 이것이 청교도 혁명이다. 그는 국왕으로 취임해달라는 의회의 청원을 '전통적인 대의'에 어긋난다며 거절하고 독재적 전권을 지닌 호국경이 되었다. 올리버 크롬웰 Oliver Cromwell(1599~1658)은 경제적으로 정체된 영국의 상황을 타개하기 위하여 아일랜드, 스코틀랜드, 그리고 자메이카를 정복했다.

명예혁명이 이루어지자 망명지 네덜란드에서 돌아 온 사상가 존 로크 John Locke(1632~1704)는 '인민의 재정권과 행복을 보장할 것을 전제로 인민에 대한 지배권이 정부로 이양된 것이기 때문에 그러한 전제조건이 저해될 때 인민은 위탁한 권리를 반환받고 지배자를 교체할 수 있다'는 사회계약설로 명예혁명을 정당화했다. 존 로크가 주장한 재산권과 인민주권에 대한 주장은 근대사회 구조의 기초가 되었다. 크롬웰 이후 1714년 하노버 왕조의 내각책임제 확립으로 "왕은 군림하나 통치하지 않는다."는 의회 민주주의 전통이 착근됐다. 그 과정에서 북미 대륙과 카리브 해, 인도의 지배를 둘러싸고 영국은 네덜란드, 프랑스와 해전을 치렀지만 영국 해군이 거의 일방적으로 승리했다.

　세계해양을 제패하면서 절대주의적 중상주의 정책의 영국 해상권이 얼마나 강했는지 단적으로 증명한 법은《항해법 Navigation Acts》이었다. 영국의 리처드 3세가 1381년 제정한 '항해법'의 골자는 '국적선박 우선 정책'이었다. 영국의 보유선단이 워낙 미미해 사문화했던 이 법은 공화정을 운영한 올리버 크롬웰이 1651년 선포한《항해조례》로 다시 거듭났고, 1849년 폐지되기 전까지 영국 해운업이 세계의 패권을 차지하는 규율로 작동했다. 올리버 크롬웰의 '항해조례' 제정에 의한 해양책략은 항해법과 무역촉진법으로 진화했고, 유럽 대륙에서 영국으로 수입되는 상품은 영국 선박 또는 생산국 선박만이 운송할 수 있고 유럽 이외의 식민지에서 영국으로 수입되는 상품도 영국 선박만이 운송할 수 있다는 '국적선 이용규제법'이자 '카보타지 룰 Cabotage Rule'이 되었다. 이 법안은 영국의 식민지 무역의 이권을 지키기 위해, 그리고 급성장하는 네덜란드 해상무역으로부터 영국의 산업을 보호하는 것이 목적이었다. 네덜란드 배와 네덜란드 상인에 의한 중계 무역을 배제하는 '영국 제일주의 해운·통상책략'이었다. 그 항해조례의 조건은 다음과 같다.[4]

① 오직 잉글랜드 혹은 식민지 배만 영국 식민지로 상품을 옮길 수 있다.
② 잉글랜드인(식민지 주민 포함) 선원이 최소한 절반 이상을 차지해야 한다.
③ 담배와 설탕, 직물은 오직 잉글랜드로만 팔 수 있다.
④ 식민지로 향하는 모든 상품은 잉글랜드를 거쳐야 하며 수입관세를 내야한다.

1651년 항해조례를 선포한 크롬웰의 해양책략에 의해 영국은 본국과 식민지 간의 무역 활동이 활발해지게 되었고, 그때까지 중계무역으로 세계무역의 절반을 차지했던 네덜란드를 제압했다. 당시 자금이 풍부한 네덜란드는 영국에 막대한 채권을 가지고 있었으나, 영국은 항해법을 무기삼아 채무변제에 응하지 않자, 분노한 네덜란드가 선전포고를 감행하게 되었다. 영국과 네덜탄드는 17세기 중반부터 동방 해상무역을 둘러싸고 1652년부터 1674년까지 3차례에 걸쳐 상업전쟁을 벌였다. 세 차례의 전쟁 내용은 네덜란드 부분에서 상세히 기술하였기에 영국 부분에서는 생략한다.

결과적으로 무역대국인 네덜란드는 세 차례에 걸친 전쟁에서 영국 해군에 패했고, 이후 향신료무역과 중계무역에서 영국이 우위를 점하게 되었다. 아울러 네덜란드는 영국과의 전쟁에 패하면서 식민지에 대한 지배력을 크게 상실했다. 이러한 자유무역의 억제로 영국은 큰 부를 축적했지만 결국 영국과 미국 간 1773년 '보스톤 티 파티'의 원인이 되면서 결국 미국 독립전쟁까지 이어지게 된다. 중상주의를 위한 항해법은 19세기 중엽 로버트 필 수상과 존 러셀 수상 시절 영국 자본주의 경제가 세계 시장을 완전히 제패하고 난 후 오히려 영국의 자유무역을 방해하는 규제가 되어 자연스럽게 폐지되었다.

17세기 초 네덜란드, 영국, 프랑스 등은 동양 식민지를 효율적으로 경영하기 위해 각자 동인도회사를 만들었다. 네덜란드는 1602년 동인도회사를 만들었다. 동인도회사는 준정부 조직으로 전쟁의 수행, 조약의 체결, 화폐 주조 같은 정부 기능이 허락되었다. 16세기는 포르투갈과 스페인이 주도한 대항해시대였고, 주 상업품목은 향신료였다. 17세기는 네덜란드가 주도한 삼각무역을 통한 세계해상무역 제패였고, 주 상업품목은 향신료와 설탕, 커피였다. 대항해, 신대륙발견, 플랜테이션, 설탕수요가 복합적으로 만들어 낸 것이 '삼각무역 triangle trade'이다. 삼각무역은 세 지역 또는 세 국가

간 교역을 뜻하지만 좁은 의미로는 16~18세기에 성행한 대서양 일대의 노예 및 설탕무역을 가리킨다.[5] 유럽의 무기와 술, 일용품 등을 서아프리카의 노예와 교환하고, 노예를 실어다 카리브 해의 신대륙에 넘긴 뒤 설탕, 럼, 담배, 커피 등을 가져오는 것이었다. 세 곳을 한 바퀴 돌면 그 수익이 투자비의 3배에 이를 만큼 큰 사업이었다. 포르투갈, 스페인에 이어, 네덜란드, 영국, 프랑스가 삼각무역에 뛰어들었다. 프랑스는 나폴레옹전쟁 때 8년간 대륙봉쇄와 영국의 해양봉쇄로 삼각무역을 통한 설탕 등 신대륙의 상품 공급이 막혔다. 그러나 프랑스의 설탕 공급원이던 생 도맹그(지금의 '아이티')가 떨어져 나갔고 제해권을 영국에게 빼앗겨 사탕수수 수입길이 막히는 바람에 나폴레옹의 프랑스는 사탕무에서 설탕을 추출하는 기술개발로 새로운 전환점을 만들었다. 유럽에서도 재배된 사탕무는 사탕수수의 독점적 지위를 무너뜨렸고, 사탕수수의 대체재로 설탕의 대중화를 앞당겼다. 한편 사탕무의 등장은 노예무역을 종식시켰다. 노예무역의 종식은 1803년 덴마크를 시작으로 금지됐으며, 노예제도의 종식은 영국이 1838년, 프랑스는 1848년, 미국은 남북전쟁 끝에 1863년 노예를 해방시켰다.[6]

3. 커피하우스와 로이즈 해상보험

17세기 해상무역을 주름잡던 네덜란드는 향신료 못지않게 커피에 관심을 가졌다. 1616년 예멘의 아덴 항에서 네덜란드인이 커피나무를 몰래 빼돌려 본국으로 가져간 뒤, 1658년 스리랑카에 커피를 이식했다. 1699년에는 커피나무를 자바, 수마트라, 발리 등 동인도제도에 옮겨 심어 대규모로 재배했다. 이 지역의 생산량이 막대해 한때 커피의 국제가격을 좌우했고,

자바는 모카커피 산지로 유명해졌다. 프랑스는 18세기 후반 서인도제도의 식민지 아이티에서 커피를 재배했고, 19세기 들어 브라질, 콜롬비아, 베네수엘라 등으로 커피재배가 확산됐다. 18세기와 19세기는 영국이 주도한 자유무역과 대식민지 지배였고, 주요목표는 노예, 공산품, 홍차였다. 홍차는 네덜란드의 커피 지배에 대한 대안으로 중국 홍차를 유럽에 도입한 것은 영국이었다. 영국의 홍차는 런던의 커피하우스에 소개되었고, 상류층의 기호식품이 되었다. 영국홍차는 그 후 '보스턴 티 파티사건'으로 세계사에 이름을 남긴다.

한편 해상무역과 불가분의 '해상보험제도'는 고대 페니키아인과 그리스인도 가졌던 제도이고, 근세 초까지 유럽대륙에서 발달했다. 지중해 교역이 활발했던 고대 그리스에서 해상무역의 위험을 줄이기 위한 수단으로 '모험대차 冒險貸借, bottomry'가 생겨났다. 모험대차란 '선박 또는 적재화물의 소유자가 항해에 앞서서 그 선박 또는 적재화물을 저당으로 하여 그 항해 중 또는 일정 기간에 걸쳐 전주로부터 자금을 차입하고, 항해 도중에 해난 등을 당한 경우에는 손해의 정도에 따라서 채무의 전부 또는 일부의 상환을 면제받는 대신 무사히 항해를 마친 경우에는 원금과 이자를 상환하기로 약속하는 대차거래이다' 이 계약은 보통의 대차에 비해 채권자의 위험이 매우 컸으므로 그 이자율이 높았다. 그러나 1203년 교황 그레고리우스 9세가 이자금지령을 내림에 따라 모험대차로 이자를 주고받는 길이 막혔다.

유럽 상인들은 전주와 화주·선주 간에 위장 매매계약을 맺고, 이자 대신 수수료를 받는 형태의 변형 모험대차를 고안했다. 배가 무사히 귀환하면 위장 매매계약을 자동 폐기하고 전주가 수수료를 챙기는 대신 사고가 나면 손해를 보상하는 형태였다. 변형 모험대차는 베네치아, 제노바, 피사 등지에서 성행했다. 1384년 피사에서 작성된 보험계약서와 1395년 베네치아의 보험계약문서가 전해지고 있다. 르네상스를 꽃피운 피렌체의 메디치 가문의 '코시모 데 메디치'(1389~1464)도 모험대차로 막대한 수익을 올렸다. 특히 14세기 중반 나침반이 보급되고 선박 대형화 등으로 해상무역이 비약 발전하면서 근대보험의 기원이 되는 순수한 보험계약으로 진화했다. 스페인은 1435년 세계 최초로 보험계약에 관한 '바르셀로나 해사심판원 법령 The Ordinance of 1435 by Maritime Court' 규정을 제정하였다.[7]

폭풍 등에 의한 해난사고와 함께 해적과 사경선박에 의한 폐해를 보호하기 위한 해상보험이 중요한 사업으로 부상했으며, 17세기 말부터 런던은 해상보험의 중심지가 되었다. 에드워드 로이드 Edward Lloyd의 커피하우스는 1688년부터 선주와 선장과 해상보험 인수인 등 해운업계 사람들이 출입하는 커피하우스였다. 해운과 커피하우스의 관계가 밀접해졌다. 오늘날 보험의 대명사인 영국 대형 보험사 로이드의 효시가 바로 커피하우스다. 유럽 최초의 커피하우스는 1629년 이탈리아 베네치아에서 출범했다.

그 후 영국 런던에 1650년, 프랑스 파리에 1672년 첫 커피하우스가 생겼다. 1650년대는 런던에 커피점이 잇달아 생겨, 약 10년간에 그 수가 3천 여 개에 이르렀다고 한다. 이들은 처음부터 '런던 커피하우스'로 불렸다. 커피하우스에서 교환되는 경제정보는 중요했다. 커피하우스는 유럽 문화와 예술과 정치와 혁명의 중심지가 됐다. 커피하우스에서 음료를 마시며 장시간 동안 다양한 주제의 토론을 경청할 수 있고, 온갖 정보를 얻을 수 있어 한 때 '페니 대학 Penny University'이라 불리기도 했다. 커피하우스는 근현대 유럽의 경제와 정치, 학문이 탄생한 곳이다. 애덤스미스의 《국부론》도 커피하우스에서 탄생했다. 영국 과학자로서 최고의 영광이라고 하는 과학자들의 모임인 '왕립학회'도 커피하우스에서 탄생했다. 왕립학회 초기 회원이었던 아이작 뉴턴과 로버트 보일, 로버트 훅 등이 커피하우스에 모여 토론한 내용은 근대과학의 토대가 됐다.

마침 그 무렵 '스페인 계승전쟁'으로 각국의 배가 해적에 습격당해 화물을 빼앗겼기 때문에 보험의 중요성이 크게 인식되면서 로이즈는 선주, 조선업자, 해상보험업자 등의 사단으로 확대 개편되었다.* 로이드는 1696년부터 《로이즈 뉴스 Lloyd's News》를 발행해 선박매매, 선박입출항 일정, 해상보험 등에 관한 종합정보를 제공했다. 이것이 1734년부터 지금까지 이어오고 있는 《로이즈 리스트 Lloyd's List》이다.

주식거래도 커피하우스에서 이루어졌다. 로이드의 커피하우스에 모인 사람들은 최신 정보를 교환했고, 《로이즈 뉴스》는 로이드의 고객 중 상업이나 선박에 대한 정보를 교환하는 보험회사 대리인 그룹들에 의해 수요가 급증했다. 또한 로이즈는 큰 사고가 발생해도 보험금 지급거절이나 지급불능이 거의 없었기 때문에 1720년 왕립보험회사들이 등장했음에도 로이즈는 해상보험 시장의 90%를 점유할 만큼 공신력이 높았다. 로이즈는 개인보험업의 자금한계를 극복하는 전략으로 신디케이트와 재보험 방식을 발전시켰기 때문이었다. 로이즈의 모토는 라틴어로 신뢰·확신을 뜻하는 '피덴티아 fidentia'이다. 1871년 영국의회는 『로이즈법 Lloyd's Act』을 제정했고, 로이즈는 특수법인인 런던로이즈 Lloyd's of London, 선박의 위험도와 보험등급을 평가하는 로이즈선급협회 Lloyd's Register, 그리고 은행보험증권사를 거느린 로이즈금융그룹 등 3개 조직으로 발전했다. 오늘날에도 해사, 특히 배의 규격과 등록에 관해 가장 권위 있는 정보를 세계 각지로부터 모아 세계보험의 중심 시장이 되고 있는 것이 '로이즈'이다. 또한 항행하는 상선 단

---

* '스페인 계승전쟁'은 스페인 왕 카를로스 2세에서 프랑스 필리프 앙주 공으로의 왕위계승 관련해서 1701~1714년 프랑스·스페인과 영국·오스트리아·네덜란드 사이에 벌어진 국제 전쟁이다. 해상무역, 특히 신대륙 무역확보의 관점에서 프랑스와 에스파냐의 제휴에 반대한 영국·네덜란드 및 에스파냐 계승권을 주장한 오스트리아 3국은 서로 동맹을 맺고 이에 대항하여 싸운 전쟁이다.

을 군함이 호위하는 시스템을 '콘보이 Convoy'라고 한다. 1708년 영국에서 『콘보이법 Convoy Act』이 제정되어 상선은 군함의 명령에 따라야 했지만, 대신 적국의 군함과 사경선 및 해적으로부터 보호를 법률적으로 보장받을 수 있는 제도가 마련되었다.

4. 미국을 잃은 영국 노스 수상의 《차 조령 책략》

역사에서 하나의 법령은 국가 간의 분쟁을 야기하기도 하고, 강자가 약자에게 쓰러지기도 한다. 올리버 크롬웰의 1651년 《항해조례》는 영국-네덜란드 전쟁의 계기가 되었고, 식민지 무역의 최강자이자 중개 무역 해상왕국이던 네덜란드에 치명타를 가했으며, 결국 세계 중계무역의 최강자를 네덜란드에서 영국으로 바꾸었다. 역사는 돌고 돈다. 법령 하나로 네덜란드를 누른 영국은 법령 하나로 미국을 잃게 된다. 1773년 영국 프레더릭 노스 수상의 《차 조령 茶條令》은 강자였던 영국이 식민국인 미국을 독립시키는 결정적 단초를 제공했다. 미국인들은 네덜란드에서 이민 온 사람들을 통해 처음 차를 접했고, 이어 영국인들을 통해 홍차를 접하게 되었다. 식민지 미국인들에게 한 잔의 따뜻한 홍차는 큰 위로가 되었고, 미국은 홍차를 대량으로 소비하게 되었다. 하지만 영국의 동인도회사가 공급하는 홍차는 그 가격이 너무나 비쌌기 때문에 일반인들에게는 적지 않은 부담이 되었다. 미국의 가난한 백성들은 영국 동인도회사의 비싼 홍차 대신 네덜란드 등을 통해 비교적 값싼 홍차를 밀수하여 마실 수밖에 없었다. 이렇게 되자 당연히 동인도회사의 수입도 줄고 영국의 재정도 축나게 되었다.

한편 슐레지엔 영유를 둘러싸고 유럽대국들이 둘로 갈라져 싸운 7년 전쟁(1756~1763년)에 프러시아 쪽에 섰던 영국은 유럽 대륙 이외의 지역에서 프랑스와 싸워 승리했다. 또 세계적으로 보면 7년 전쟁은 해외 식민지를 둘러싼 영국·프랑스 양국의 오랜 싸움의 일환이었으며 이로 인하여 영국은 대 식민제국으로서의 지위를 확립하기에 이르렀다. 7년 전쟁 후 찰스 타운센드 총리의 뒤를 이어 1767년 프레더릭 노스 Frederick North(재임 1770~1782년) 수상이 등장했다. 노스 수상이 등장할 즈음 영국은 스페인, 프랑스와의 전쟁으로 비롯된 적자재정과 북미 주둔 군비에 부담을 갖게 되었다. 이를 해소하기 위해 영국은 미국의 13개 식민지에 본국과 동일한 과세를 실시하여 국채를 줄이려 했다. 이에 영국은 1764년부터 설탕세, 1765년에는 인지세를 내게 하면서 미국 식민지인들은 대거 반발, 대규모 폭력 사태를 일으켰고 결국 영국은 1766년 이를 철회했다. 13개 식민지인들은 이때 자신들의 정치적 영향력을 늘리고자, 식민지 의회가 영국 의회에서 대표성을 갖기를 희망했다. "대표 없이 과세 없다. No Taxation Without Representation."라는 주장은 여기에서 비롯되었다. 이에 1773년 4월을 기해 당시 영국의 수상 프레더릭 노스는 소위 '차 조령 Tea Act 茶條令'을 입법하게 되는데, 그 내용은 미국 등 영국 식민지에 홍차를 팔 권한은 영국의 동인도회사에게만 있다는 것이 핵심이었다. 중상주의를 내건 크롬웰의 '항해조례'를 '홍차 조령'에 적용한 셈이다.

당시 홍차는 '중국→네덜란드→미국 식민지 밀수→영국 및 영국 식민지'로 유통망이 조직되어 시장을 장악한 네덜란드의 밀수업자들이 이득을 보는 구조였다. 반면 영국 정부가 제시한 1773년 '차 조령'은 '중국→동인도회사→영국 및 영국 식민지'로 유통망을 줄여 영국은 세수를 확보하고, 영국민들과 식민지인들은 거품이 빠진 가격에 홍차를 구매할 수 있게 하는 법안이었다. 영국 차 조령을 통해 동인도회사가 직접 미국 식민지에 홍차를 납품하게 되었고, 이 덕에 미국 식민지인들은 기존의 홍차가격의 절반으로 홍차를 먹을 수 있게 되었다. 때문에 당시 미국의 식민지인들은 이 법안에 큰 불만이 없었다. 그러나 정작 불만을 가진 이들은 식민지의 홍차 소비자들이 아니라 식민지의 홍차 밀수 상인들이었다. 당시 홍차 밀수꾼들은 밀수입을 통해 세금을 내지 않았고 이를 통해 부를 축적하고 있었기 때문이다. 그리고 홍차 상인들과 마찬가지로 영국 정부에 불만을 품은 이들이 있었는데 바로 식민지의 지식인들이었다. 당시 북미 대륙의 여러 영국 식민지들에는 각각 따로 총독이 파견됐고 각 식민지들은 독자적인 정부와 의회를 가지고 있었다. 미국은 영국의 다른 식민지들보다 자율성을 좀 더 부여받았고, 영국에서 정책을 제정 및 실행할 때 미국의 식민지 총독과 협의 끝에 결정되었다. 그러나 1764년 설탕세부터 시작한 세수 확대 법안은 모두 영국 의회 독단으로 이루어졌고, 이 때문에 직접세를 부과한다는 것을 미국 식민지 자치에 대한 중대한 도전으로 간주했다.

이에 저렴한 차 구입 루트를 빼앗긴 미국의 차 상인들과 영국의 식민지배에 반기를 들 준비를 하던 독립운동가들은 1773년 12월 16일 '보스턴 홍차 사건 Boston Tea Party'를 일으켰다. 이들은 '대표 없이 조세 없다'는 슬로건을 내걸고 강력히 저항했다. 주동자인 새뮤얼 애덤스 Samuel Adams(미국의 제2대 대통령인 존 애덤스의 6촌 형)가 이끄는 150여 명의 '자유의 아들들'은 5천여 명의 주민과 상인들이 지지하는 분위기 속에서 보스턴 항에 들어온 동인도회사의 배 세 척에 올라가 342상자(1만 5천 톤 상당)의 차를 바다에 던져 넣었다. 보스턴 항구는 그야말로 하나의 '거대한 찻주전자'가 되어버렸다. 보스턴 차 사건을 야기한 영국 수상 프레더릭 노스와 당시 영국 왕 조지 3세는 역사상 가장 최악의 결정들 중의 하나를 내린 인물로 평가됐다. 노스 수상은 1770년부터 1782년까지 수상을 역임했지만, 결국 차 조령과 미국 독립전쟁(1775~1783년)에 대한 대응실패로 쫓겨났다.[8] 노스 수상의 차 조령으로 1775년 영국의 국가채무는 10백만 파운드를 반짝 절감했지만, 그 직후 미국의 독립전쟁의 여파로 영국의 국가채무는 75백만 파운드로 급증했다.[9] 노스 총리의 《차 조령》은 당초 의도대로 국가채무를 줄이지도 못했고, 영국의 노른자 위 식민지인 미국만 잃은 엄청난 실패책략이었다. 역사학자 벤자민 라바리는 이 사건에 대해 "고집스러운 노스 수상이 개념 없이 옛 대영 제국의 관에 못을 박았다."고 통렬히 비판했다.

이 사건으로 미국인들은 차 대신 커피를 애호하게 되었다 한다. 홍차는 진하고 감칠맛 나는 부드러운 분위기와 격조 높은 문화와 예술을 만들어 냈다. 반면 커피는 활력 있는 분위기와 사업적인 발전, 가격의 진보를 이룸으로써 잠을 일깨운 근대의 원동력이 되었다. 홍차와 커피, 이 두 가지는 지금도 여전히 세계 음료시장을 양분하고 있으며, 이 둘 중 어느 쪽을 지지하느냐에 따라 그 나라의 국민성이 좌우된다고 해도 과언이 아닐 정도로 막강한 영향력을 발휘하고 있다.[10] 미국은 보스턴 홍차 사건을 결정적 계기로 하여 1776년 미국은 독립선언문을 채택했고, 그 이후 8년간 대영 제국과 미국 간의 전쟁 후 파리조약(1783년)에서 완전한 독립국가가 되었다. 미국의 독립은 프랑스 혁명(1789~1794년)으로 이어졌고, 나폴레옹 황제의 등장을 가져왔다.

그러나 미국을 잃은 영국은 1805년 넬슨이 이끄는 영국함대가 '트라팔가르 해전'에서 프랑스 나폴레옹군과 스페인 연합함대에 완승하면서 19세기를 '팍스 브리태니카 Pax Britannica' 시대로 만드는 결정적 전환점을 만들었다. 역사에서 '승자의 저주'뿐 아니라, '패자의 축복'도 있을 수 있음을 영국은 보여줬다. 넬슨 제독과 트라팔가르 해전의 승리가 영국인들에게 귀중한 이유이다. 그리고 패자의 축복을 실현한 영국의 위대한 지도자는 한 세대 후에 등장한 빅토리아 여왕이었다.

5. 팍스 브리태니카의 전성기를 만든 빅토리아 여왕

전기 작가 스탠리 웨인트럽의 빅토리아 여왕 Queen Alexandrina Victoria (재위 1837~1901년)에 대한 평이다. "빅토리아 여왕은 국민의 애정, 전통에 대한 동경, 그리고 충성심 높은 중산층의 가치관을 바탕으로 더욱 강화된 의례적인 군주제를 유산으로 남겼다. 그녀는 영국 그 자체이다."[11] '팍스 브리태니카 Pax Britannica'는 라틴어로 '영국에 의한 평화'라는 뜻이다. 영국이 세계 주요 해로와 해상권을 장악하여 유럽이 상대적으로 평화로웠던 시기(1815~1914년)를 가리킨다.

1805년 트라팔가르 해전에서 영국의 넬슨 제독에 대패한 나폴레옹 황제는 그 후, 1812년 러시아 원정에 실패하고, 퇴위되어 1814년 지중해의 작은 섬 엘바로 유배되었다. 프랑스 시민들은 무능한 루이 18세에 실망하였고 나폴레옹을 다시 옹립하자는 움직임이 있었다. 1815년 2월 나폴레옹은 엘바 섬을 탈출하여 칸느에 상륙하였고 루이 18세는 영국으로 도망갔다. 나폴레옹은 공화주의자와 농민들의 지지를 받으며 파리에 입성해 다시 권력을 장악했다. 1815년 6월 나폴레옹 황제의 프랑스군과 웰링턴 장군의 영국군 간의 워털루 전투는 웰링턴 장군의 승리로 종결되었다. 나폴레옹의 재집권은 백일천하로 끝났고, 워털루 전투의 패배로 프랑스와 유럽 국가들 간의 23년에 걸친 오랜 전쟁도 끝이 났다. 승리 이후 영국은 대외 팽창주의를 본격 추구하면서 팍스 브리태니카가 시작되었다.[12]

대영 제국이 대규모 함대를 구축하고, 5대양 6대주의 광대한 영토를 확보할 수 있었던 동력은 바로 산업혁명에 기인한 경제력 덕분이었다. 대영 제국은 프랑스나 독일, 오스트리아 제국보다 앞서 제1차 산업혁명에 성공했다.* 직물 방적기, 증기기관 및 코크스를 이용한 제철산업 생산기술 분야의 세 가지 핵심발명은 산업혁명의 비약적인 발전을 가져 왔다. 증기기관의 발명이 없었다면 유럽과 미주대륙 간의 인적, 물적 교류가 그렇게 빨리 진전되지 못했을 것이다. 세계역사에서 1776년은 중요한 해이다. 제임스 와트의 증기기관 발명으로 산업혁명이 촉발됐고, 아담 스미스의 국부론 발간으로 자본즈의 이론이 정립되었으며, 미국의 독립선언으로 민주주의가 창시된 해였기 때문이다.

17세기 세계해상무역을 제패했던 네덜란드를 견제했던 강력한 무기인 항해법은 앞서 언급했듯이 영국 상사와 상선에 특권을 준 강력한 보호무역 조항이었다. 그 후 항해법에 각종 부대조항이 추가되면서 영국 국내 일부상사에게만 특권을 주는 독소규제가 되어 영국의 다른 상사도 자유롭게 무역에 진입할 수 없게 되었다. 결국 1651년 올리버 크롬웰이 제정한 항해조례는 1849년 수상 존 러셀 경 Lord John Russell(러셀 수상은 빅토리아 여왕하에서 두 차례 수상 역임. 제1차 1846~1852년, 제2차 1865~1866년. 20세기 최고의 지성이라 일컫는 버트런드 러셀의 할아버지) 내각에 의해 폐지되었고, 외국상선의 영국입항을 자유롭게 해줌으로써 세계시장 문호를 개방하게 되었다. 산업혁명이 진행됨에 따라 공장은 점점 더 커졌고, 생산량도 늘었다. 산업혁명으로 자신감을 얻은 영국 부르주아들은 중상주의의 보호막 아래 성장했던 과거를 애써 잊고, 이제 자유 무역을 요구하게 되었다. 이윤이 있는 곳이면 어디든 투자하고 상품을 팔 수 있는 자유,

---

* '산업혁명'이란 용어는 아널드 토인비가 그의 책 《영국의 18세기 산업혁명에 관한 강의, 1894》에서 처음으로 사용했다. 18세기에 들어서 영국 내외에서는 면직물의 수요가 급증하자 제임스 와트 James Watt가 증기 기관을 개량해 대량 생산이 시작되었는데, 이를 산업혁명의 출발점으로 본다.

그 '자유'는 이제 부르주아들의 구호가 되었다. 1846년 존 러셀 경에 앞서 총리를 역임한 로버트 필 Robert Peel 수상(재임 제1차 1834~1835, 제2차 1841~1846)은 곡물법을 폐지함으로써 낡은 지배층인 지주들의 반발을 무릅쓰고 새로운 계급인 부르주아들의 손을 들어 주었다. 곡물법이란 지주들을 보호하기 위해 값싼 외국산 곡물의 수입을 금지하는 법이었다. 그러나 좀 더 낮은 임금을 위해 좀 더 값싼 곡물을 원했던 부르주아들은 이 법에 반대하였다. 이들이 내세운 명분은 역시 '자유 무역'이었다. 산업혁명을 거치면서 부르주아들은 나날이 부유해졌고 이제 명실상부한 지배 계급으로 성장하였다.

근세 절대주의국가의 성립기부터 영국 산업혁명의 개시기에 이르는 대략 15세기 중엽부터 18세기 중엽까지 약 3세기 동안 유럽에서는 중상주의가 지배적이었다. 그 중상주의에서 자본주의로의 전환에 성공한 영국은 폐쇄해론을 버리고 무역 자유주의, 해양 자유론을 지지했다. 전 세계 바다를 장악한 영국은 무역을 통해 값싼 원료와 자원을 들여와 본국의 공산품을 해외에 팔았다. 영국의 '로이드 보험'은 영국 상선과 무역을 뒷받침하는 당대 최대의 금융회사였고, 런던 금융가는 세계 금융의 중심지였다. '로이터 통신'은 전 세계 교역 자료와 각국 간 환율 변동, 금값 동향, 항해 일지를 영어로 서비스했고, 로이터의 정보가 곧 세계 뉴스를 대표했다. '런던 금융시장'에선 전 세계의 석탄, 선박, 보험, 금화가 거래됐고, 영국은 전 세계 무역 거래의 선두주자이자 최후의 보루였다. 영국은 미국이 독립한 후에도 미국 서부철도 건설, 아프리카의 금 채굴, 아르헨티나의 팜파 초원 개척에 막대한 자본을 투자했다.

오늘날 말하는 '세계화'는 해양제국 영국이 처음 이룩한 것이다. 로마 제국은 피점령지에서 각종 재화와 사람을 획득하는 '착취적 노예제도' 국가였다. 로마는 교역을 위해 군사력을 동원한 적이 없다. 그러나 대영 제국은 중상주의 국가였다. 영국이 원한 것은 교역 상대였고, 이를 위해 때론 무력을 동원하고, 상선 보호를 위해 전 세계 항해 요지인 갑·곶과 전략적 거점에 군대를 파견했다. 1595년 네덜란드가 인도 항로로 진출하여 향료 무역을 본격적으로 개시하자, 이에 자극받은 영국 런던의 상인들이 중심이 되어 1600년에 동인도회사가 설립되었고, 엘리자베스 1세로부터 특허를 얻어 동인도 지역 무역의 독점권을 얻었다. 처음에는 단일 항해마다의 개별적 기업체제였지만, 점차 그 폐해가 나타나 1613년 합자기업 체제를 채택함과 동시에 영속적인 조직이 되었다.

영국의 동인도회사는 선박과 화물을 보호하기 위해 군인들을 고용했는데, 로버트 클라이브 Robert Clive가 지휘하던 영국 동인도회사의 군대가 1757년 '플라시 전투 Battle of Plassy'에서 인도의 벵골과 소수의 프랑스 군대를 상대로 승리를 거두었다. 1765년 동인도회사는 무굴 제국 황제로부터 벵골, 비할, 오리사 등 세 지역에서 징세권을 확보했다. 회사가 주민들을 대상으로 세금을 걷어 수익을 만들게 된 것이다. 영토는 무굴 제국의 것이 되, 세금은 동인도회사의 것이 되는 이상한 형태의 통치가 이뤄진 것이다. 회사와 국가의 경계가 모호해졌다. 게다가 인도 각지에서 반란이 일어나자, 동인도회사는 '세포이 Sepoy'라는 인도인 용병을 고용해 진압했다. 1750년 3천 명으로 시작된 동인도회사 군대는 1778년 6만 7천 명으로 증원되었다.[13] 그러나 1857년 동인도회사의 용병인 세포이들이 반란을 일으켜 무굴 제국 황제와 연합하자 영국 군대가 투입됐다. 영국 정부는 군대를 파견해 세포이 항쟁을 진압한 이후 더 이상 동인도회사를 통해 인도를 지배할 수 없다고 판단해 해체를 결정했다. 1858년 8월 영국 의회는 『인도통치법』을 가결해 동인도회사의 통치권과 특허권을 영국여왕에게 반납하도록 했다.

이에 따라 그해 11월 1일부터 영국은 인도를 직접 지배하였다.

대영 제국은 효율적으로 제국주의를 유지했다. 영국군은 가장 치열한 전투를 벌였던 1차 세계대전과 남아프리카의 '보어전쟁 Boer War'* 때에도 30만 명을 넘지 않았고, 해외주둔 군대도 4만 명에 불과했다. 현재 일본에 주둔하고 있는 미군 병력 규모로 영국은 세계를 지배한 것이다. 그 비결은 《점령과 지배의 최소화 책략》이다. 영국은 상선대 보호를 위해 지브롤터, 몰타, 수에즈, 포클랜드, 키프러스, 싱가포르, 홍콩, 케이프타운 등 전 세계 대양 급소에 점점이 작은 영국 해군 주둔지를 조성했지만, 다른 나라를 무력으로 점령하는 것은 가급적 피했다. 점령과 지배는 엄청난 군사력과 비용이 필요하고, 로마가 망한 것도 그것 때문이라는 역사적 교훈을 얻었기 때문이다. 역사학자 폴 케네디는 '강대국의 쇠퇴와 군사비 부담능력의 상관관계'를 다음과 같이 논리적으로 주장했다.[14]

"과거 '일등국'들이 직면했던 공통적인 딜레마는 경제력이 상대적으로 쇠퇴하는 동안에도 자국의 지위에 대한 외부 도전의 증대로 인해 어쩔 수 없이 더욱 많은 자원을 군사력 부문에 할당할 수밖에 없었다. 이로 인해 생산적인 투자가 위축되어 시간이 갈수록 성장 속도가 떨어졌고, 세금이 늘어났고, 지출 우선순위를 둘러싼 국내적 분열이 심해지며, 군사비 부담 능력이 약해졌다."

영국의 제국주의 시작 시점에 대해 논란이 있지만, 대체로 영국군이 미국 독립군에 의해 버지니아 주 요크타운에서 물러난 1781년 이후부터라는 것이 대부분의 의견이다. 이전까지 영국은 세계를 지배하기보다는 유럽의 여러 제국과 각축전을 벌이던 단계였고, 역설적이게도 미국을 잃고 난 후부터

---

* 남아프리카에 거주하는 네덜란드계 백인인 보어인과 영국인들 사이에 다이아몬드와 금광 때문에 생긴 전쟁이다. 제1차 보어전쟁 1881~1884, 제2차 보어전쟁 1899~1902.

영국은 본격적으로 제국주의 길을 갔다. 이전까지 영국은 '동인도회사', '허드슨 만 회사' 등 식민 회사를 통해 해외 식민 사업에 주력했다. 영국의 하류층이 이주한 해외 식민지역을 물리적으로 통치하려 하지 않았고, 그럴 힘도 없었다. 대신 영국은 미국 동부 13개 주를 잃고부터 본격적으로 '영국왕립해군 Royal Navy'를 강화했다. 영국왕립해군은 영국의 제국주의 건설을 위해 해외 영국 상선대와 자본 보호의 막강한 방패막이 되었다. 로마인이 제국 내에서 자유인이듯, 영국인은 세계 어느 곳에서도 자유인이었다. 그것은 전 세계에 퍼져있는 영국 함대가 뒷받침했기 때문이다.

빅토리아 여왕 시대의 영국 해양력은 세계 최강이었다. 1890년대 조선업에서 영국의 점유비중은 세계의 80%였다. 제1차 세계대전 직전에는 세계 등록선박의 50%가 영국 선박이었다. 1914년 통계에서는 영국 본토와 영국 영토 사이 무역의 90% 이상, 영국 영토와 제3국 사이 무역의 60%, 그리고 제3국과 제3국 사이 무역의 30%가 영국 선박에 의한 것이었다. 세계 해로의 60% 이상을 영국이 장악했다. 트라팔가르 해전 이후 영국 해군은 제1차 세계대전까지 약 110년간 세계 최강이었다. 조지 해밀턴 George Francis Hamilton 영국 초대 해군장관(재임 1885~1892년)의 1899년 『해군개혁 Naval Reform』을 기본책략으로 삼았던 덕분이다. 『해군개혁』은 첫째, 영국의 해군은 세계 순위에서 '영국 해군력 다음 순위와 다다음 순위 두 나라의 해군력을 합친 이상의 해군력을 보유할 것', 둘째, '영국은 함선 건조를 계속해야 할 것'을 주창했다.[15] 해밀턴 경 외에도 영국의 해군장관은 훌륭한 지도자가 많았다. 훗날 제2차 세계대전을 승리로 이끈 영국 수상도 해군 장관 출신의 윈스턴 처칠 Winston Churchill(수상 재임 제1차 1940~1945년, 제2차 1951~1955년)이다.

19세기 영극은 대표적인 선진 산업 자본주의 국가이며, 민주주의 국가인 동시에 제국주의국가였다. '해가 지지 않는 나라'라는 말도 약소국을 무력으로 침략하여 정치적으로 경제적으로 착취하였다는 것을 의미한다. 사실 19세기 영국의 영광은 그 영광의 그늘 뒤에 가려진 빈부 격차가 극심한 사회 하층민과 약소국의 희생 덕택에 가능한 것이었다. '빅토리아 시대'의 이면에 숨어있는 '빛과 어둠의 시대', '영광의 이면에 숨기고 있던 잔혹한 착취의 시대'라고 평가하는 이유다. 미국 스탠퍼드대 사회학교수였던 소스타인 베블런 Thorstein Bunde Veblen(1857~1929)은 "영국은 산업혁명의 선두주자로서 '선발자의 이익'을 누렸지만, 19세기 말부터 20세기 초에 진행된 중화학공업중심의 제2차 산업혁명시기에는 오히려 성장이 지체되어 '선두주자의 벌금 the penalty of taking the lead'을 물게 되었다."고 했다. 그는 선발자의 이익이 오히려 선발자의 불이익으로 바뀌었다고 분석했다. 기계를 파괴하는 러다이트운동, 감자 대기근 등 빈곤문제, 노동계급의 등장에 따른 선거권 요구 및 사회갈등이 부상되었다.

대표적인 영국의 '선두주자의 벌금' 사례는 『자동차 속도규제법 Locomotive Act 또는 적기 조례법 Red Flag Act, 1861~1896』이었다. 세계 최초로 증기자동차를 개발하고도 '적기조례 규제'를 만들어 스스로 손발을 묶었다. 그동안 독일, 프랑스, 미국 등 후발 경쟁국들이 자동차기술혁신에 성공하면서 20세기 자동차 세계시장 판도가 바뀌었다. 훗날 라인 강의 기적을 일으켜 산업 강대국이 된 독일의 1830년 경제규모는 농업 위주인 프랑스에 비해서도 4분의 1에 불과했다. 1871년 독일을 통일한 '철혈재상 비스마르크'가 이끈 독일은 자동차, 철강, 화학 등 2차 산업혁명을 선도하며 1880년대에는 프랑스 경제 규모를 앞지르고, 세계 최초로 내연 3륜 자동차이자 세계 최초의 휘발유자동차를 탄생시킨 칼 프리드리히 벤츠(1885년), 최초의 4륜 자동차를 발명한 고틀리프 다임러(1889년)가 이 시대를 대표하는 기업가였다. 미국도 듀리에 형제가 '듀리에 모터 왜건'을 설립했고(1893년), 올즈모빌(1897년)에 이어 포드(1903년)가 등장하면서 대량생산에 나섰고, 20세기 '미국의 자동차 시대'를 열었다. 20세기 들어 영국도 롤스로이스, 재규어, 랜드로버 등 자동차 산업 부흥을 추진하고 있지만, 영국은 아이러니컬하게도 현재 최대 자동차수입국이다. 자동차산업의 경우, 영국은 『적기 조례법』 때문에 '선두주자의 벌금'을 겪게 되었고, 추격자인 독일과 미국은 '후발자의 이익 latecomer advantage'을 누리게 되었다.[16]

영국 국왕은 흔히 '군림하되 통치하지 않는다'고 한다. 영국 국왕은 내각에 정치의 대부분을 내어주며 왕은 군주의 위엄과 권위, 즉 카리스마만 가진다. 빅토리아 여왕이 국왕의 위치를 이렇게 만들었다. 유럽의 많은 왕들이 끝까지 자신의 권력을 우둔하게 붙잡고 있다가 혁명으로 왕위에서 쫓겨났지만, 빅토리아 여왕은 영리했다. 빅토리아 여왕이 통치 권력을 내놓은 것은 일투이며 그 대신 그녀는 전 국민의 지지와 사랑, 수상들의 전폭적인 신뢰, 그리고 영국과 영국 왕실의 안녕, 더불어 자기 자손들의 입지까지도 확고히 하였다. 빅토리아 여왕은 무리한 고집을 부리지 않았고 때에 따라 적재적소에서 자신의 의견을 관철시켰다. 국사 전반에서 짐짓 물러나 있는듯하나 사실은 그들을 조정하며 지배했다. 그녀는 또 남편 앨버트 대공과 역대 수상들의 영민함을 빌어 자신과 왕실, 더 나아가 영국의 안정을 꾀했다. 대학을 정치적으로 이용한 엘리자베스 1세와는 달리 빅토리아 여왕은 대학을 '저 늙은 땡중들의 소굴'로 인식하고 별로 좋아하지 않았다. 그러나 흥미롭게도 남편인 앨버트 대공이 1847년 간발의 차이로 케임브리지대학 총장으로 선출됐을 때, 빅토리아 여왕은 남편 앨버트 대공에게 "마침내 일거리가 생긴 것을 다행으로 생각한다."고 기쁨과 애정을 표시했다.[17] 독일 출신의 앨버트 공은 대부분의 영국학자들보다 독일과 영국의 교육문제에 관해서 지식이 더 넓었고, 더 소통을 잘했다. 케임브리지대의 전통을 존중했던 부드러운 성품의 앨버트 대공은 즉시 무리한 개혁정책을 펴지 않으면서도 1858년에 정관과 조례를 만들고 이에 따라 학칙과 규범을 개정하였다.

세계사에서 19세기는 영국의 시대라고 해도 과언이 아니다. 그 이면에 무수한 정치적·사회적 문제들을 안고 있었음에도 불구하고 누구도 따라잡을 수 없는 '세계 최고의, 최대의 그리고 최선의 국가'였다. 빅토리아 여왕은 대영 제국, 아일랜드 연합왕국과 인도의 여왕이었다. 19세기의 3분의 2에 해당하는 그녀의 재위 기간은 '빅토리아 시대'(여왕통치 기간 64년, 1837~1901년)로 통칭되며, '해가 지지 않는 나라'로 불렸던 대영 제국의 최전성기와 일치한다. 빅토리아 여왕의 존재는 그 상징성만으로 19세기 영국의 행보에 든든한 버팀목이 되었다. 64년간의 재위 기간 동안 안정적인 왕권을 수립하였고 많은 유럽의 왕가와 연결되어 있어 '유럽의 할머니'라고도 불린다.

한편 그녀는 혈우병 보인자였고, 이 유전자가 유럽의 왕가로 퍼져 러시아 왕가의 몰락을 초래했다. 영국 고유의 전통은 이 시기에 비로소 정돈이 되었고, 유럽 어느 나라보다 먼저 해외에 눈을 돌렸기 때문에 세계 곳곳에 영국 식민지를 두어 역사상 가장 넓은 땅을 확보하였다. 경제적으로는 산업혁명을 일으킨 국가답게 선구적으로 산업 자본주의를 발전시켜 세계에서 가장 많은 부를 쓸어 담았다. 그리고 오랫동안 시행착오를 겪던 의회 민주주의도 자유당과 보수당의 양당의회정치로 정착됐다. 빅토리아 시대는 대내외 정치만큼이나 사회적으로나 문화적으로도 괄목할 만한 발전을 가져왔다. 대표적인 문인들만 보더라도 월터 스코트 경, 바이런 경, 찰스 디킨스, 조지 엘리엇, 토머스 칼라일, 앨프레드 테니슨, 존 러스킨 등 수없이 많이 배출되었다. 생활에 여유가 생겨 스포츠에 관심이 증가되자 여왕 말기에 일반 서민층에서는 자전거 타기가 유행했으며, 귀족층에서는 폴로 경기, 크리켓, 테니스. 경마 등이 널리 보급되었다. 과학의 발전도 급속도로 진전되면서 오늘날 영화의 전신인 활동 사진기가 나왔으며, 자동차나 비행기도 심심찮게 국민들과 쉽게 접촉할 수 있는 수송 수단이 되었다. 1851년 영국이 런던에 유리 수정궁을 짓고 개최한 박람회가 실질적인 '세계박람회'의 효시이다.

  19세기 영국은 한 명의 노련하고 전략적인 여인의 지혜로 인해 전성기를 누렸다. 눈앞에 보이는 권력에만 집착하지 않고 역사와 시대의 흐름에 대해 크게 판세를 그릴 줄 알았던, 그러나 왕으로서의 권위는 절대 놓쳐버리지 않았던 빅토리아 여왕의 현명한 리더십에 힘입어 대영 제국의 전설이 완성된 것이다.[18] 그러나 보어전쟁은 빅토리아 여왕 시대의 침몰을 알리는 전쟁이었다. 전쟁 당시 영국은 파병할 병사의 10%만이 겨우 병사가 될 정도로 노동계층이 열악했다. 전체 인구의 4%가 부의 90%를 차지했다. '팍스 브리태니카 시대'의 지배계급은 해가 지지 않을 것만 같은 햇살을 만끽하며 부를 축적했지만, 해가 들지 않는 곳에 사는 서민들은 가난을 견디지 못해 미국, 호주, 캐나다로 이민을 떠나야 했다. 영국은 보어전쟁의 승리로 다이아몬드 광산과 남아공을 정복했지만 전 세계로부터 거대한 증오를 받아야 했다. 윈스턴 처칠은 보어전쟁의 종군기자로 참전했다가 포로가 됐지만 천신만고 끝에 영국으로 돌아왔다. 아이러니컬하게도 처칠이 20세기 세계 제2차 전쟁의 영웅으로 활약하게 된 것은 19세기 말의 '보어전쟁의 학습효과' 때문이라고 한다.

  영국은 다른 제국주의 열강보다 먼저 세계 각지에 식민지를 획득하였으며, 1858년 인도를 직접 지배하게 되었다. 19세기 말에서 20세기 초 영국이 취한 제국주의적 식민지 확대정책이《3C 정책》이다. 남아프리카 공화국의 케이프타운 Cape Town, 이집트의 카이로 Cairo, 인도의 캘커타 Calcutta를 연결하는 정책으로, 세 지역의 머리글자가 모두 C이므로 이렇게 부른다. 인도에 이르는 안전교통로 확보를 위해, 1875년 수에즈 운하의 주식을 매입하여 이집트의 지배권을 강화하고, 이집트의 카이로에서 아프리카를 종단하여 남아프리카의 케이프타운에 이르는 지역 지배를 강화하려 하였다. 3C정책은 처음에 러시아의 남하정책과 충돌하였으며, 뒤이어 근동 진출을 꾀한 독일의《3B 정책》(3B는 베를린 Berlin, 비잔틴 Byzantin, 바그다드 Bagdad)과 충돌, 제1차 세계대전의 근본 원인이 되었다.

팍스 브리태니카에 대한 영국인의 향수는 역사 속에서 진행형이다. 영국은 대륙 끝에 있는 섬나라이며 항상 해양으로부터 영감을 받아왔다. 샤를르 드골 대통령은 1963년 1월 해럴드 맥밀런 당시 영국총리가 추진했던 유럽경제공동체 EEC가입을 막게 된 이유로 "영국은 섬나라이며 교역과 시장, 식료품 공급을 통해 가장 다양하고 가장 멀리 있는 국가들과 묶여 있다."고 영국의 차별성을 언급했다. 역사학자 버논 보그대너는 BBC에서 "영국의 섬 사고방식은, 영국은 명령을 내리지 받는 곳이 아니라는 과거 잘나가던 시절에 대한 향수와 결합돼 있다."고 진단했다. 빅토리아 여왕이 주도했던 팍스 브리태니카 시대 이후 세계는 '격동의 세기' '세계대전의 세기'를 맞이하게 된다. 영국도 그 예외는 아니어서 1914년 사라예보에서 울린 총성이 발단이 되는 '인류 사상 최초의 세계대전'에 휘말렸다. 영국의 번영에는 그림자가 지기 시작했고 황금의 시대는 황혼의 시대로 변화해 갔다.

제10장
팍스 아메리카나

1. 맨해튼 월가의 지배자가 세계경제 지배
2. 협상테이블에서 만든 영토 대국
3. 시워드 국무장관의 《알래스카 매입과 세계화 책략》
4. 팍스 아메리카나를 설계한 《TR과 마한의 해양책략》
5. 미국 조선업의 아버지 헨리 카이저의 《빨리 빨리 책략》
6. '마하니즘'으로 격돌하는 미국과 중국

유럽 대륙은 중상주의 보호정책이 유행할 때,
미국은 자유무역항과 같이 관세를 폐지했고 무역을 장려했다.
TR과 마한의 해양책략이 팍스 아메리카나를 설계했다.

제10장 팍스 아메리카나

"우리가 바다에 이끌리는 중요한 이유는 바다가 변하고, 빛이 변하고, 배가 변한다는 사실 이외의 이유인, 우리가 바로 바다로부터 왔기 때문이다. 우리 인류의 혈관에는 해양에 존재하는 동일한 비율의 염분을 지닌 혈액이 흐른다. 그래서 우리는 혈관에, 눈물에, 땀에 소금을 지닌다는 생물학적 사실은 흥미롭다. 우리는 해양에 묶여 있다. 우리가 항해를 하든, 바다를 관망하든, 우리는 우리가 온 곳으로 돌아가는 것이다."

-존 F. 케네디, 아메리카 컵 조정대회 만찬 연설, 1962. 9. 14. -

1. 맨해튼 월가 지배자가 세계경제 지배

뉴욕의 월 스트리트는 세계 최대 금융 중심지이자 세계 자본주의 경제의 총본산이다. 월 스트리트가 위치한 곳은 뉴욕 주의 맨해튼 섬 남쪽 끝이며, 500년 전 맨해튼 섬에는 인디언들이 살고 있었다. 그러다 이탈리아의 항해사 지오반니 다 베라자노 Giovanni Da Verrazzano가 1524년 맨해튼 섬을 발견했다. 이후 1609년 영국의 탐험항해가인 헨리 허드슨 Henry Hudson

이 맨해튼 섬을 탐험했고 자신의 이름을 따 맨해튼 섬을 둘러싼 강을 '허드슨 강'으로 명명했다. 맨해튼을 본격적으로 키운 것은 네덜란드였다. 1621년 네덜란드는 아메리카 및 아프리카와의 무역을 목적으로 '서인도회사'를 설립하였고, 1624년 허드슨 강 입구에 네덜란드 식민지와 무역 거점을 세웠다. 네덜란드의 식민지 총독 페터 미노이트 Peter Minuit(1580~1638)는 1626년 인디언 원주민으로부터 맨해튼 섬을 단돈 24달러에 매입하고,* '뉴 암스테르담 New Amsterdam'이라 명명했다.

새로운 식민지 무역의 거점 뉴 암스테르담을 점령한 이후, 네덜란드인들은 1653년 인디언이나 외적으로부터 보호하기 위해 끝이 뾰족한 목책의 '벽 Wall'을 세웠는데, 월 스트리트는 이 방어벽에서 유래한다. 한편 당시 영국은 아메리카에 진출하기 위해 뉴 암스테르담에 눈독을 들이고 있었다. 1651년 영국의 정치가 올리버 크롬웰 Oliver Cromwell은 네덜란드의 해양무역으로부터 영국 산업을 보호할 목적으로 '항해조례'를 선포했다. 이 조례를 시행한 이후로 네덜란드의 무역 수익이 크게 줄면서 두 국가 간의 갈등이 깊어지고 결국 네덜란드와 영국은 17세기 중반부터 동방 해상무역과 아메리카 식민지를 놓고 세 차례에 걸쳐 전쟁을 벌였다. 맨해튼에 처음 식민을 시작한 것은 네덜란드였지만, 맨해튼을 뺏고 빼앗기는 네덜란드와 영국 간 전쟁은 격렬했다. 제1차전에서는 영국 소유→제2차전에서는 네덜란드 소유→제3차전에서는 다시 영국 소유로 치열한 쟁탈전 끝에 1674년 이후에는 뉴 암스테르담을 비롯한 미국 전역이 영국의 지배를 받았다. 1660년 당시 영국의 왕이었던 찰스 2세는 뉴 암스테르담을 점령하고, 당시 영국 해군의 최고 지휘관이자 차기 왕으로 즉위한 제임스 2세에게 그 땅을 주는

---

* 네덜란드는 대금 60 길더와 조가비 염주로 지급했다고 한다.

데, 당시 그가 '요크 공 Duke of York'이라는 작위에 있었기 때문에 그 이름을 따서 '뉴욕 New York'으로 명명했다.

영국의 식민지였던 미국은 영국과의 독립전쟁에서 승리를 거두고 1783년 11월, 13개 주에서 독립을 얻었다. 연방정부는 전쟁에서 승리했지만 막대한 채무를 지게 됐다. 파산지경에 몰린 재정과 금융 상태는 연방정부의 치명적 결함이었다. 뉴욕과 월가는 미국 국가 존립에 가장 중요한 재정과 금융에서 막중한 역할을 했다. 뉴욕과 월가가 세계 금융 중심지로 성장하기까지 많은 정책과 전략들이 있었지만, 그중에서도 다음 세 가지가 중요한 전환점을 만들었다. ▲미국 초대 재무장관으로 '미국 금융의 아버지'인 알렉산더 해밀턴 Alexander Hamilton*에 의한 1791년 2월 최초의 국립은행 '미합중국 제1은행 First Bank of the United States' 탄생, ▲1792년 주식 거래방법과 수수료 비용 등에 대한 내용의 '버튼 우드 협정 Button Wood Agreement'→1817년 '뉴욕 증권 거래위원회' 출범 →1863년 '뉴욕 증권거래소' 설립, ▲교통혁명의 시작으로 1825년 이리 운하 완공과 1800년대 이후 세계무역의 중심항인 뉴욕항만 건설.

미국은 1783년 파리조약에 의해 영국으로부터의 독립을 확정한 이후 1787년 헌법을 작성했고, 1788년 의회의 비준을 받아 새 나라로 탄생됐다. 신생국 미국은 임시 수도로 뉴욕을 선정하였으며, 1789년에 의회는 만장일치로 조지 워싱턴을 첫 대통령으로 선출했다. 그러나 여러 가지 이유로 뉴욕이 영구 수도가 되지 못했다. 우선 뉴욕이 영국과 관계가 가까웠던 것이 문제였고, 또한 상업적인 성격, 도덕적 관용, 심한 빈부격차도 문제로 언급되었다. 게다가 당시 미국은 주로 시골이었기 때문에 뉴욕과 같은 대

---

* 미국의 10달러 지폐 인물이다.

도시가 나라를 대표해서는 안 된다는 우려도 있었다. 결국 수도를 워싱턴 D.C.에 세우기로 하고, 그 도시가 건설되는 동안 임시수도를 필라델피아로 옮겼다. 수도를 옮기는 대신에 연방정부가 주 州채무를 인수하기로 해서 뉴욕은 부채의 족쇄에서 벗어나 다시 번영의 길로 들어설 수 있었다. 위와 같은 이유로 런던이나 파리 등과 같은 유럽 대도시들과 달리 미국은 정치적 중심지와 경제적 중심지가 따로 존재하게 되었다.[1]

1816년 미합중국 제2은행이 설립될 당시 미국은 '운하열기'가 거셌다. 19세기 초 뉴욕 주지사였던 드 윗 클린턴 De Witt Clinton(1769~1828)은 미국 북부의 '이리 호 Lake Erie'와 맨해튼의 허드슨 강을 잇는 운하를 만들고자 했다. 미국 제3대 대통령 토마스 제퍼슨 Thomas Jefferson은 이를 두고 미친 짓이라고 맹렬하게 비판했고 클린턴의 총 700만 달러의 운하건설 자금 요청을 단호히 거절했다. 반세기가 지난 1867년 미국이 알래스카를 720만 달러에 매입했을 때도 그 어마어마한 액수로 정부는 수십 년간 국민들로부터 지탄을 받았는데, 두 사업을 비교할 때 이리 운하 투자 규모가 얼마나 천문학적 규모이었나를 추정할 수 있다.

그러나 클린턴은 월가의 지원으로 뉴욕 주 채권을 발행하여 8년 후인 1825년 길이 약 584㎞, 깊이 12m, 표면 너비 12m의 '이리 운하 Erie Canal'을 완공했다. 이리 운하가 최종적으로 완공되면서 서부와 동부의 교통 여건이 획기적으로 개선되었다. 뉴욕에서 버펄로 사이의 화물 수송비가 10분의 1로 크게 줄고 시간도 20일에서 6일로 줄었다. 이로써 대서양 연안의 뉴욕 항은 교통의 요충지로 떠오르게 되었고, 이리 운하의 성공에 힘입어 또 다른 운하와 철도가 건설되는 등 미국의 교통 혁명이 일어났다. 그리하여 서부로 가던 물자들이 교통이 편리한 동부로 집중되었고 이를 바탕으로 뉴욕과 작은 도시들이 폭발적인 성장을 이루었다. 그러나 1850년대부터 발달하기 시작한 철도와 운영상의 부정 등으로 1882년에 이르러 이리 운하는 그 기능이 정지되었다. 클린턴 뉴욕 주지사에 대해서는 이리 운하를 60년 사용하려고 막대한 건설비 700만 달러를 쓴 어리석은 책략가라는 평가와 오늘의 뉴욕 항 발전에 결정적 역할을 했다는 평가가 엇갈린다. 맨해튼 월가와 뉴욕 항 덕분에 미국이 세계경제의 중심에 서게 된 것은 당연하다.

2. 협상테이블에서 만든 영토 대국

미국의 독립은 1776년 독립선언서 선언 이후 영국과 약 8년 동안의 독립전쟁(1775~1783년)의 진통 끝에 결실을 맺었다. 미국의 독립전쟁은 세계전쟁사에서 하나의 기적이었다. 전쟁이 경제발전을 촉진시켰기 때문이다. 당시 유럽대륙은 중상주의 보호정책이 유행할 때, 미국은 자유무역항과 같이 관세를 폐지했고 무역을 장려했다. 전 세계 상선이 미국과 활발한 교역 활동을 할 수 있었고, '모든 길은 로마로'처럼 '세계의 무역항로는 미국으로' 이어졌다. 미국은 이후 국력을 키웠고 마침내 20세기에는 옛 로마제국에 버금가는 초강대국에 오르게 되었다.

미국이라는 거대한 배는 긴 항로를 거쳐 왔다. 그 쉽지 않은 항로의 굽이굽이마다, 중요한 결정에 따른 방향 전환이 있었다. 미국의 영광은 이름 없는 수많은 국민들의 노력과 눈물 덕분이지만, 중요한 결정의 주인공을 맡은 배의 선장들, 즉 대통령들의 고뇌에 찬 결단 덕분이기도 했다. 미국의 역사는 메이플라워호 선박에서 시작되었다. 청교도가 중심인 영국의 이민자들은 사회질서를 유지하는 법체계에서 앵글로색슨족의 '보통법 체계'를 따랐다. 선원이 바다에 출항하는 것에서 유래한 '책임신탁'을 강화한 것이 보통법이다. 책임신탁이 최대한으로 발현된 것이 미국의 대의제도이다. 책임신탁 정신에 바탕한 대의제도에 의해 미국은 민주주의 국가의 기틀을 세운 조지 워싱턴 대통령, 독립선언문을 작성하고 버지니아대학 설립과 미국 각주 예산의 10%를 교육투자로 하도록 한 관례를 만든 교육대통령 토마스 제퍼슨 대통령, 민족통일과 민주주의를 달성하고 흑인노예를 해방한 에이브러햄 링컨 등의 지도자들이 나왔다. 주목할 점은 대통령의 '일급 브레인'인 탁월한 국무장관들의 역할이 컸다는 점이다.

미국은 1789년 7월 창설되어 단명한 '외무부 Department of Foreign Affairs'대신 그 해 9월 현재 이름인 '국무부 Department of State'로 바뀌었다. 다른 나라에서는 외무장관이라 부르지만, 특이하게도 미국은 국무장관이라 칭한다. 그 이유는 외무도 국무의 일환이고, 외무정책은 국가이익이나 국내정치와 연계되어야 존재가치를 지닌다는 이념 때문이다. 그래서 미국은 국무장관이 부통령보다 더 중요하다. 미국의 많은 역대 국무장관 중에 윌리엄 시워드 William H. Seward, 존 헤이 John Milton Hay, 조지 마셜 George C. Marshall, 헨리 키신저 Henry A. Kissinger 등은 미국 역사는 물론 세계사를 기록한 주역들이었다.

미국은 19세기 초부터 국가 영토와 인구, 두 가지 면에서 모두 급성장했다. 역사상 말 위에서 천하를 얻은 국가는 많았지만, 미국처럼 협상 테이블에서 대국이 된 나라는 거의 없다. 물론 군사력의 위협과 행사로 협상이 가능했던 경우도 있었다. 예를 들어, 파나마 운하 협정은 사실상 협상보다 무력과 음모가 주도적 역할을 했다. 그렇다 해도 영토를 확장하면서 직접적인 무력에 덜 의존하고 협상과 금전거래로 결실을 본 경우가 많은 점이 특별하다. 1803년 미국의 제3대 대통령인 토마스 제퍼슨은 프랑스 나폴레옹 황제로부터 미시시피 강 서부 유역의 214만 km²에 이르는 프랑스령 루이지애나 지역*을 불과 1,500만 달러에 매입하였고, 미국의 영토는 두 배가 되었다. 이 국가전략은 '미국 역사상 가장 현명했던 구매' 중 하나다. 루이지애나 매입을 계기로 미국은 본격적인 미국의 서부 개척 시대가 시작됐다. 18세기에서 19세기 초까지 프랑스는 줄곧 미국에 도움을 주어왔다. 프랑스는 '프랑스·인디언 전쟁'(1754~1763년)으로 북아메리카의 광활한 식민지를 잃었다. 유럽에서 7년 전쟁이 일어나고 있을 때, 북아메리카 대륙에서 오하이오 강 주변의 인디언 영토를 둘러싸고 일어난 영국과 프랑스의 식민지 쟁탈 전쟁이다. 영국과 프랑스 모두 인디언들과 동맹을 맺었지만, 영국 측에서 볼 때 프랑스가 인디언과 동맹을 맺었기 때문에 '프랑스·인디언 전쟁'이라고 한다.

이 전쟁의 승리로 영국은 제2차 백년전쟁이라고도 할 수 있는 북미 식민지 전쟁의 참전국 중 가장 큰 발전을 이룰 수 있게 되었다. 그 이후 영국을 원수처럼 여기게 된 프랑스는 어떻게든 영국의 힘을 약화시키고자, 1775년 아메리카 식민지의 봉기가 일어났을 때 적극적으로 미국 후원에 나섰다. 스스로의 재정난에도 불구하고 거액의 자금을 원조했을 뿐 아니라, 1778년부터는 라파예트 등이 이끄는 수천 명의 원정군이 아메리카로 건너가 독립군과 어깨를 나란히 하고 싸웠다. 1778년 9월의 체사피크 만 해전과 10월의 요크타운 전투에서 영국군에게 치명타를 안김으로써 미국 독립전쟁의 승리를 가져온 주역도 프랑스군이었다.

루이지애나를 미국에 매각한 나폴레옹의 결정은 오늘날의 시각에서는 매우 어리석어 보인다. 프랑스로서는 나폴레옹이 넬슨에 트라팔가르 해전에서 패해 세계쟁패에 실패한 것 못지않게, 루이지애나를 미국에 팔아넘긴

---

* 프랑스 왕인 루이 14세의 이름을 따서 붙인 지역이다.

나폴레옹의 협상을 두고두고 한이 되는 실패한 책략으로 평가할 것이다. 그토록 야심차게 구상했던 신대륙 제국 '뉴 프랑스 New France'의 기반을 미국에게 넘겨줬을 뿐만 아니라, 그 땅의 면적이 무려 214만 ㎢로 남한의 21배를 넘고 당시 프랑스 육지 영토의 세 배가 훨씬 넘는 대규모였기 때문이다. 하지만 전략의 천재 나폴레옹은 나름대로 냉정한 분석을 통해 그런 결정을 내렸다고 평가하는 주장도 있다. 첫째, 나폴레옹의 프랑스는 영원한 적수 영국과의 결전을 위해 급전이 필요했다. 둘째, 나폴레옹은 당장은 미국에게서 루이지애나를 힘으로 지키기 어렵고, 지금까지 우호적인 미국이 자칫하면 영국과 동맹을 맺을 가능성을 우려했다. 셋째, 당시 나폴레옹을 비롯한 누구도 루이지애나의 참된 가치를 몰랐다.[2] 그러나 문제는 미국 헌법의 핵심기초자 중 한 사람으로 연방정부의 권한 강화를 그 누구보다도 반대해 온 제퍼슨 대통령이 딜레마에 빠지지 않을 수 없었다는 점이다. 미국은 대통령과 연방정부의 결정권을 엄격히 제한하는 나라였으며, 대통령이 '새로운 영토를 획득할 권한'은 헌법에 없었기 때문이다.

결국 제퍼슨은 고민 끝에 결단을 내리고 비준을 체결했다. 원칙주의자인 그의 회고다. "법조문을 엄격히 준수하는 일은 선량한 시민의 중대한 의무 중 하나다. 하지만 가장 중대한 의무는 아니다. (중략) 법률 문구에 집착하느라 조국의 파멸을 불러온다면, 그것은 법 자체를 파멸시키는 일이다. (중략) 즉, 수단 때문에 목적을 희생해 버리는 일이다."

이 지역은 오늘날 전체 미국 영토의 23%에 해당하며, 아이오와, 아칸소, 오클라호마, 콜로라도, 루이지애나 Louisiana 등 15개 주에 걸쳐 분포한다. 본격화된 영토 팽창은 끊임없이 진행되어 1840년대에는 북아메리카의 태평양 연안을 차지했다.

그림 10.1. 미국의 영토 확장(1783~1898년)

 미국은 1840년대부터 1890년대까지 노예 문제, 남북 전쟁, 전쟁 뒤 남부의 재건, 서부 개척과 사회 개혁 때문에 국력을 해외로 투자할 수 없었으나, 역설적으로도 그 시기는 미국이 영토를 오늘날의 거대 국토로 확장한 중요한 때였다. 미국의 제11대 대통령인 제임스 녹스 포크 James Knox Polk(재임 1845~1849년)는 "미국은 더 넓은 영토를 차지할 '명백한 운명 Manifest Destiny'을 지니고 있다."고 신호탄을 쏘아 올리면서 영토 확장의

팍스 아메리카나   55

역사는 가속되었다. '명백한 운명'이라는 말은 1840년대 미국 정치가와 정부의 리더들에 의해 널리 사용되었다. 이 논리는 1845년 뉴욕 시의 한 저널리스트 존 오설리번 John O'Sullivan에 의해 처음 소개되었다. 그는 "서부로 계속 팽창해 나아가 대륙 전체로 확대, 손에 넣는 것은 우리의 명백한 운명으로 해마다 증가하는 수백만 인구의 자유로운 발전을 위하여 신이 베풀어 주신 것"이라고 주장하였다. 포크 대통령은 1845년 멕시코-미국 전쟁에서 독립한지 20년 밖에 안 된 신생 멕시코 영토의 약 55%에 해당하는 135만 6,000km²를 빼앗았고 미국의 제28번째 텍사스 주로 합병했다. 멕시코는 1,500만 달러를 받고 325만 달러의 빚을 청산 받았다.[3] 이처럼 미국은 스페인, 멕시코와는 타협, 거래, 또는 전쟁으로 콜로라도 강에서 리오그란데 강에 이르는 광활한 서남부 지역을 손에 넣었다. 1846년에는 오리건을 영국에게서 얻었고, 1848년과 1854년에 캘리포니아와 네바다, 유타, 애리조나 등을 멕시코에게서 양보받았거나 매입했다.

1867년 미국의 제17대 대통령 앤드루 존슨 대통령(재임 1865~1869년)과 국무장관 윌리엄 시워드는 태평양에서 미드웨이 군도를 획득하고, 러시아로부터 알래스카를 720만 달러에 사들임으로써 북극해까지 영토를 넓혔다. 제18대 대통령 율리시스 심프슨 그랜트(재임 1869~1877년)는 하와이의 전략적 가치를 인식하여 1875년에 자유무역협정을 맺었다. 미국의 배들이 진주만 항을 자유롭게 이용하면 하와이에서 생산되는 설탕에 부과되는 관세를 낮춰주겠다는 조건이었다. 1878년에는 태평양 무역의 중계지 사모아에 해군 기지를 설치할 수 있는 권리를 확보하였다. 1893년에는 하와이를 공격하여 점령했고, 1898년 미국의 제25대 대통령인 윌리엄 매킨리(재임 1897~1901년)는 필리핀과 괌을 식민지로 삼았다. 이렇게 미국은 북미 대륙 영토 확장과 동시에 대서양과 태평양 양쪽에서 바다를 활용하고 양동작전을 쓸 수 있는 힘을 갖추게 된 것이다. 20세기를 Pax Americana로 만들려는 국가비전은 해외영토 확장전략에서 출발했다. 해외영토의 확장은 당연히 섬과 바다의 영토 및 배타적 경제수역의 확장을 수반하였다.

3. 시워드 국무장관의 《알래스카 매입과 세계화 책략》

알래스카는 인디언 말로 '거대한 땅'이다. 미국은 1867년 미국 본토의 5분의 1 이자 우리나라 국토의 16배, 한반도의 7배 면적인 160만 km²의 알래스카를 러시아 제국으로부터 720만 달러에 사들였다. 1km²당 5달러도 안 되는 헐값이다. '알래스카 매입'의 전략적 의사결정은 미국 역대 최장수 국무장관인 윌리엄 시워드 William H. Seward (재임 1861~1869년)의 담대한 세계화책략 덕분이다. 윌리엄 시워드는 의회에서 "눈 덮인 알래스카가 아니라 그 안에 감춰진 무한한 보고를 보자. 우리 세대를 위해서가 아니라 다음 세대를 위해 그 땅을 사자."고 호소했고, 논란 끝에 의안은 통과됐다.

미국의 제16대 대통령인 에이브러햄 링컨 Abraham Lincoln(1809~1865)은 민족통일과 민주주의를 동시에 결합하여 국가통일을 이룬 위대한 인물이다. 그에 의해 세계 최초로 '국민의, 국민에 의한, 국민을 위한 정부'를 표방하는 민주공화주의 국가가 세워졌다. 1860년 11월 제16대 대통령 후보 공화당 1차 경선에서 시워드가 1위였지만, 과반수를 얻지 못해 두 차례의 결선 투표를 치룬 끝에 3차 결선투표에서 링컨은 대역전승을 거뒀다. 포용의 정치가 링컨의 면모는, 대통령 당선 뒤에 나타났다. 분열된 미국을 봉합하기 위해 여야를 막론하고 각 분야 최고의 인재로 통합내각을 구성했다. '인사가 만사다'라는 명제를 실천한 대표사례는 삼고초려 끝에 시워드를 국무장관으로 임명한 것이었다. 또한 통합 내각의 장관 7명 가운데 4명은 공화당 당내 경선의 경쟁자였으며, 3명은 야당인 민주당 출신이었다. 링컨은 전임자인 제15대 제임스 뷰캐넌 대통령의 인사실패를 반면교사로 삼았다. 뷰캐넌은 므조건 충성하는 측근 위주로 내각을 채웠고 남부 위주의 정책을 펼쳐 연방 분열 위기를 증폭시켰다. 링컨은 공화당 후보 경쟁자였던 새먼 체이스 오하이오 주지사를 재무장관에, 에드워드 베이츠 미주리 주 판사를 법무장관에 앉혔다. 재판 송사에서 링컨의 반대편에 서서 그를 '긴 팔 원숭이'라고 조롱했던 에드윈 스탠튼 변호사는 전쟁장관이 됐다. 1864년 대선에서는 정적이던 민주당의 앤드루 존슨을 부통령 후보로 발탁하며 재선에 성공했다. 링컨은 남북전쟁에서 승리할 수 있었고, 노예 해방을 쟁취했으며, 자칫 남북으로 갈라질 수도 있었던 미국 역사를 바꿔 놓았다. 반대파를 끌어안은 포용의 정치 덕분에 가능한 일이었다.

링컨 대통령의 시워드 국무장관 발탁은 그야말로 '신의 한 수'였고, 시워드는 미국 역사상 가장 업적을 많이 남긴 최장수 국무장관이 되었다. 시워드가 지금까지 70여 명에 이르는 역대 미국 국무장관 중에서도 특별히 기억되는 가장 큰 이유는 '링컨의 리더십 Leadership을 빛나게 한 그의 팔로우십 Followship을 넘는 파트너십 Partnership' 때문이다. 대통령감으로도 전혀 손색이 없던 시워드 국무장관의 합류로 미국은 분단의 위기를 넘고 노예해방이라는 가치를 보편화시켰다. 링컨 대통령의 4대 업적이라 할 수 있는 ▲남북전쟁을 통한 노예제도 폐지와 연방체제 수호 ▲민주주의 확립 ▲대륙횡단 철도 부설 ▲『랜드 그랜트법 Land Grant Act』 제정을 통한 미국 주립대학과 고등교육추진 등에서 시워드 국무장관은 탁월한 역량을 발휘하였다. 여기에 더하여 링컨 대통령의 알려지지 않은 업적 중 하나로 미국의 '해양대국 건설구상'을 상정해볼 수 있다. 국무장관 시워드가 주도한 알래스카 매입과 태평양 주요도서 획득 정책이 앤드루 존슨 대통령(미국 제17대 대통령 재임 1965~1969년) 임기 시작 초기에 이뤄졌다는 점이다. 앤드루 존슨 대통령은 전임자인 링컨 대통령이 돌연 암살당했을 때 부통령으로서 대통령직을 승계했고, 정권교체가 아닌 사실상 정권승계였기 때문에 국가 거대 전략은 링컨 대통령 때 깊숙이 논의 됐을 것이라고 추정할 수 있다. 또한 훗날 윌리엄 매킨리 대통령과 시어도어 루스벨트 대통령 재임 기간 중 1898년부터 1905년까지 8년 동안 국무부 장관을 지냈고 태평양시대를 예견한 존 헤이 John Milton Hay가 링컨 대통령의 비서였다는 점에서 링컨과 참모들이 해양책략과 해양영토의 중요성을 논의했을 가능성이 크다.

흥미로운 사실은 존 헤이가 훗날 TR 대통령 내각에서 국무장관을 맡게 되고, 대한민국 초대 대통령 이승만이 조지 워싱턴대학교 대학생으로 미국에서 독립운동을 하던 때인 1905년에 만났다. 이승만은 대한민국 대통령이 되면서 1952년 '평화선'을 선포한 것은 이들과의 뿌리 깊은 인연 때문일 수도 있다. 존 헤이는 1899년 중국에 대한 문호개방정책의 제창, 파나마운하 건설에 관한 조약 조인 등 미국의 해외팽창정책에 크게 공헌하였다. 존 헤이의 유명한 말이다. "지중해는 과거의 바다요, 대서양은 현재의 바다이며, 태평양은 미래의 바다이다." 그의 혜안과 선견지명이 있는 해양사관은 후세에 회자된다. 앞서 언급했듯이 흥미로운 것은 알래스카 매입을 주도한 시워드 국무장관은 링컨 대통령이 발탁했고, 존 헤이 국무장관은 링컨 대통령 비서였다는 점에서 링컨 대통령 때부터 이미 미국은 해양강국을 위한 그랜드 전략을 구상했을 것으로 추정된다. 시워드 국무장관의 알래스카 매입과 태평양도서 획득, 미국의 해양화로 팍스 아메리카나의 초석을 세운 시어도어 루스벨트(TR) 대통령의 일급참모 존 헤이 국무장관의 해양책략 추진의 뿌리는 링컨 대통령이라고 추정해 볼 수 있다. 그러한 이유로 링컨의 여러 가지 위대한 업적에 미국의 '해양책략 구상'과 훌륭한 '해양책략 후계자육성'을 더 할 수 있지 않을까 생각해본다.

시워드가 역대 최고의 국무장관으로 평가받는 핵심이유는 두 가지이다. 하나는 러시아로부터 '알래스카 매입'의 주역이었다는 점이고, 다른 하나는 미국의 '해외 팽창주의'의 선구자였다는 점이다. 시워드를 비롯한 팽창주의자들은 새 영토 확보에 관심을 기울였으나 노예제도에 막힌 상태였다. 새 영토에 노예제 적용 여부를 놓고 남부와 북부가 대립하며 결국 영토 확보를 포기한 경우가 많았다. 남북전쟁에서 남부가 패해 이런 장벽이 없어진 직후인 1867년, 시워드는 러시아로부터 알래스카를 사들이는 데 주역을 담당했다. 그러나 알래스카 매입거래를 성사시킨 직후 태평양에서 미드웨이 군도를 획득하는 데 혁혁한 공을 세운 시워드 장관은 생전에 실패한 거래를 뜻하는 '시워드의 어리석은 짓 Seward's Folliness'이라는 용어로 비판받았다. 비판의 이유는 당시 미국의 재정여건이 어려웠기 때문이다. 남부와 북부를 합쳐 전쟁 채무가 약 30억 달러에 이르는 가운데 남부 재건에 막대한 비용이 들어갔고, 정책 우선순위도 해외영토 개척보다 아직은 서부 개발에 있었기 때문이었다. 《뉴욕 월드》지는 알래스카를 "다 빨아먹은 오렌지", 《뉴욕 트리뷴》지는 "그 땅은 얼어붙은 황무지다."라고 혹평했다. 미국 국민들은 제17대 대통령 앤드루 존슨(재임 1865~1869년)을 '북극곰 정원'이라고 불렀다. 1867년 4월 9일, 미국 상원은 조약 체결을 투표해서 37대 2로 승인했다. 그러나 알래스카 매입에 따른 세출 승인은 미국 하원의 반대로 1868년 7월에 가서야 113 대 48의 투표로 하원에서 승인되었다.[4]

반면 러시아는 후세대들에 의해 '헐값에 넘겼다'고 비난받았지만, 당시 거래를 성사시킨 러시아 관료들은 알렉산드르 2세에게 공로를 인정받아 성공 보너스까지 받았다 한다. 과거 미국의 제5대 대통령인 제임스 먼로(재임

1817~1825년) 시절, 러시아의 알렉산드르 1세는 알래스카에서 캘리포니아에 이르는 태평양 연안 북아메리카를 러시아 영토 대상으로 선언하며 영토 확장의 야심을 드러냈었는데 다음 세대 자손들은 영토를 팔고도 자축한 것이다. 당시 지구촌 곳곳에서 영국과 경쟁하던 러시아는 알래스카를 방위하기 어려운 곳으로 판단했다. 러시아는 크림 전쟁(1853~1856년)으로 재정난이 가중된데다, 1860년 블라디보스토크에 부동항인 해군항을 건설하면서 알래스카의 전략적 가치를 낮게 평가했다. 또한 당시 러시아는 1861년 농노제 폐지를 단행하면서 토지 보상을 위해 많은 돈이 필요했고 러시아 정부는 로스차일드 은행에서 1,500만 파운드를 빌렸다. 돈이 부족했던 러시아는 로스차일드 은행의 빚을 갚기 위해서도 알래스카를 매각했다.

알래스카는 1959년 미국의 49번째 주가 되었다. 현재 알래스카는 3월 마지막 월요일을 '시워드의 날'로 정해 알래스카 매입을 기리고 있다. 시워드의 초상화가 들어간 1891년 발행 50달러짜리 미국 국채는 희소가치 때문에 경매시장에서 5만 달러를 호가한다. 알래스카의 경제·국방가치는 세월이 갈수록 커지고 있다. 알래스카에 존재하는 자원들의 경제 가치는 현재 미화 수조 달러 이상의 가치를 지니고 있다. 미국은 이미 알래스카 매입 비용의 수천 배가 넘는 자원을 생산했다. 알래스카에 대한 가치 평가 중 중요한 것은 육지 못지않은 해양을 얻게 됐다는 점이다. 알래스카의 배타적 경제수역 EEZ의 면적은 3,770천 ㎢로 미국 전체 EEZ 면적의 33%에 해당하는 어마어마한 크기이다. 하와이의 EEZ 면적은 2,474천 ㎢로 미국 전체 EEZ 면적의 21.8%이다. 알래스카 해양의 가치는 하루에 150만 배럴 생산되는 대륙붕 석유와 천연가스, 가스 하이드레이트 등 에너지 자원과 연어, 대구, 대게 등 수산자원의 보고로 설명될 수 있다. 최근 지구온난화의 영향으로 북극항로 개발과 북극자원에 대한 국제경쟁이 치열하다. 만일 알래스카가 미국으로 넘어오지 않았다면, 시워드의 선택과 시워드의 전략을 바보짓이라고 맹렬히 비판했던 정치가와 언론인들은 오늘의 상황에 대해서 무엇이라 말할까? 보통 사람들은 당장 눈앞을 보고 걱정하지만, 지도자는 미래를 멀리 내다보는 통찰력을 가져야 한다. 지도자의 고뇌의 시간은 앞을 먼저 보는 대가이다. 괜찮은 결정이 고민의 소산이라면, 현명한 결정은 심사숙고의 결과이기 때문이다.[5]

시워드 국무장관의 알래스카 매입과 더불어 또 다른 업적은 태평양도서와 이에 따른 해양영토 확장을 추진했다는 점이다. 알래스카 매입 직후에는 태평양 한복판의 환초 미드웨이 섬을 점령했다. 서인도제도의 덴마크령 버진 아일랜드도 750만 달러에 매입하기로 약속했으나 의회 비준 실패로 무산됐지만, 그 후 미국은 1917년 2,500만 달러로 매입하여 시워드의 해양책략을 기어코 달성했다. 시워드는 왜 해외영토 개척에 나섰을까? 미국의 번영이 해외무역 성공에 있다고 믿었기 때문이다. 그는 상원의원 시절인 1845년에는 의회 연설에서 "미국 의회가 알래스카부터 남미 남단에서 파견하는 대표로 구성되기를 바란다."는 연설을 남겼다. 시워드 국무장관은 '상업 제국주의'를 꿈꿨다. 의원 시절부터 국내 산업보호를 위한 고율관세 정책과 대륙횡단철도 및 중남미 운하 건설 필요성을 주창했다. 뉴욕 주지사 때에는 기업인들과 함께 중국 진출을 모색한 적도 있다. 시워드는 캐나다와 멕시코도 미국에 점차적으로 편입되기를 소망했다. 시워드의 희망 사항은 과거망상이 아니라 미래청사진이다. 미 대륙 전체와 태평양, 그린란드까지 포함하는 거대한 제국은 국경선만 존재할 뿐 초강대국 미국의 영향력 아래에 있다. 시워드는 경제력으로 달성하기 원한 반면 오늘날의 미국은 군사력을 앞세우고 있다는 점만 다르다. 시인이기도 했던 시워드 국무장관의 해양책략에 담긴 야망과 포부의 글이다.

"하나된 관심으로 뭉친 우리나라가 축복받기를! 안정된 현재에 만족하지 않고 나머지 전 세계를 지배하리라! 우리 제국은 널리 나라 밖으로 어떤 한계도 모르리라! 끝없이 퍼져가는 바다처럼 흐르리라!"

시워드가 추진한 팽창주의는 그의 사후 더욱 맹렬하게 타올랐다. 강력한 해군을 보유한 국가만이 세계적인 영향력을 행사할 수 있다는 해양력 Sea Power 주창자 알프레드 마한과 미국의 대외 팽창을 적극 추진한 시어도어 루스벨트 대통령 등이 시워드의 직계 후배들이다. 시워드의 팽창주의는 과거완료형이 아니라 현재진행형이기도 하다.

4. 팍스 아메리카나를 설계한 《TR과 마한의 해양책략》

미국 제26대 대통령 시어도어 루스벨트 Theodore Roosebelt Jr.(1858~1919년, 당시 언론에서 TR로 했듯이 본서에서도 'TR'로 표기)는 20세기 팍스 아메리카나 Pax Americana를 연 위대한 지도자와 탐욕적 제국주의자라는 두 가지 얼굴로 평가된다. 그는 20세기 최초의 미국 대통령이자, 최연소 대통령이다. 그리고 전임자 승계 대통령 중 처음으로 재선된 대통령(재임 1901~1909년)이다. 미국의 팍스 아메리카나를 위한 핵심정책인 해양책략의 기획수립과 추진에서 국무장관 존 헤이가 오른팔, 해양력 이론가 알프레드 마한이 왼팔 역할을 훌륭하게 추진했다. 해양책략의 큰 그림은 알프레드 마한이 기획했고, 일선에서의 정책집행과 외교문제는 존 헤이가 추진했다. TR은 뉴욕의 상류가정에서 태어나 하버드대학교를 졸업하자마자 공화당에 입당해서 24세에 뉴욕 주 의원으로 정계에 입문하여 승승장구했다. 한편 그 시절의 미국경제는 '강도귀족'이라고 불리던 재벌들에게 휘둘리고 있었다. TR은 거대화된 대기업을 통제하기 위해 이른바『셔먼 독점금지법』을 내세워 대기업의 합병을 막아 대기업을 통제했는데 이때 록펠러나 모건 그룹 등 대기업까지 인정사정 보지 않고 공격해 타격을 입혔다. 당시 미국의 경제정책은 시장 불간섭 정책이 모토였는데 대기업에 타격을 입힌 사실 때문에 '트러스트 파괴자'라는 별명도 얻었다.[6]

TR은 미국 역대 대통령 중 제일 많은 책을 저술한 인물로, 저술한 책은 38권에 이른다. TR은 미국혁명기의 해군 영웅이자 '미국 해군의 아버지'라 불리는 존 폴 존즈 John Paul Jones(1747~1792)를 흠모했다. TR은 내무부 장관인 코르넬리우스 블리스의 천거로 1897년 해군 차관이 되었다. 그러나 제25대 매킨리 대통령 William McKinley(재임 1897~1901년)이나 블리스 장관이 만일 TR이 해양력에 대한 야심을 가졌다는 것을 알았다면 임명을 보류했을 것이라는 것이 역사학자들의 견해다.[7] 당시 TR은《해양력 Sea Power》학자인 알프레드 마한과 긴밀히 교류를 하면서 하와이 제도 합병, 파나마 운하 건설, 대양해군 육성, 중남미 및 카리브 해역에서 스페인 축출 등을 심도 있게 검토했으며, 훗날 이러한 해양 전략은 모두 실현되었다.[8] TR에게 마한은 해양력에 관해 스승이었고 열렬한 친구였다. 그는 마한의 저서《The Influence of Sea Power upon History, 1660~1783》에 대해 《Atlantic Monthly》1890년 10월호에서 적극적으로 호평해줬고, 1897년에는『The Bookman』에 마한이 쓴《영국 넬슨 제독 전기》에 대해서도 극찬했다. 아울러 마한으로 하여금 TR의 직속상관인 존 롱 John D. Long 해군장관에게 더 강한 해군함 구축을 논리적으로 설득하도록 요청하기도 하였다.

한편 1898년 쿠바를 둘러싸고 스페인과의 전쟁이 터지자, TR은 즉각적으로 의용군을 조직하여 전쟁에 참전하여 공적을 세우고 전쟁영웅이 되었다. 전쟁에서 영웅난다는 말이 있지만, 미국 대통령들 중 전쟁에 참여하여 영웅훈장을 달고, 대통령이 된 사례가 많다. TR은 전쟁에서 돌아온 후 명성을 얻어 뉴욕 주지사를 거쳐 1900년 선거에서 윌리엄 매킨리의 러닝메이트인 부통령 후보로 지명되어 당선되었다. 1900년 매킨리 대통령의 러닝메이트로 부통령에 당선된 TR은 매킨리의 소심한 외교정책과 점진적 팽창주의와는 코드가 맞지 않았다. TR은 대담한 외교정책과 적극적 팽창주의를 추구했다. 마한의 열렬한 실천자로서 TR은 미국이 하와이, 쿠바, 파나마, 괌과 푸에르토리코에 항구적 미국 해군기지를 건설하길 원했고, 일류의 해군함대 건설을 원했다.[9] 1901년 매킨리 대통령이 암살되자, TR은 미국의 제26대 대통령이 되었다. 우리나라는 조선의 제26대 왕인 고종이 들어섰던 시기이다. TR은 20세기 최초의 미국 대통령이자, 이때 나이가 42세로 미국 역사상 최연소 대통령으로 취임했다. 젊은 대통령이라는 이미지가 강한 존 F. 케네디도 대통령에 취임한 나이는 43세로 두 번째다. 케네디는 '선거로 뽑힌' 최연소 대통령이다.

 19세기 말은 제국주의 경쟁이 극대화된 시기였다. 증기선과 전신으로 대표되는 '통신혁명 Communication Revolution'은 제국주의로 하여금 그 활동 무대를 전 지구적으로 확장가능하게 했다. 특히 군사 분야에서는 무연화약, 기관총, 강철 대포가 출현함으로써 이를 갖춘 국가와 그렇지 못한 나라 사이의 무력격차가 컸다. 특히 강대국 여부를 가름한 대표적인 무기체계는 '해군 전함'이었다. 해군 전함의 출현으로 미국 외교는 일대 변혁을 가져왔다. 종전까지 미국의 방어벽 역할을 하던 바다는 더 이상 그 기능을 상실하게 되고, 오히려 대서양은 미국으로 유럽의 전력을 운송하는 고속 침투 루트로 변화된 것이다. 게다가 당시 신흥 산업국가인 일본이 근대화를 성공적으로 추진 중이었고, 동아시아의 전통적 강국인 청나라를 청·일전쟁(1894~1895년)에서 무너뜨려, 태평양마저도 미국의 안전을 담보할 수 없게 된 상황이었다. 지금은 세계 최강의 전력을 보유한 미 해군이지만 당시 미 해군은 세계 해군 순위는커녕 다 저물어 버린 스페인 해군 정도나 비교 대상이 될 만한 약체 해군이었고, 18세기부터 세계 1위 해군력을 키운 영국 해군에겐 상대조차 되지 못했다. 게다가 약체화된 스페인은 아메리카에 대한 영향력을 상실하고 아메리카의 스페인령 식민지를 다른 외국에게 매도할 가능성까지 높았다. 이는 미국에게 큰 문제였다. 스페인이라면 상대할만 했지만, 새로 스페인으로부터 아메리카 대륙에 속한 식민지를 양도받을 나라는 상대하기 버거울 것이기 때문이었다.

TR은 새르 카리브 해 열강싸움에 신흥강국 독일이 뛰어들 것으로 전망했다. TR이 먼저 취한 것은 해군력 강화보다 외교 정책을 통해 미국의 안전을 담보하는 것이었다. 미국의 제5대 대통령인 제임스 먼로(재임 1817~1825년)에 의해 1823년 선언된『먼로 독트린』의 내용은 세 가지 원칙으로 요약된다. ▲첫째, 비식민지화의 원칙 – 앞으로 남북 아메리카의 어느 지역도 유럽의 식민지가 되어서는 안 된다. ▲둘째, 불간섭의 원칙 – 아메리카의 문제는 아메리카인끼리 해결해야 한다. ▲셋째, 고립주의의 원칙 – 미국은 유럽의 분쟁에 일체 개입하지 않는다.

하지만 1823년의『먼로 독트린』은 아메리카 대륙의 식민지를 서로 거래하던 유럽 열강과의 외교전을 치열하게 전개하던 시대상황에서 미국의 전략이 될 수 없었다. 이에 TR은 1896년『먼로 독트린에 대한 루스벨트 추론 Roosevelt Corollary to the Monroe Doctrine』을 발표했다. 그는 기존의 먼로 독트린이 아메리카 대륙의 비식민화에 기여하지 못한다고 주장했다. TR은 먼로 독트린의 진정한 목표는 제1원칙인 '비식민지화의 원칙'이어야 한다고 주장했다. 따라서 제2원칙은 포기되어야 하고, 제2원칙의 포기는 논리적 귀결로써 제3원칙이 포기돼야 한다고 주장했다. 그리고 TR은 먼로 독트린에 제4원칙을 추가했다.

제4원칙의 내용은 바로 "유럽 국가가 아메리카 대륙의 식민지를 포기하거나 양도할 경우 그것을 접수하는 나라는 미국이 되어야만 한다."는 것이었다. 먼로 독트린은 애초에는 미국이 유럽 문제에 이끌려 전쟁에 말려 들어가는 사태를 방어하기 위한 고립주의 정책을 표명했지만, 1896년 TR추론은 아메리카 대륙에 새로운 식민지 획득을 시도하는 유럽 국가의 행동을 미국에 대한 적대행위로 간주하겠다는 것이었다. TR추론은 유럽 국가들과 아메리카 대륙 사이의 분쟁의 성격을 판단할 권리는 미국에만 있다고 주장할 논거를 만들었다. TR추론은 먼로 독트린을 제국주의 이론으로 변화한 것이다.[10] 새로운 TR추론은 미국의 대외정책을 결정적으로 변화시켰다. 미국을 위협하는 전쟁의 괴물을 좇아 유럽으로 건너가서는 안 된다던 미국의 대외정책은, 전쟁의 괴물을 잡아 죽이기 위해서는 유럽뿐 아니라 아시아, 아프리카 어디로도 출동해야 된다는 일방주의로 변화했다. 전함을 통해 적이 언제든 미국을 침략할 수 있게 된 이상, 미국은 적을 앉아서 기다리기보다 적을 찾아서 해외로 진출할 수 있도록 한 것이다.

TR추론에 담긴 TR의 태평양 전략의 요체는 다음과 같다. "태평양 연안에서 미국이 지배력을 행사하는 것을 보는 게 내 꿈이다. 우리나라의 미래는 유럽에 면한 대서양보다는 중국에 면한 태평양에서 우리가 어떤 입지를 차지하느냐에 더 크게 좌우될 것이다." 사실 미국은 먼로 독트린 이후 유럽에 대한 불간섭주의를 주창하면서, 동시에 하와이 진출, 필리핀 진출, 일본 에도 막부에 개항을 요구하며 우라가 만에 진출한 흑선 黑船(쿠로후네)사건(1853년)이나 조선의 개항을 요구하며 대동강에 진출한 제네럴 셔먼호 사건(1866년) 등 태평양 쪽에 관심을 더 두고 있었다. 사실 TR은 해군차관 시절에 이미 알프레드 마한 제독의 '해양력 이론'에 힘입어 전 세계의 해양, 특히 태평양 지배력을 구상하였고, TR의 해양책략인 하와이 왕국 합병, 스페인으로부터 필리핀 강탈, 파나마 운하 건설 등은 국가정책으로 하나하나 결실을 맺었다.

(1) 하와이 왕국 합병

하와이는 본래 독립국가로서 1782년 카메하메하 1세 이후 왕조 체계가 유지되던 하와이 왕국이었다. 미국의 하와이 합병은 텍사스 합병과 거의 유사한 방식으로 이루어졌다. 먼저 이민을 간 미국인들을 중심으로 미국과 합병운동이 일어난다. 그 다음 단계로 미국인들이 중심이 된 공화국을 세우고, 이 공화국이 미국에 자신들을 합병해 달라고 요청하면 미국이 이를 받아들여주는 방식이다. 하와이는 19세기 중반부터 미국과 극동을 잇는 중간기지 역할을 해왔고, 1887년에 미국과 호혜통상조약을 체결하여 진주만을 미국 해군기지로 제공하기도 했다. 하와이로 이민 온 사람들은 주로 미국인들이 많았지만 19세기 후반에는 사탕수수 및 파인애플 재배에 성공하여 제당업이 번창하자 조선을 포함한 아시아인들의 이민이 급증하였다. 그러다 하와이 합병의 단초를 제공한 미국 관세법이 1890년에 개정되었고, 이 법으로 제당업이 타격을 받자 하와이에 와 있던 미국인들이 중심이 되어 미국과 합병운동이 일어났다. 이런 분위기 속에서 1891년에 즉위한 릴리우오칼라니 여왕이 미국 농장주들의 면세혜택을 폐지하는 하와이 왕국 헌법 개정을 시도하자 1893년에 하와이 혁명이 일어나고 1894년에 공화국이 되었다. 미국인을 중심으로 한 미국에 하와이를 합병해달라는 '합병운동 Newlands Resolution'이 전개됐다. 결국 1897년 6월 16일 매킨리 미국 대통령과 하와이 공화국이 합병조약을 체결하도록 하였고 미국 의회는 1898년 7월 7일에 비준하였다. 미국 합병 직후에는 '준주 準州'였으나, 1959년

8월 21일 알래스카에 이어 미국의 50번째 주가 되었다. 태평양 한가운데 위치한 하와이의 해양 전략적 가치는 어마어마하게 크며, 20세기를 미국의 세기, 태평양 시대로 만드는 데 중심부 역할을 하게 된다. 알래스카 EEZ 면적은 3,770천 ㎢이며, 하와이 EEZ 면적은 2,474천 ㎢로 미국 전체 EEZ 면적인 11,351천 ㎢의 21.8%이다.

(2) 스페인으로부터 필리핀 강탈

태평양은 오랫동안 '스페인의 호수'라 불렸다. 스페인은 필리핀을 정복하고 마닐라와 아카풀코에 정기 무역선을 운항했다. 16세기 중반에서 1815년 사이에 이 항로를 통해 멕시코와 페루의 은이 중국으로 들어갔고, 비단과 중국자기가 무역선을 통해 아메리카 전역에 퍼졌다. '스페인의 호수'는 '중국의 호수'이기도 했다. 하지만 미국 대 스페인 전쟁이 있었던 1898년을 기점으로 태평양은 '미국의 호수'가 됐다. 이미 하와이를 비롯해 많은 태평양 도서들을 확보한 미국은 필리핀을 접수함으로써 태평양의 해양대국으로 급부상하게 됐다. 1898년 미국 대 스페인 전쟁은 미국이 제국주의로 진입하는 결정적인 계기였다. 처음에 클리블랜드 대통령이나 그를 계승한 매킨리 대통령은 쿠바 사태에 신중히 대처하였다. 그러나 1898년 1월 미국신문들은 주미 스페인 대사가 매킨리 대통령을 모욕하는 편지를 공개하여 미국인의 감정을 자극하였고, 2월에는 미국인을 보호하기 위해 아바나에 파견된 메인호가 원인 모를 폭발로 침몰하여 266명의 장병이 사망하는 사건이 일어났다. 매킨리 정부는 1898년 3월 스페인에 쿠바의 독립을 강권하였지만, 이를 듣지 않자 4월 19일에 상하 양원은 스페인과의 전쟁을 결의하였다.

전쟁이 발발하자 미국은 전선을 확대하여 쿠바에 인접한 푸에르토리코와 태평양의 괌을 정복하고 다시 필리핀을 공격하였다. 해군 차관 TR은 선전 포고 2개월 전에 동양함대 사령관인 존 듀이 John Dewey에게 스페인과의 전쟁이 일어날 경우 지체 없이 필리핀의 스페인 함대를 공격하도록 비밀 명령을 내렸다. 결국 스페인의 제의로 1898년 12월에 파리 조약이 체결되고 쿠바의 독립이 승인되었다. 미국은 배상으로 푸에르토리코와 괌을 양도받았으며, 스페인은 미국에 필리핀의 영유권을 약 2,000만 달러에 양도했다. 미국 대통령 윌리엄 매킨리는 "필리핀 제도는 미국의 자유로운 깃발 아래에 두어야 한다."는 성명을 발표했지만, 아기날도를 비롯한 필리핀 국민들은 일제히 거세게 항의했다. 결국 미국과의 사이에 미국-필리핀 전쟁이 발발한다. 미국-필리핀 전쟁에는 12만 명의 미군이 투입되었고, 4,500명의 미군 전사자와 20만 명의 일반 필리핀의 사망자를 기록했다. 이후에도 혁명군을 계속 제압하여, 1901년 7월에 미군은 군정에서 민정으로 이관을 실현했다. 1902년 7월에 미국 의회가 통과시킨 『필리핀 조직법』을 법적 근거로 육군 장관 윌리엄 태프트의 주도하에 필리핀 식민지화가 진행되었다.

(3) 파나마 운하 건설

미국은 대서양에서 태평양으로 가는 첩경을 얻기 위해 파나마 운하의 건설을 계획하였다. '성동격서 聲東擊西' 전략처럼 미국은 동쪽의 스페인과 전쟁을 벌이면서 서쪽의 태평양을 연결하는 파나마 운하 건설에 관심을 가지게 되었다. 이런 운하가 해양 교역에 획기적으로 유용하리라는 생각은 19세기 말부터 유럽대국들이 꿈꾸어왔던 것이다. 미국은 당시 카리브 해와 태평양 양쪽을 모두 지배하고 있기 때문에 운하를 건설한다면 미국이 누릴 수 있는 군사적 가치는 엄청났다. 필요한 경우 전함을 신속하게 대서양에서 태평양으로 혹은 태평양에서 대서양으로 이동시킬 수 있기 때문이다.

1902년에 TR 정부는 프랑스 회사로부터 건설권을 사들였으나 콜롬비아 의회가 이 조약의 비준을 거부하여 미국의 계획은 암초에 부딪쳤다. 미국은 텍사스합병, 하와이 왕국합병 시 사용했던 단계별 점령 매뉴얼인 '① 미국 국민 목표지역 이주→② 미국 국민 선동으로 반란군 저항→③ 미국 군대 파견 및 점령'을 파나마 공화국 수립에도 유사하게 적용했다.

결국 파나마 지역에서 미국의 선동으로 1903년에 콜롬비아 정부에 대한 반란이 일어나자 미국은 즉시 군대를 파견하여 반란군을 도와 파나마 공화국을 수립하였고, 콜롬비아에게 파나마를 잃은 대가로 2,500만 달러의 보상금을 주었다. 미국에 의해 독립된 파나마 공화국의 파나마 운하는 1914년에 완공되어 각국 선박에게 동등한 조건으로 개방되었다. 그해 11월에 체결된 조약에서 파나마는, 태평양과 대서양 사이에 놓인 폭 16km의 땅을 미국에 빌려주며 그 대가로 1천만 달러를 일시불로 받고 해마다 25만 달러의 사용료를 받기로 약속했다. 이후 미국은 85년 동안 파나마 운하의 운항권을 독점적으로 관리해 왔고, 1999년 12월 31일에 이르러서야 운항권이 파나마로 이양되었다. 미국의 물류 동선이 남미대륙 남단을 우회했던 것을 첩경인 파나마 운하 건설로 물류비와 국방비를 대폭 경감한 해양전략의 중요한 사례다.

TR은 미국 제32대 대통령이자 뉴딜 정책으로 유명한 프랭클린 루스벨트 대통령(재임 1933~1945년)과 간혹 혼동된다. TR은 외교적으로는 파나마 운하를 인수하고 건설하기 시작했으며 국제적으로는 러일전쟁이 끝난 후 회담인 포츠머스 조약을 주선하여 노벨 평화상을 수상했다. 그러나 이 종전 회담의 결과는 불행하게도 반도국가인 조선의 식민지화였다. TR이 한국인에게 비난받는 큰 이유는 『가쓰라-태프트 밀약 Katsura-Taft Agreement』를 맺은 점이다. 일본은 러·일 전쟁 중 쓰시마 해전에서 승리를 거두었고, 러시아 군은 TR에 의한 강화 권고를 받아 들였다. 그 시기인 1905년 7월 29일 태프트는 일본을 방문하여 일본 내각의 총리 가쓰라 다로와의 회담을 통해 미국은 한국에 있어서의 일본의 침략과 지배권을 인정하고, 일본은 미국의 필리핀 지배권을 인정하는 내용의『가쓰라-태프트 밀약』을 맺었다.

가쓰라-태프트 밀약은 1902년의 영·일 동맹을 근거로 다음의 세 가지 사안을 확인하였다. 첫째, 미국이 필리핀을 통치하고, 일본은 필리핀을 침략할 의도를 갖지 않는다. 둘째, 극동의 평화 유지를 위해 미국·영국·일본은 동맹관계를 확보해야 한다. 셋째, 미국은 일본의 한반도에 대한 지배적 지위를 인정한다. 밀약의 내용은 미국과 일본이 필리핀과 대한제국에 대한 서로의 지배를 인정한 협약으로 일본이 제국주의 열강들의 승인 아래 한반도의 식민화를 노골적으로 추진하는 직접적인 계기가 되었다. 1905년 일본은 국제적으로 조선 지배를 인정받은 후 을사조약을 체결하여 조선의 외교권을 강탈하였다.

영웅주의와 카우보이 기질이 충만한 TR은 힘이 모든 것을 결정한다고 믿는 사회진화론자였다. 힘이 지배하는 세계에서 마치 자연법칙과도 같은 사물의 질서는 '영향권 sphere of influence' 이라는 TR의 주장에 잘 반영되어 있다. '영향권'이란 광대한 지역에 대한 압도적인 영향력을 특정 국가가 보유한다는 것이다. TR은 인종적 차이에 대해 강한 신념을 갖고 있는 철저한 인종주의자였음에도 일본만큼은 황인종으로 보지 않았다. 그는 하버드대 입학 동기이자 일본의 워싱턴 주재 외교관이었던 가네코 겐타로의 권유로 1900년 니토베 이나조 新渡戸稲造가 영문으로 발표한《Bushido 武士道》를 읽고, 사무라이 정신과 일본 유도에 심취하면서 친일성향을 갖게 되었다. 그는 1900년 8월에 뉴욕 주지사로서 부통령 후보가 되었을 때에 "나는 일본이 한국을 손에 넣는 것을 보고 싶다."고 했을 만큼 일본에 편향적이었

고, TR의 일본 우호관은 결국 미국의 아시아 정책이 되었다.[11]

러일전쟁이 사실상 일본의 승리로 귀결되자 TR은 자국 식민지인 필리핀 시찰 명목으로 전쟁 장관 윌리엄 태프트 William H. Taft(1857~1930)를 일본으로 보내 7월 29일 일본 총리이자 임시로 외상도 겸하고 있던 가쓰라 다로 桂太郎(1848~1913)과 이른바 『가쓰라-태프트 밀약』을 맺게 했다. 이 밀약은 "러·일전쟁의 원인이 된 한국을 일본이 지배함을 승인한다."고 규정했다. 이로써 미국은 일본의 대한제국 지배를 인정해주고 대신 일본은 미국의 필리핀 지배를 인정했다. 가쓰라는 대한제국 정부의 잘못된 행태가 러·일전쟁의 직접적인 원인이라는 해괴한 논리를 폈고, 태프트는 한국이 일본의 보호국이 되는 것이 동아시아 안정에 직접 공헌하는 것이라며 맞장구친 것이다. 이승만이 천신만고 끝에 루스벨트 대통령을 만난 것은 1905년 8월이었다. 그러나 루스벨트가 약소국가 청년의 하소연을 들어줄 리 만무했다. 이승만이 루스벨트 대통령을 만나기 닷새 전 이미 미국은 일본과 『가쓰라-태프트 밀약』을 맺어 대한제국에 대한 일본의 종주권을 인정한 뒤였다. 영국도 8월 12일에 제2차 영·일 동맹을 맺어 일본의 조선 지배를 승인하고, 대신 일본은 영국의 인도·버마 등의 지배를 두둔하였다. 강대국의 손에 공깃돌이 된 약소국가 대한제국이었다.

한국 입장에서는 똑같은 루스벨트 이름을 가진 대통령이지만, TR은 한국이 일본에 넘어가도록 음모하고 실행하여 비난과 저주를 받는 나쁜 대통령으로 남았고, FR은 일본을 깨뜨리고 한국이 해방되는 데 기여한 좋은 대통령으로 남았다. 또한 TR은 먼로 독트린에 사항을 추가하여 서유럽에서는 미국이 국제경찰력을 행사해야 한다는 정책을 펼쳐 산토 도밍고 등 카리브해나 중앙아메리카 국가들에 영향력을 행사했다. 미국이 지금도 주장하는 '세계경찰론'의 기틀을 잡은 것과 해군 강화에 열을 올려 '대 백색 함대'를 창설했다. TR의 해양책략 추진에 강력한 해군은 필요조건이었다. TR은 20세기 초기 미국의 국력을 신장시켜서 대통령도 연임했다. 라이트 형제가 비행에 성공한 것도 루스벨트의 재임 중이었다. 역대 미국 대통령 중 최초로 비행기를 탔고, 자동차를 최초로 탄 대통령이었으며, 해군 잠수함에 최초로 탑승하여 직접 잠수함을 조타하기도 했다. 영국의 역사가 휴 브로건은 그를 "에이브러햄 링컨 이후 백악관에서 제일 유능한 사람, 앤드루 잭슨 이후 가장 정열적인 사람, 존 퀸시 애덤스 이후 최고의 독서가"라고 평가했다.

5. 미국 조선업의 아버지 헨리 카이저의 《빨리 빨리 책략》

'총 계약액 1억 달러, 수송함 60척 건조' 1940년 말, 미국 정부에 영국의 다급한 선박 발주 요청이 들어왔다. 영국의 조선소들이 밤낮 없이 각종 수송함을 건조해 작전에 투입했으나, 독일 U보트에 의해 격침된 선박과 영국의 신규 건조 비율이 약 3대 1로 자칫 수송함대가 사라질 수 있다고 우려한 영국이 미국에 긴급 SOS를 보낸 것이었다. 상당한 가격을 제시한 주문이라는 점은 좋았지만 일손이 부족한 미국은 고민에 빠졌다. 모든 기존 조선소가 제2차 세계대전을 맞아 100% 가동되던 터라 미국은 새로운 조선소에서 영국 수송함을 건조하는 방침을 세웠다. 이런 상황에서 서부 워싱턴 주의 건설업자이자 배를 만들어 본 경험도 전혀 없던 헨리 카이저 Henry John Kaiser(1882~1967)가 사업계약자로 선정되었다. 그러자 미국 동부에 밀집된 조선업계는 일제히 우려와 의혹의 시각을 보냈다.

미국 정부가 헨리 카이저에게 동맹국의 전쟁 승패가 걸릴 수도 있는 중임을 맡긴 이유는 누구보다 빠르게 일을 해낼 것이라는 기대 때문이었다. 영국 수송함 건조에 뛰어들 때까지 자수성가한 건설업자 헨리의 인생 역정은 '속도전과 위기극복' 그 자체였다. 1882년 뉴욕에서 독일이민인 구두수선공의 아들로 태어난 카이저는 16세부터 잡화점 직원, 20세 나이에는 사진관 도제로 가족의 생계를 꾸려나갔고, 24세에는 서부 워싱턴 주로 이주해 건설업에 뛰어들었다. 정부 발주공사를 주로 맡았던 덕에 이익이 크지는 않았어도 사업은 탄탄했다. 32세에 중장비를 사용한 첫 번째 회사인 도로포장회사를 세웠고, 1927년 해외공사인 쿠바의 도로공사를 수주하면서 급신장했다. 대형공사를 따내며 승승장구하던 그의 비결은 공기 단축. 너무 빠르게 완공되는 공사에 사람들은 부실시공의 의문을 품었지만 그가 맡은 공사에 하자는 없었다. 최신 기술을 개발하고 신형 장비를 투입한 결과다. 인부들의 사기를 올리는 데도 헨리 카이저는 천부적인 재능이 있었다. 성과급을 내걸고 단위 조직 간 경쟁심을 유발하는 것은 그의 주특기였다. 대공황마저도 그에게는 기회였다. 1931년 후버 댐을 비롯한 대형 댐 공사의 공기를 단축해가며 준공해 명성은 더욱 높아졌고, 사세는 크게 확장됐다.

그는 모터보트 경기에 관심을 가지면서 시애틀과 타코마에서 보트건조를 '리벳 rivets방식' 대신 '용접 welding방식'을 사용하면서 생산 공정을 대량생산방식으로 혁신하였다. 이것이 훗날 '리버티선박'의 대량생산을 위한 노하우로 작용했다. 제2차 세계대전 초기인 1940년 만해도 미국은 중립적 입장이었으나, 헨리 카이저의 화물선 건조 사업으로 미국이 히틀러와 직접 전쟁에 뛰어들게 된 것이었다. 전쟁은 시간과의 싸움이며, 병참과 군수물자 보급과의 싸움이다. 카이저는 혁신적 생산 공정으로 '평균 45일에 수송함 한 척 건조'라는 사업제안을 했으며, 그 수송함은 유명한 '자유함 Liberty Ship'이었다.

동부 조선업자들의 시샘에 찬 우려대로 인력도 조선소도 없이 조선업에 뛰어들었지만 그는 처음부터 놀라운 성과를 보였다. 캘리포니아 주 리치먼드에 조선소를 세울 때는 전문가들이 최소한 6개월이 소요될 것이라던 부지조성 공사를 단 3주 만에 마쳤다. 조선소 기반 시설이 채 갖춰지기도 전에 카이저는 작업을 시작했다. 인근의 크고 작은 공장에서 부품부터 먼저 제작하고 나중에 완공될 조선소에서 최종 조립하는 방식이었다. 카이저와 그의 기술진들은 자동차 생산 공정을 자동화한 포드 차의 조립공장을 방문하고, 조선공정을 시간과 비용이 많이 드는 '리벳방식'에서 혁신적인 '웰딩 방식'으로 바꾸는 결정을 취했다. 부품조립공정의 선택은 또 하나의 혁신이었다. 조선기술자가 거의 없는 상태에서 한 부품 공정에 미숙련공이나 여성 인력 참여가 가능하기 때문이다.

 부품조립공정 방식은 영국이나 미국 동부에서도 부분적으로 채택하고 있었으나, 전체 공정에 적용한 것은 헨리 카이저가 처음이었다. 인류가 배를 만들기 시작한 이래 용골부터 제작해 나무나 철판을 붙여나가던 방식을 부품 조립 방식으로 대체한 것이다. 선박의 발주처가 영국에서 미국으로 바뀌고 보다 대형화하는 설계 변경을 겪으면서 헨리 카이저는 1941년 9월 말 초도함인 '헨리 패트릭'호를 세상에 내놨다. 역사적 사건이라며 진수식에 참석한 프랭클린 루스벨트 대통령은 '배 한 척, 한 척이 전 세계인의 자유를 위한 일격이 될 것'이라는 의미를 담아 새로운 수송함에 '자유함 Liberty Ship'으로 명명했다. 리버티급 수송함의 외형은 볼 품 없었다. 단순하다 못해 투박한 초도함 '헨리 패트릭'호 진수식을 취재했던 《타임 Time》지는 '미운 오리 새끼 Ugly Duckling'라는 별명을 붙였다. 카이저는 이 배를 '바다의 T형 포드 자동차'라고 불렀다. 자동차 대중화 시대를 연 T형 포드 자동차처럼 자유함은 '단순함·생산 효율성·기능성'의 3박자를 두루 갖췄다. 외형이 단순하고 속도가 시속 21㎞로 느렸을 뿐, 적재화물 표준 1만 5백 톤의 수송

선을 프리패브 공법*과 웰딩 기술로 건조했다.¹²

　이처럼 헨리 포드가 T형 포드로 자동차 대량생산 시대를 개막한 것처럼 헨리 카이저도 자유함선으로 수송함 대량생산 시대를 열었다. 헨리 카이저의 대량생산공정 아이디어는 오늘날에도 상용선박이나 군함건조에 전승되고 있다. 초도함 건조 다음날 14척이 한꺼번에 나왔다. 처음에는 한 척을 건조하는 데 244일이 소요되던 건조기간은 1년 뒤 59일로 짧아졌다. 전쟁 말기에는 42일까지 줄어들었다. 생산이 진행되면서 자유함은 기능과 크기에서 더욱 개량되었고, 헨리 카이저는 공기 단축을 위해 아들과 아들 친구까지 경쟁시켰다. 리치먼드 조선소는 아들에게, 새로 만든 오레곤 조선소는 아들 친구에게 경영을 맡긴 직후 진기록이 나왔다. 경쟁을 의식한 아들이 단 10일 만에 거대한 수송함 'Joseph M. Teal호'를 번개 같은 속도로 건조한 것이다. 그러자 아들 친구가 4일 15시간 30분 만에 10,500톤급 수송함 'SS Robert E. Peary호'를 건조하는 불멸의 대기록을 세웠다.

　이 때 미국 언론은 헨리 카이저를 '기적의 사나이', '빨리 빨리 헨리 Hurry up Henry'라는 별명으로 불렀다. 프랭클린 루스벨트 대통령으로부터 1944년 부통령 후보를 제의받았다는 설도 있다. 헨리 카이저의 조선소를 비롯해 크고 작은 18개 조선소에서 쏟아낸 자유함 건조물량은 무려 2,718척이었다. 속력을 시속 30㎞로 끌어올린 고급형 빅토리급 550척과 파생형인 T2 유조선 533척까지 합치면 총 건조물량은 3,801척에 이른다. 전쟁 기간 중에 미국은 하루에 3.5척씩 대형 수송함을 포드 자동차 만들듯이 만든 셈이다. 자유함 시리즈는 전쟁 기간 내내 세계의 바다를 달리며 한창 때는 연합국 물자수송의 75%를 담당했다.

---

* pre-fabrication, 미리 주요구성부분을 공장에서 생산하여 현지에서는 그 부분품을 용접·접착 등에 의하여 조립하는 공법이다.

자유함은 헨리 카이저의 제안으로 호위 항공모함 선체로도 쓰였다. 태평양전쟁 개전 초기, 일본도 16척을 보유한 항공모함을 7척 밖에 없었던 미국은 자유함선의 선체를 활용해 전투기 28대를 탑재할 수 있는 '카사블랑카급 호위항공모함'으로 개조, 미국 해군과 영국 해군에 공급했다. 헨리 카이저의 호위항공모함은 속력이 시속 32km에 불과해 맞바람이 불지 않으면 이륙이 제한되는 등 성능이 떨어졌으나 대서양의 독일 해군 잠수함 U보트 사냥작전에 투입돼 혁혁한 전과를 올렸다. 미국이 제2차 세계대전을 통틀어 운영한 151척의 중소형 호위항공모함 중에서도 헨리가 1942년 11월 3일부터 1944년 7월 8일 까지 2년도 채 안 되는 기간 동안 건조한 카사블랑카급 50척이 가장 많았다. 헨리 카이저가 없었다면 제2차 세계대전 시 연합국의 해양제어와 병참수송은 어려웠을 것이다. 그리고 승리도 쉽지 않았을 것이다.

헨리 카이저는 종업원의 복지에도 신경을 기울였다. 그가 조선소를 세우는 곳마다 인구가 늘어나자 특유의 속도전으로 주택을 짓고 학교를 세웠다. 종업원용 병원도 건립하고 자체 의료보험 제도를 도입해 종업원의 건강과 생산성 향상이라는 두 마리 토끼를 잡았다. 여성 인력 고용과 중용 발탁으로도 유명하다. 철강재가 모자라면 아예 제철소를 건설해 부품 수급의 차질을 막았다. 전쟁 후 카이저는 자동차와 항공·시멘트·알루미늄은 물론 하와이 개발에 이르기까지 사업을 문어발식으로 확대했고 말년에는 자동차 사업에도 손을 댔지만, '조선업의 제왕'으로 불리던 왕년과는 달랐다. 미국의 개발연대에 헨리 카이저의 '빨리 빨리 전략'과 무속도전이 남의 얘기 같지 않다. 우리 나라도 그런 시절과 그런 '빨리 빨리 전략'을 성공적으로 구사한 기업인으로 현대그룹의 정주영 회장이 있었다.

헨리 카이저는 세계 해운업의 새로운 질서 재편에도 막대한 영향을 미쳤다. 제2차 세계대전 직후 주요 해운국은 상선대의 절반 이상을 상실하였다. 그러나 미국은 헨리 카이저가 주도한 7,200 G/T급 자유함선형 및 7,600G/T급 빅토리함선형 등의 전시표준선을 대량 건조한 덕분에 선박보유량이 크게 증대하였다. 전후 미국의 선박 보유량은 전 세계의 56%로 단연 세계 1위로 등극했고, 미국은 1946년 『상선 매각법』을 제정하여 잉여선박 처분에 나섰다. 건조가의 3분의 1 가격으로 미국 시민뿐 아니라 영국, 파나마, 프랑스 등 동맹국은 물론 신생국인 한국에도 매각해 나갔다. 미국의 전시표준선 매각은 세계해운경영에 지각변동을 일으켰다. 당시 전시표준선의 상당부분이 파나마에 매각되었는데, 그 실질 선주는 미국인들로서 이는 '편의치적선 Flag of Convenience' 경영방식을 일반화시키는 중요한 계기가 되었다.* 이전의 해운경영은 '선박·선원·운항'이라는 3개 요소를 직접 보유하는 형태로 이루어져 왔는데 '편의치적선'의 등장으로 이러한 3개 요소가 각각 분화되기 시작하였다. 이처럼 헨리 카이저의 '자유함 Liberty Ship' 대량생산은 과거 소수 국가의 전유물처럼 영위되었던 해운업을 전 세계적으로 확산시켰고 세계 해운 현대화의 혁명적 전환점을 만들었다.

6. '마하니즘'으로 격돌하는 미국과 중국

제해권을 갖는다는 것은 범세계적 해양무역에 개입할 수 있을 뿐만 아니라 해양무역의 규칙을 정할 수 있다는 것을 뜻한다. 1980년 미·소 간 경쟁이 절정일 때 태평양 횡단무역액은 대서양 횡단무역액에 필적하게 되었으

---

* 편의치적선은 세금을 줄이고 값싼 외국인 선원을 승선시키기 위해 선주가 소유하게 된 선박을 자국에 등록하지 않고 제3국에 치적하는 방식이다.

며, 소련 붕괴 후 10년 만에 태평양 횡단무역액은 대서양에 비해 50% 이상 치솟았다. 세계패권의 변화는 국제무역의 판도에 엄청난 변화를 일으켰다. 세계 주요 해로를 유지하는 비용은 막대하며 그것을 감당할 수 없는 교역국은 그런 능력이 있는 나라에 의존할 수밖에 없다. 제2차 세계대전 종료 이후 미국의 대양해군은 병참로를 걱정하지 않고 마음만 먹으면 세계 어디서든 전쟁을 수행할 수 있게 되었다.

미국이 '바다헌장'인 1982년 유엔해양법협약에 비준하지 않고 있는 것도 연안국들이 200해리 EEZ를 설치하는 경우 미국의 대양해군 작전에 걸림돌이 되기 때문이다. 미국이 페르시아 만에서 작전을 수행하면서 군대를 유지하는 비용은 다른 나라의 총 국방예산보다도 많다. 한마디로 태평양과 대서양 양 측에서 제해권을 갖는다는 것은 미국이 새 시대를 주도하게 된 토대이다.[13] 100년 전 팍스 아메리카나를 설계한 TR대통령과 알프레드 마한의 해양책략이 꽃을 피운 것이다. 이에 반해 소련은 핼포드 존 맥킨더 경 Sir Halford John Mackinder가 주장한 동유럽 대륙을 중시하는 '심장부 Heartland 이론'을 추종했다. 20세기 후반 역사에서 보듯이 대륙중심 심장부 지배력에 치중했던 소련은 반세기 냉전 끝에 해양력 주도국가 미국에 손들었다.

'팍스 아메리카나 Pax Americana'는 사실상 세 단계 과정을 걸쳐 전개되었다. 첫째 단계는 20세기를 연 미국의 제26대 TR대통령과 마한 제독의 해양책략의 성공으로 파나마 해협 운하건설, 하와이 합병, 필리핀과 괌의 해군기지 건설, 강한 해군육성 등으로 세계해양에 힘을 미칠 수 있는 해양 인프라 구축과 국가의지를 다졌다. 둘째 단계는 두 차례 세계대전을 거치며 영국이 쇠약해지고, 미국이 서방세계 제1의 강국으로 부상하면서 소련을 중심으로 한 동구권과 대치하는 기간이었다. 서방세계의 강자 미국은 공산주의 강자 소련과 세력 확장을 위해 치열하게 각축전을 펼친 '동서 냉전 Cold War'에서 최전선에 섰다. 세 번째 단계는 1989년 베를린 장벽 붕괴 이후 공산권이 와해되고, 미국이 이른바 세계 유일의 초강대국으로 등장한 이후의 기간이다.

20세기 마지막 10년 동안 향유한 미국의 절대적 우위는 21세기가 시작되면서 9·11 테러로 새로운 국면을 맞는다. 1990년대 10년간의 미국은 '부드러운 슈퍼파워'라면 테러 이후의 미국은 '성난 슈퍼파워' 또는 '강경한 슈퍼파워'로 규정할 수 있다. 미국은 2000년을 전후로 전 세계 600여 개 기지에 20만 명 가까운 미군을 주둔시켰다. 주요 병력 배치는 유럽에 10만 명, 중동지역에 2만 5천 명, 한국에 2만 8천 명, 일본에 4만 명 등이다. 대영제국 전성기인 19세기 말에 55개 대대, 4만 명의 군대로 '해가 지지 않는 제국'을 유지했던 것보다 훨씬 많은 군사력을 배치하고 군비를 지출한 것이다. 그러나 미국의 세계 지배 방식과 전략은 2천 년 전 로마 제국보다는 2백 년 전 대영 제국의 유산을 많이 물려받았다고 볼 수 있다. 전략가인 로버트 카플란은 21세기 직전부터 시작된 중국의 해양력 증대를 경계하면서 미국의 해양봉쇄를 주장했다. 그는 20세기 말부터 시작됐고 21세기부터는 본격적으로 추진되는 중국의 '시 파워 전략', '마하니즘 Mahanism'을 주목해야 한다고 강조했다. 카플란은 그의 책《아시아의 도가니 Asia's Cauldron, 2014》에서 말래카 해협과 남중국해에서 미국과 중국의 마하니즘 충돌을 예리하게 분석하였고 동남아국가들의 '핀란드화 포지셔닝'에 대한 우려를 제기했다.[14]

"세계 무역량의 절반이 말라카 해협과 남중국해 해역을 지나가고 있고, 중국이 수입하는 원유의 80%가 이 해역을 지나간다. 미국과 다른 나라들은 남중국해를 국제 수로로 여기나, 중국은 그곳을 '핵심관심사'로 여기고 있다. 중국은 19세기 대영 제국이 했던 것을 21세기 세계화 시대에 맞춘 변형으로 자신의 무역 네트워크를, 자신의 전함들로 보호하려 한다. 제국이 뜨고 지는 것은 불균형을 통해서이다. 또한 중국에게 남중국해의 중요성은 미국에게 있어서 19세기 카리브 해가 갖는 중요성과 같다. 과거 미국은 카리브 해를 장악함으로써 스페인 세력을 몰아내고 대서양과 태평양을 지배할 수 있는 기반을 쌓을 수 있었다. 미국은 남중국해 영유권 분쟁과 관련해 중국을 상대로 '항행의 자유'를 명분으로 내세우고 있지만 속내는 자유롭게 군사작전을 벌이는 '항행의 자유'를 원한다.

 마찬가지로 최근 중국은 '중국 마하니즘' 전략으로 남중국해를 장악함으로써 자신의 무역항로 안전을 보장하고 미국과 바다에서 겨룰 지정학적 기반을 획득할 것으로 분석하고 있다. 중국은 미국에게 군사적으로 도전하는 대신에 동남아 국가들을 '핀란드화 포지셔닝' 할 것으로 분석하고 있다. '핀란드화 포지셔닝'이란, 동남아 국가들은 정상적인 독립을 유지하지만 외교적으론 중국 편을 들게 되는 일이 벌어질 것으로 본다. 이는 군사적 도전이 아니라 경제적 수단을 통한 도전이므로 좀 더 복잡하지만 기본적으로는 미국의 아시아 지배력을 약화시킬 것으로 전망된다."

 미국 국방부는 카플란식 주장에서 한 걸음 더 나아가서 중국의 전략은 실패할 수밖에 없으며 중국은 결코 세계 슈퍼파워가 될 수 없다고 주장한다. 이런 논리는 에드워드 루트워크 Edward N. Luttwak의 저서《중국의 부상 대 전략의 논리. 2013》에서도 볼 수 있다. 루트워크는 기본적으로 중국의 전략은 지속가능할 수 없는 모순을 안고 있다고 주장한다.

 "만약 중국이 경제·군사·외교 분야에서 모두 패권을 장악하고자 한다면 이는 중국의 고립만을 자초할 뿐이다. 중국은 세 가지 목표를 한 번에 동시에 달성할 수 없으며, 중국이 파국을 피하기 위해서는 제한적 목표달성을 추구해야 한다."

　루트워크의 역설은 중국의 경제력 증가와 영토 확장을 위한 노력이 베이징의 힘과 영향력을 견제하기 위한 국가들 간의 연합을 상대적으로 촉진할 것이라는 점이다. 등소평식의 저자세 대외정책과 군사 현대화의 속도조절을 통해서만 중국에 대한 국제적 '지경학적 저항 geo-economic resistance'를 피할 수 있고, 자신이 추구하고자 하는 국내발전 및 국제적 지위를 확보할 수 있다는 것이다. 요약하면 중국은 경제발전과 영토 확장을 동시에 성공할 수 없고, 동시추구 목표의 자제가 필요하다는 것이다.[15]

　최근 중국의 대외정책은 안심시킨다는 '안린 安隣', 풍요롭게 해준다는 '부린 富隣', 화목하게 지낸다는 '목린 睦隣'의 '삼린 정책'을 기본으로 '천하세계론'을 표방한다. 루트워크는 특히 중국의 국가전략에서 손자병법 방식 행사의 악영향을 비판한다. 지금 중국은 시대에 맞지 않는 손자병법으로 공격적인 대외정책을 이끌고 있고, 이는 주변국의 반발을 고조시킬 따름이라는 분석이다.[16] 손자병법의 핵심은 '전승전략 全勝戰略'이다. 전승전략의 요체는 "싸우지 않고 적을 굴복시키는 높은 차원의 전승전략과 싸우고 이겨야 할 경우에는 최소의 비용으로 최대의 승리를 얻는 낮은 차원의 전승전략이 있다." 손자병법 논리는 최근의 센카쿠 열도 분쟁에서 취하고 있는 중국의 전략에서도 확인된다. 중국은 전쟁이 시작될 수도 있는 침공 함대를 보내지 않고, 전쟁 없이 일본을 겁먹게 만들어 이기려 한다. 하지만 이는 오히려 역효과만을 초래하고 있다. 일본이 중국과 우호적 관계를 도모하려는 노력을 방해하고, 미국에의 군사력 의존을 더 강하게 만든다. 이는 중국이 의도하는 것과 정확히 정반대의 결과이다. 이 같은 손자병법 논리로 주변국과 싸우지 않고 굴복시키려는 대결주의적인 군사·외교 전략을 중국이 지속한다면 중국의 인접국들은 대 중국 봉쇄동맹 결성을 촉진할 것이다. 중국의 효율적 외교 전략에 대해 루트워크는 "중국이 아시아의 패권국이 되려면 한국, 일본 같은 주변국들에 대해 공격적인 패권추구만으로는 달성될 수 없고, 평화적인 방식을 추구해야 한다."는 것이다. 아시아의 최대 문제는 과거사로 인한 영토 분쟁과 여기서 비롯된 민족 간의 감정적 대립이다. 민족주의를 대내 정치무기로 삼는 상황이 더 악화될 경우 아시아 각국 간 경제 협력에 심각한 타격을 줄 뿐 아니라, 분쟁이 전쟁으로 치달을 수 있는 개연성을 부정할 수 없다.

중국의 대표적인 경제학자 리샤오 李曉교수는 중국의 국가적 자부심과 애국주의적 감정을 경계했다.[17] 그는 중국이 대국이 되고자 하는 강력하고도 절박한 대국주의적 감정이 있고, 개혁개방 40여 년의 놀라운 성과에 국가적 자부심에 빠지고 우쭐대는 정서가 있다고 진단했다. 그는 미·중 무역전쟁의 주도권은 미국이 가지고 있으므로 중국은 "현명하게 훌륭한 패자가 되고 실패비용을 최소화하는 전략을 채택해야 한다."고 주장했다. 리샤오 교수가 지적하는 중국의 문제들은 ① 중국의 미국제조업 및 핵심기술에 대한 의존도가 매우 심각 ② 미국 농산품에 대한 의존도도 비교적 심각 ③ 미국은 진정한 금융국가이며, 중국은 미국의 '달러시스템(달러화 국제유통체제, 석유달러체제, 미국 대외채무를 달러로 책정)'에 의존한다는 점 등이다. 중국의 순 외화보유고(외화보유고에서 외화부채 제외)는 2018년 5월 현재 약 1조 9천억 달러로 2013년 2조 9,600억 달러에서 30% 가량 줄었다. 문제는 순 외화보유고 1조 9천억 달러 중 80% 이상을 외자기업이 보유하고 있다는 점이다. 무역 분쟁만 놓고 보면 1960년대에서 1980년대 말까지 미·일 무역전쟁을 30여 년간 치룬 결과 일본경제는 붕괴되어 '잃어버린 20년'을 겪게 된 것을 반면교사로 삼아야 한다고 강연했다. 미·중 간 충돌은 대국 간 힘 싸움으로 50년 이상 더 많은 시간이 걸릴 수 있고, 현재의 양국 충돌은 역사적 게임의 시작이라고 했다.

대국 간 힘 싸움은 대개 경제이익을 목적으로 하는 것이 아닌 일종의 국제정치로써 국가이익을 목표로 한다. 국제 정치경쟁은 '포지티브섬 게임'이 아니라 '제로섬 게임'이다. 경제학과 정치학의 논리는 다르다. 경제학 논리는 상대방의 희생보다 적은 손해를 입으려는 것이다. 반면 정치 논리는 내가 이기기만 하면 얼마나 손실을 보느냐는 상관이 없다. 그러므로 둘의 논리 및 게임규칙은 다르다. 동북아해역과 남중국해에서 해양의 힘 싸움은 일방적 경제논리도 일방적 정치논리도 아닌 혼합형 논리일 수 있다. 국제금융학자인 쑹훙빙 宋鴻兵의 책《화폐전쟁 4》의 부제는 '전국시대'이다. 저자가 부제를 전국시대로 단 이유이다. "미래에는 특정 국가, 특정 체제의 독주가 불가능하다. 현재 세계 판도는 미국, 유럽, 아시아 중심으로 형성되어 있다. 미국엔 경제의 문제가 유럽엔 정치의 문제가 아시아엔 역사의 문제가 있다. 미래엔 군웅들의 세력을 다투는 전국시대가 펼쳐질 것이다."[18] 쑹훙빙의 주장은 "향후 중국이 경제 성장 모델 전환을 시도하지 않고 계속 국내 저축을 미국에 공납한다면 미국은 아마도 중국에 대해 '포위만 하고 공격하지 않는' 전략을 실시할 것이다. 이를테면 중국의 지속적인 성장을 용인할 것이다. 그러나 만약 중국이 미국 국채 보유량을 줄일 경우 미국은 위협적인 공격을 개시할 개연성이 높다. 중국 주변에서 끊임없이 리스크를 조장하고 중국을 한 차례 또는 몇 차례 국부적인 전쟁에 몰아넣을 수도 있다. 이때가 되면 총성 없는 화폐 전쟁이 초연 자욱한 진짜 전쟁으로 변할지도 모른다."[19] 쑹훙빙이 예측하는 화폐전쟁의 전초전은 동중국해와 남중국해에서 발발할 수 있기에 세계가 이 해역을 주목하는 이유이다.

제11장
세계 최대 해양영토국가 프랑스

1. 프랑스의 《해양영토 세계 1위 책략》
2. 태양왕 루이 14세와 《콜베르의 해양책략》
3. 해양력 아킬레스에 발목 잡힌 나폴레옹 황제
4. 드골 대통령의 《해양개발 책략》과 해양탐험가 쿠스토
5. 글로벌 해운강자 CMA·CGM 그룹

프랑스는 해양국가라기보다는 대륙국가로 평가되고 있지만
역사의 큰 흐름에서 프랑스의 해양력은 막강했고,
끊임없이 바다를 통해 성장해왔다.
해양영토 세계 1위 국가이다.

제11장 세계 최대 해양영토국가 프랑스

"바다란 무엇인가? 거대하지만 활용하지 못하는 힘의 원천이 아닌가."

-빅토르 위고-

1. 프랑스의 《해양영토 세계 1위 책략》

해양강국이 세계사를 주도해오고 있다는 점에서 포르투갈, 스페인, 네덜란드, 영국, 미국에 대해서는 지도자와 참모들의 해양책략 사례가 비교적 잘 알려져 있다. 프랑스는 해양국가라기보다는 대륙국가로 평가되고 있지만 역사의 큰 흐름에서 프랑스의 해양력은 막강했고, 끊임없이 바다를 통해 성장해왔다. 프랑스가 역사적으로 해양진출에 얼마나 치열했고 성공했는지는 현재 세계 최대 해양면적을 보유하고 있는 이유와 결과로 이해할 수 있다. 대영 제국 건설과정에서 이웃나라 영국과의 해양 전쟁에서 프랑스 해군의 패배로 기록됐지만, 프랑스의 해양력은 해양강국들인 스페인, 영국, 네덜란드, 미국이 결코 경시할 수 없었다. 프랑스의 해군전략은 영국을 비롯한 상대 국가들에게 많은 희생과 대가를 치르게 했고, 때로는 조선기술이나 해운기술과 같은 해양산업 측면에서 벤치마킹된 해양강국이었다.

프랑스는 1504년 브르타뉴 지방 어민이 뉴펀들랜드 어장에 진출한 것으로 알려져 있다. 1524년에는 국왕 프랑소와 1세(1494~1547)의 지원을 받은 이탈리아 항해사 지오반니 다 베라자노 Giovanni da Verrazzano가 미국 맨해튼을 발견했고, 이어서 북위 34도 근처의 북미 해안에 진출하여 뉴펀들랜드를 거쳐 귀국하였다. 프랑스 항해가이자 탐험가인 자크 카르티에 Jacques Cartier(1491~1557)는 1534년부터 1542년까지 3회에 걸쳐 캐나다를 탐험했으며 뉴펀들랜드에 상륙한 후 마그달렌, 프린스 에드워드 섬을 발견했고, 캐나다 해안을 프랑스왕령이라 선언했다. 그는 오늘날의 몬트리올 부근을 탐험하여 프랑스가 캐나다를 통치·소유하게 되는 기초를 닦았다. 그러나 포르투갈과 스페인에 의한 발견은 곧바로 식민지로 연결되었지만, 영국이나 프랑스의 탐험은 문자 그대로 탐험수준이었다.[1]

프랑스의 본격적인 해외 진출은 17세기 앙리 4세(1553~1610)가 미국 대륙에 대한 탐험과 식민지 개척에 나서면서 시작되었다. 군인 출신으로 궁정 지리학자였던 사뮤엘 드 샹플렝 Samuel de Champlain(1567~1610)은 캐나다의 식민지 개척자이며 '뉴 프랑스 New France의 아버지'로 유명하다. 1603년부터 1607년까지 왕명으로 세인트로렌스 강 연안 탐사를 시작으로 캐나다를 탐험했다. 세인트로렌스 강과 포트 로열 항을 조사하고 1608년 퀘벡을 건설했고 초대 총독이 되었다. 이 식민지는 1629년 영국군의 공격으로 붕괴되었다가 1633년에 재복구하였다. 뒤이어 1635년에는 어업기지이자 훗날 프랑스의 해양영토 확보에 크게 기여한 미클롱 Miquelon 섬과 생 피에르 St.Pierre 섬을 식민하였으며, 1642년에는 몬트리올에도 정주하기 시작하였다. 남아메리카에는 1604년에 프랑스령 기아나 Guiana의 카옌 Cayenne, 1635년에는 과달루프 Guadalupe 섬과 마르티니크 Martinique 섬을 식민하였다. 1642년 아르망장 리슐리외 Armand-Jean Richelieu 재상의 후원으로 '반관반민의 동인도회사'가 설립되었고, 이 회사에 의해 먼저

마다가스카르 섬 남부에, 다음 해에는 북부의 생 말리 섬에 프랑스 식민지가 만들어졌다. 그러다가 1664년 루이 14세 때 재상 '장 밥티스트 콜베르 Jean Baptiste Colbert'(1619~1683)가 동인도회사를 재건하는 동시에 이어서 서인도회사, 레반트무역회사, 북해무역회사, 세네갈회사 등 식민회사를 설립하여 프랑스의 해외식민을 본격화하였다.

부갱빌 백작 루이 앙투안 부갱빌 Louis Antoine, comte de Bougainville(1729~ 1811)은 프랑스의 해군 제독이자 대표적인 해양탐험가였다. 영국 탐험가인 제임스 쿡과 동시대 인물로서 그는 유럽을 중심으로 전 세계에서 벌어진 대규모 전쟁이었던 '7년 전쟁(1756~1763년)'에 참여했다. 루이 앙투안은 1766년 루이 15세로부터 '세계일주 항해대사업'을 허락받았다. 그는 세계 일주의 위업을 달성한 세계 14번째 항해자이자 첫 번째 프랑스인이다. 그의 세계 일주 탐험은 7년 전쟁에서 패한 프랑스의 사기를 고양시켰다. 주목할 점은 이 탐험에는 세계 최초로 전문 자연과학자와 지리학자들이 함께 세계를 항행했다는 사실이다.

이를 바탕으로 그는 세계 일주 항행을 기록한 책 《세계 일주 항해, A Voyage Around the World, 1771》을 출판했다. 이 책은 아르헨티나, 파타고니아, 타히티, 인도네시아의 지리학·생물학·인류학을 묘사하였다. 훗날 1982년 영국과 아르헨티나 간의 전쟁이 발발한 포크랜드 섬도 부갱빌 백작이 1764년 탐험 후 프랑스 식민지로 삼았다가 1767년 스페인에 50만 프랑에 매각한 섬이다. 부갱빌의 책은 프랑스와 유럽에 큰 반향을 일으켰으며 특히 타히티에 대한 설명은 큰 관심을 일으켰다. 루이 앙투안은 타히티를 인간들이 더없이 천진난만하며, 문명의 부패와는 거리가 먼 지상의 천국으로 묘사했다. 그의 타히티 소개는 프랑스 혁명 직전의 장 자크 루소 Jean-Jacques Rousseau 등 철학자들의 유토피아 사고에 커다란 영향을 주었다.[2]

루이 앙투안의 해양탐험은 태평양 도서 국가들에 대한 프랑스 해양영토를 확보하는 데 결정적 역할을 했다. 프랑스령 폴리네시아, 뉴칼레도니아 등의 확보로 오늘날 프랑스가 해양영토 세계 1위로 된 것은 부갱빌 백작 루이 앙투안의 해양탐험 활동에 힘입은 바 크다.

세계적 관광명소이자 세계 5위의 니켈생산국인 누벨칼레도니*는 태평양 남서부에 있는 프랑스의 해외 준주이다. 이 준주는 사슬 모양의 도서들로 북서 방향으로 뻗어 있으며 뉴질랜드에서 북쪽으로 약 1,450㎞ 지점에 자리 잡고 있다. 누벨칼레도니 섬은 면적 16,750㎢로 영토 면적의 대부분을 이룬다. 누벨칼레도니는 1768년 루이 앙투안이 처음 발견했으나, 1774년 제임스 쿡 선장이 처음으로 상륙하여 뉴칼레도니아라고 이름 지었다. 브뤼니 당트르카스토가 1792년 프랑스인으로서는 최초로 이 섬을 탐험했으며 프랑스는 1853년에 제도를 식민했다. 1863년에 니켈이 발견되었으며, 1942년부터 미국이 섬을 군사기지로 사용하기 시작해 도로와 군용비행장을 만들고 현대화 작업에 착수했다. 1946년 프랑스 해외 준주가 되었고 1958년에 최초로 보통선거를 실시, 행정위원회의 장관과 위원들을 선출했다. 최근 일본이 하이브리드 전기 차 핵심부품인 리튬이온 배터리의 원료인 니켈 자원 확보를 위해 누벨칼레도니에 관심을 쏟고 있다.

타히티가 수도인 '프랑스령 폴리네시아 French Polynesia'는 1767년 영국 해군의 새뮤얼 월리스 대령이 발견하고, 이 섬의 이름을 조지 3세 섬으로 명명했다. 1768년 세계 일주 항해에 나선 프랑스의 탐험가 루이 앙투안 부갱빌이 이름을 붙여주었으며, 1768년에 이 섬에 대한 프랑스의 권리를 주장했다. 1769년 영국의 항해가 제임스 쿡이 이 섬을 다녀갔고, 1788년에

---

* 프랑스식 표기는 '누벨칼레도니'이며, 영미식 표기는 '뉴칼레도니아'이다.

는 윌리엄 블라이가 영국 군함 '바운티호'를 타고 다녀갔다. 영국과 프랑스는 섬의 지배를 놓고 투쟁했다. 두 나라 간의 투쟁이 종결된 1842년 타히티는 프랑스 보호령이 되었고, 1880년에 식민지가 되었다. 지금은 프랑스령 폴리네시아의 해외 자치령에 속한다. 어린 시절 페루로 이민 갔다 프랑스로 돌아온 폴 고갱은 1865년 12월 선박의 항로를 담당하는 수습 도선사 사관후보생이 되어 상선을 타고 라틴아메리카와 북극 등 지구촌 여러 곳을 여행하였다. 그러던 중 1891년 6월 "나는 평화 속에서 존재하기 위해 문명의 손길로부터 나 자신을 자유롭게 지키기 위해 타히티로 떠난다."라는 말을 남긴 채 그토록 동경하던 원시적인 삶을 찾아 타히티로 떠났다. 그는 그곳에서 원주민의 건강한 인간성과 열대의 밝고 강렬한 색채로 그의 예술을 완성시켰고, 그의 필생의 대작들을 그려냈다.[3]

그림 11.1. 폴 고갱, 《타히티 여인들》, 1891년, 파리 오르세 미술관

한편 프랑스 해양탐험가 장 프랑수아 라페루즈 Jean François Lapèrouse (1741~1788) 백작은 영국 탐험가 제임스 쿡 선장이 가보지 못한 곳을 탐험하라는 프랑스 국왕 루이 16세의 명령을 받고 1785~1788년 동북아 바다인 조선의 동해, 홋카이도, 쿠릴 열도, 캄차카 반도 등을 탐험했다. 라페루즈는 서양인 중에서 최초로 울릉도를 봤다. 그는 탐험대원 중에서 울릉도를 가장 먼저 발견한 천문학자의 이름을 따서 울릉도를 '다즐레 섬 Dagelet'이라 명명했다. 1950년대까지 150여 년간 서양 지도에서 울릉도의 이름이 다즐레 섬이었던 이유다. 라페루즈가 보낸 탐사 보고서를 모아 엮은 책《라페루즈 세계탐험기, 1797》에는 한국이 'CORÈE'로 표기돼 있고, 제주도 부근부터 시작해 남해안과 동해안을 탐사한 내용과 실측 해도가 있다.

전 세계의 해외 관리 영토와 해외 속령 덕분에 표 11.1에서 보듯이 프랑스는 세계 최대 면적인 11,691천 ㎢의 배타적 경제수역 EEZ을 보유하고 있다. 하와이와 알래스카를 가진 미국이 세계 2위로 11,351천 ㎢를 보유하고 있는 것에 비추어 프랑스의 해양영토는 어마어마하다. 프랑스 EEZ 면적은 전 세계 EEZ 면적의 8%이다. 프랑스 육지 영토가 전 세계 육지 영토의 0.45%에 불과한 것과 비교할 때 프랑스의 해양이 국가적으로 얼마나 중요한지 알 수 있다.[4] 표 11.1과 표 11.2 두 개의 표에서 주요 국가의 프랑스 EEZ 면적과 프랑스 해외속령 및 해외도서 EEZ 면적에서 1,531천 ㎢가 차이나는 이유는 표 11.1의 EEZ 면적에는 캐나다 뉴펀들랜드 해역에 위치한 생 피에르 섬 Saint Pierrre과 미클롱 섬 Miquelon의 EEZ 면적 등을 감안한 것이기 때문이다. 프랑스는 인도-태평양 지역에 한반도 두 배 이상 크기의 영토 1억 1천만 ㎢에 달하는 배타적 경제수역을 보유하고 있다. 프랑스는 5개 군 지역사령부를 운영하고 총 7,000여 명 규모의 병력을 배치하고 있다. 프랑스 국민 160만 명이 이 지역 프랑스 영토에 거주하며, 지역 내 타 국가에 프랑스 재외국민 20만 명이 체류하고 있다. 프랑스는 인도-태평양 지역에서 방산 수출입을 제외하고도 연간 66조 유로 상당의 상품을 수출하고, 연간 96조 유로 상당의 상품을 수입하는 등 이 지역의 중요성이 점점 더 커지며 스스로 '인도-태평양 국가(Nation of the Indo-Pacific)'라고 부르고 있다.[5]

표 11.1. 주요 국가의 EEZ 면적과 순위

Rank	Country	EEZ 천 km²	대륙붕 천 km²	육지 TIA 천 km²	EEZ+TIA 천 km²
1	France	11,691	389	675	12,366
2	USA	11,351	2,193	10,463	21,814
3	Australia	8,505	2,194	7,692	16,197
4	Russia	7,566	3,817	17,098	24,664
5	UK	6,805	722	243	7,048
6	Indonesia	6,159	2,039	1,904	8,063
7	Canada	5,599	2,644	10,008	15,607
8	Japan	4,479	454	377	4,856
33	China	877	231	9,596	10,473
54	South Korea	475	292	100	575

※ 남극에 대한 주장은 제외. 배타적 경제수역 EEZ+ 육지영토(Total Internal Area, TIA) 합계

프랑스 본토 · 해외속령 · 해외 보유도서와 EEZ, 영해 및 육지면적은 표 11.2와 같다. 프랑스 EEZ 면적 10,160천 km²은 크게 세 부분으로 구성됐는데 첫째 부분은 프랑스 유럽 본토 EEZ 면적 334천 km², 두 번째 부분은 프랑스령 폴리네시아 French Polynesia 등 12개 해외속령의 EEZ 면적 7,552천 km²이고, 세 번째 부분은 인도양에 위치한 크로제 제도 Crozet Islands 등 해외 보유도서 5곳의 EEZ 면적 2,274천 km²이다. 프랑스의 EEZ 면적은 프랑스 육지면적의 17.3배에 달한다.

표 11.2. 프랑스 본토·해외속령·해외보유도서의 EEZ&TW

Region	EEZ & TW, km²	Land, km²	Total, km²
Metropolitan France 프랑스 본토	334,604	551,695	886,299
French Guiana	133,949	83,846	217,795
Guadeloupe	95,978	1,628	97,606
Martinique	47,640	1,128	48,768
Réunion	315,058	2,512	317,570
French Polynesia	4,767,242	4,167	4,771,409
Saint Pierre and Miquelon	12,334	242	12,576
Mayotte	63,078	376	63,454
Wallis and Futuna	258,269	264	258,533
Saint-Martin	1,000	53	1,053
Saint-Barthélemy	4,000	21	4,021
New Caledonia	1,422,543	18,575	1,441,118
Clipperton Island	431,263	6	431,269
Crozet Island	574,558	352	574,910
Kerguelen Islands	567,732	7,215	574,947
Saint Paul and Amsterdam Islands	509,015	66	509,081
Scattered islands in the Indian Ocean	352,117	44	352,161
Tromelin Island	270,455	1	270,456
Total	10,160,835	675,417	12,366,417

※ TW: Territorial Waters(영해). 이 자료는 프랑스 정부의 공식발표 자료와 상이할 수 있으므로 인용 시 주의 바람. 프랑스 정부 공식 자료(https://maritimelimits.gouv.fr/resources/areas, 2019. 5. 9.)는 대륙붕 포함 시 프랑스 EEZ 면적을 10,754천 km², 대륙붕 미포함 시 10,180천 km²로 발표함

2. 태양왕 루이 14세와 《콜베르의 해양책략》

프랑스에 근대적 해군이 생긴 것은 17세기 후반 루이 14세(재위 1643~1715) 시대였다. 태양왕으로 불리는 루이 14세의 재위 기간은 무려 72년이다. 집정초기에는 상공업을 크게 발전시켰지만, 후기에는 여러 전쟁을 일으켜 후대에 찬사와 비판을 동시에 받는다. 집정 초기 루이 14세는 절대적 전제군주로서 부국강병과 국가재정확충에 힘을 쏟았다. 이 시대는 대항해시대를 연 포르투갈과 스페인이 몰락했고, 영국과 네덜란드가 대서양의 '해양패권'을 놓고 격렬하게 전쟁하던 때였다.

루이 14세가 부국강병과 국가재정확충을 위해 사용한 전략은 크게 세 가지였다. 첫째 전략은 중상주의와 함께 해군을 강화한 것이었고, 둘째 전략은 '빠른 추격자 전략'으로 다른 국가의 공업시스템을 벤치마킹한 것이었고, 셋째 전략은 아메리카 대륙과 태평양 도서 등 해외에 식민지를 건설한 것이었다. 이 세 가지 전략은 프랑스 발전에 크게 기여했다. 국내통상 루트의 불필요한 관문을 줄이고 새로운 기술을 도입했고, 식민지로부터 대량의 금과 은, 노예가 유입됨으로써 영국이나 네덜란드와는 다른 방식으로 세계 열강의 반열에 오르게 되었다. 프랑스 해군이 늦어진 이유는 프랑스가 근세 절대주의 국가로 성립되는 과정에서 종교전쟁과 내란 등으로 뒤늦었기 때문이다.

프랑스 해군 창설에 핵심역할을 한 것은 루이 14세의 아버지 루이 13세(재위 1610~1643년) 때 추기경이자 총리인 아르망장 뒤 쁠레시 리슐리외 Armand-Jean du Plessis Richelieu (총리 재임 1624~1642년) 이었다. 그의 정치 목표는 프랑스에 전제정치를 실현하는 것이었고, 유럽에서 판치는 스페인의 합스부르크 Hapsburg 세력에 대항하는 일이었다. 그는 비스케이 만의 항구도시 라로셸에 근거를 두고 반항하는 유구노 Huguenote 프로테스탄트 세력을 소탕하기 위하여 왕실 직속의 해군을 만들고 '프랑스 항해·통상 장관'(재임 1616~1642년)을 맡았다. 그는 프랑스 해군 지휘권을 국왕에게 귀속시키고, 툴롱, 브레스트, 르 아브르, 브르아쥬를 해군기지로 정비하였다. 르 아브르는 해군기지로서보다는 왕실조선소로 발전하였다. 툴롱과 브레스트는 각각 지중해 함대와 대서양 함대의 기지 항만이 되었다. 리슐리외의 해군은 지중해 및 비스케이 만에서 스페인 함대와 싸워 수차례 승리했고, 북아프리카 해적진압에서 크게 활약했다. 카르티에와 드 샹플렝이 캐나다에 세운 뉴 프랑스와도 우호적 관계였다. 그러나 프랑스 해군은 16세기 말부터 17세기 전반까지 프랑스의 해외 식민 활동에 직접 관여하지 않았다.

프랑스 역사에서 치세 기간이 가장 길었던 태양왕 루이 14세는 국왕의 존엄과 왕국 번영의 추구, 영토 확장주의, 행정과 경제 조직을 합리화하려 했다. 루이 14세는 장 밥티스트 콜베르 Jean-Baptiste Colbert를 재무장관(재임 1665~1683년)으로 발탁했다. 중상주의의 대표적 이론가인 콜베르는 '한 나라의 부는 그 국가가 보유하는 금과 은의 양으로 결정된다. 이를 위해서는 먼저 다른 나라로 금과 은의 유출을 막는 동시에, 국내 산업을 진흥하여 수출을 늘려서 금과 은을 축적해야 한다'고 주장했다. 콜베르는 무역에서 보호관세주의를 택하고, 국내 산업에 국가가 개입하여 보호육성책을 펴나갔다. 영국도 올리버 크롬웰 호국경(재임 1653~1658년)이 중상주의를 택했고 네덜란드를 견제하면서 국가 경제력을 키웠다.

영국의 크롬웰과 프랑스의 콜베르는 비슷한 시기에 중상주의를 해양책략으로 삼았고, 해군력을 키워 해양패권 국가로 만들었다는 점에서 공통점을 가졌다. 더구나 후발자인 프랑스 콜베르의 중상정책은 네덜란드나 영국 등 경제선진국에 대한 선전포고를 의미했다. 따라서 루이 14세의 프랑스는 영국과 네덜란드와의 극단적 중상주의 대립, 만성적 경제대립, 왕권전쟁 등으로 대내외적으로 영일이 없었다. 콜베르는 재무장관이 되기 전에 1663년 '해군장관 Intendent de la Marine'을 역임했고, 1669년에는 해군·무역·해외영토 등 국정에 관한 최고책임자인 재상이었다. 그는 '시 파워'의 진가를 이해하고 실천한 최초의 프랑스 정치가였다. 리슐류외 총리는 해군을 단순히 해상전투 군대로만 이해하였으나, '콜베르'는 해군을 해외무역과 연관시켜 보다 넓은 임무를 부여하였다. 콜베르의 해양책략은 상업선대를 증강하는 동시에 인도, 캐나다 및 서인도제도와 본국을 연결하는 해상교통로의 안전보장을 위해 강력한 해군육성의 필요성을 강조했고 함대정비에 국력을 경주하였다.

결국 콜베르는 해외 식민지의 획득과 함께 해군력을 증가(1669~1672년 기간 집중)시켜 프랑스를 영국, 네덜란드에 견줄 만한 나라로 만드는 데 크게 기여하였다. 외화 획득을 목표로 외국에서의 수입품에는 중세를 부과하고 수출을 장려하여 국내 산업의 진흥에 진력했고, 기술자 양성과 '왕립공장 Manufacture' 설립을 추진했다.[6] 콜베르는 서인도제도의 프랑스 식민지로부터 네덜란드 무역상들을 몰아내고 영국 및 네덜란드와 무역 경쟁을 벌이기 위해 1664년 프랑스의 100개 회원사를 대표한 '프랑스 서인도회사 French West India Company'를 설립됐다. 프랑스 서인도회사는 국영 기업체 성격이 강했으며, 국왕이 인가한 특권으로 캐나다 아카디아, 서인도제도의 앤틸리스제도, 카옌 그리고 아마존에서 오리노코 강에 이르는 남아메리카 지역에 대한 지배권 및 자산을 소유하였다.

프랑스 서인도회사는 세네갈과 기니 해변을 포함한 지역에서 40년 동안 세금을 반만 납부하는 등 독점적 지위와 특혜를 누리도록 하였다. 사업을 시작한 지 6개월도 안 되어 45척의 상선을 소유할 정도로 호황을 누렸다.

그러나 프랑스 서인도회사는 설탕 독점 사업 및 노예무역에서 영국에 밀려나고 네덜란드에 서인도 교역을 빼앗기면서 자금난에 시달리게 되었다. 결국 1674년 콜베르는 프랑스 서인도회사를 해체했고, 이후 프랑스 정부가 식민지를 직접 통치하기 시작했다. 그 후 프랑스 서인도회사는 1719년 인도차이나·세네갈·서인도의 3개 회사를 병합하여 회사의 명칭도 '인도회사'로 개칭하고, 무대를 동양으로 옮겼다.[7]

콜베르 사망 당시 프랑스 해군은 117척의 전열함과 30척의 갤리선, 1,200명의 사관, 5만 3,200명의 병사를 보유했고, 이때 프랑스 함대는 세계 최강으로 성장해 있었다. 플랑드르 전쟁(1667~1668년), 네덜란드 전쟁(1672~1678년), 아우크스부르크 동맹전쟁(1688~1697년), 스페인 왕위계승전쟁(1701~1703년) 등 루이 14세 시대의 수많은 전쟁에서 콜베르가 구축한 해군은 크게 활약하였다. 더욱이 당시 프랑스의 조선기술은 네덜란드나 영국을 훨씬 능가하였다. 그러나 콜베르가 만든 해군의 결함은 군정과 군령을 통괄하는 중앙기구를 갖추지 못했다는 점이다.[8] 해군에 관한 모든 권한이 재상인 콜베르에 집중되었을 뿐, 국무총리를 보좌하여 해군전략이나 해군정책을 전문으로 연구하는 하부기구조차 없었다.

또한 프랑스 해군은 내부적으로 육군과 파워게임을 치러야 했다. 당시 프랑스는 세계 최강의 육군 국가였다. 한정된 예산으로 해군을 증강하려면 육군의 몫이 작아지게 마련이었다. 콜베르가 재무총감과 국무총리를 겸하던 시절에는 문제가 없었다. 그러나 그가 사망하자 육군출신의 전쟁장관 루보아 Louvois(1641~1691)는 해군을 축소해야 한다고 주장하면서 해군예산을 거듭 삭감했고, 18세기 초엽 스페인 왕위계승 전쟁 시에는 노후선만 남아있는 오합지졸 함대가 되었다. 그 결과 콜베르의 사후에 '시 파워'의 의미도 제대로 모르는 육상 귀족과 육군 수뇌부가 해군전략을 좌우하게 된다.

루이 14세 공적의 태반은 그에게 있었으나 만년에는 낭비를 즐기는 루이 14세와 뜻이 맞지 않아 불행하게 보냈다. 콜베르가 그렇게 강조했던 해군력은 콜베르 사후, 나폴레옹이 등장하기 전에 이미 붕괴되고 있었다.

1715년 루이 14세 사후 나폴레옹 시대의 약 100년 기간은 프랑스 해군의 수난기였다. 특히 7년 전쟁(1756~1763년)은 전 세계를 무대로 한 '시 파워' 쟁탈전이 전개된 최초의 세계전쟁이었다. 이 전쟁으로 프랑스는 해외식민지의 거의 대부분을 상실하였고, 대서양이나 인도양에서 '시 파워'를 영국함대에게 빼앗겼다. 7년 전쟁 직후 해군장관 프랑수아 쇼아슬 Etienne Francois de Choiseul이 해군재건에 착수했다. 해군재건의 요체는 군함의 건조뿐만 아니라 해군공창의 재건과 해군인력 개혁에 중점을 두었고, 조선공학을 체계화함으로써 우수한 군함이 설계되었다. 쇼아슬이 재건한 프랑스 해군은 미국의 독립전쟁에서 크게 활약하였으며 미국이 영국으로부터 독립할 수 있었던 최대의 요인이 되었다.[9] 그러나 프랑스 혁명전쟁과 그에 뒤이은 나폴레옹 전쟁 기간 중에 프랑스 해군은 가장 어려운 상태에서 영국함대와 넬슨 제독에 의해 나일강 해전, 트라팔가르 해전 등에서 참담한 패배만을 맛보았다. 영국과의 해전 패배로 프랑스 국민들도, 나폴레옹도, 정부도 프랑스 해군을 믿지 않게 되었다.

3. 해양력 아킬레스에 발목 잡힌 나폴레옹 황제

나폴레옹 보나파르트 Napoléon Bonaparte(1769~1821)는 지중해 코르시카 섬에서 출생했다. 군사 · 정치적 천재로서 세계사상 알렉산더 대왕 · 카이사르와 비견된다. 프랑스 혁명의 사회적 격동기에 편승하여 프랑스 제1제정을 건설하였다. 나폴레옹은 1779년 아버지를 따라 프랑스에 건너갔고 1784년 파리육군사관학교에 입학하여 포병소위로 임관하였다. 18세기의 가장 강력한 두 힘인 계몽주의의 과학적 이성주의와 루소의 낭만적 감수성에 영향을 받은 나폴레옹은 17세에 이미 프랑스 혁명에 동조하고 있었다. 나폴레옹은 혁명을 만든 세대가 아니라 혁명의 산물이었다. 그는 많은 전쟁사 서적들과 드 귀베르의 군사관련 저술로부터 큰 영향을 받아 다방면의 책을 통해 당시의 정치상황을 파악했다. 그는 성직자를 멸시하고 국왕들을 증오했으며, 기독교 교리를 불신하였고 형이상학적인 것보다 실증적인 것을 더 좋아했다. 그는 편견을 타도한 자들을 역사에서 발견하고 동화되기 시작하여 그의 마음속에는 변화와 개혁의 횃불이 타오르고 있었다.[10]

나폴레옹은 1789년 프랑스 혁명 때 코르시카 국민군 부사령에 취임하였다. 1793년 가을 툴롱 항의 왕당파 반란을 토벌하는 여단 부관으로 복귀하여 최초의 무훈을 세웠다. 프랑스 대혁명 이후 권력을 잡은 공포 정치가 로베스피에르는 1794년 7월 국민공회의 폴 바라스 등이 주도한 테르미도르 Thermidor의 쿠데타로 처형되었다. 격변의 시기인 1795년 10월 파리에 반란이 일어나 국민공회가 위기에 직면했을 때 국민공회 군총사령관인 폴 바라스는 나폴레옹에게 구원을 요청하여 반란군들을 물리쳤다. 이 기민한 조치로 나폴레옹은 1796년 3월 폴 바라스의 정부이자 사교계의 꽃이던 조제핀과 결혼하고, '총재정부'(Directoire, 總裁政府, 로베스피에르가 몰락한 뒤 1795년 10월부터 1799년 11월까지 존속한 프랑스 정부)로부터 이탈리아 원정군사령관으로 임명되었다. 그는 이탈리아 원정에서 크게 성공하였으며, 그의 명성은 프랑스에서도 한층 높아졌다. 1798년 5월 5만여 명의 병력을 이끌고 이집트를 원정하여 결국 카이로에 입성하였다. 그러나 그 해 8월 나폴레옹의 해군이 나일 강 전투에서 영국함대에 패하자, 나폴레옹은 이집트를 탈출하여 10월에 프랑스로 귀국하였다. 나일 강 전투는 영국의 넬슨 제독이 나폴레옹군에 거둔 최대 승첩의 하나였고 나폴레옹으로서는 최대 패배의 하나였다. 영국의 넬슨은 나일 강 해전에서 프랑스 함대를 격파함으로써 나폴레옹을 이집트에 고립시키고 지중해 제해권을 장악했다. 프랑스의 나폴레옹과 영국의 넬슨 간의 트라팔가르 해전은 본서의 1권 제5장 '역사를 바꾼 세계 해전과 승전장군의 책략' 부문에서 보다 상세히 기술하였다.

한편 총재 정부의 시에예스는 정국을 안정시키기 위해 강력한 정부를 위해 헌법을 개정하려고 했고, 이집트 원정에서 막 돌아온 나폴레옹을 이용하여 군사 쿠데타를 획책했다. 이처럼 당초 나폴레옹은 시에예스의 쿠데타를 성공시킬 칼의 역할이었다. 나폴레옹 자신도 이집트 나일 강 해전에서 패전 후 적전 도주의 혐의를 안고 있어서 자의반 타의반 쿠데타 참여가 불가피한 상황이었다.[1] 시에예스 등은 쿠데타 성공 직후 총재정부의 얼굴인 의장을 누구로 할 것인지 고민한 끝에 민중의 인기와 무력을 배경으로 가진 나폴레옹을 전면에 내세웠다. 권력은 총구에서 나온다는 말처럼 군부세력을 등에 업은 나폴레옹은 끝내 정권의 욕심을 드러냈다. 다시 1799년 11월 9일 브뤼메르 Brumaire 쿠데타로 나폴레옹은 총재 정부를 전복했다. 그는 집정 정부를 수립하고 스스로 제1집정이 되었다. 프랑스 혁명은 여기서 끝났다.

나폴레옹은 평생 코르시카인의 거칠음·솔직함을 잃지 않아 농민출신 사병들로부터 신뢰를 받았고, 광대한 구상력, 끝없는 현실파악의 지적 능력, 감상 없는 행동력은 마치 마력적이라고 할 정도였다. 그의 지도자로서의 독특한 개성은 혁명 후의 안정을 지향하는 과도기의 사회상황에서 '보나파르티즘'이라는 정치방식으로 구체화되었다. 나폴레옹은 1인 독재 체제를 구축하고 1804년 12월 인민투표로 황제에 즉위하여 제1제정을 폈다. 그는 국내적으로 근대 민법전인 《나폴레옹 법전》을 제정하여 근대적인 행정, 사법, 교육, 군사 제도를 확립하는 한편, 국제적으로는 피정복지에 근대적인 제도를 확산하여 프랑스 혁명정신을 구현하는 데 기여하였다.

나폴레옹전쟁은 프랑스 혁명(1797~1815년) 당시 프랑스가 나폴레옹 1세(재위 1804~1815년)의 지휘하에 유럽의 여러 나라와 싸운 전쟁의 총칭이다. 이 전쟁은 처음에는 프랑스 혁명을 방위하는 전쟁의 성격을 띠었으나, 점차 침략전쟁으로 변하여 나폴레옹은 유럽 제국과 60여 차례 싸움을 벌였고 이것은 제2차 백년전쟁이라고도 할 수 있다. 프랑스 국내적으로는 나폴레옹이 혁명의 정치원리를 뒤엎고 군사독재를 강화한 정치적 모순을 조국과 국민의 영광이라는 형태로 변질된 내셔널리즘에 은폐한 효과를 거두었다. 그 바탕에는 영국·프랑스 간의 해상력을 둘러싼 중상주의 경쟁이 기본적인 성격을 띠고 있었으며, 침략당한 유럽 제국은 영국을 중심으로 대프랑스 연합을 결성하여 나폴레옹에 항전하였다.

영국을 비롯한 러시아, 오스트리아, 프러시아 등이 연합하여 나폴레옹에게 대항하였지만, 육상전쟁에서 계속 패했다. 유럽 대륙의 대부분이 나폴레옹 제국의 직접 통치 아래 들어가거나 나폴레옹의 권력 아래 복속되었다. 영국을 최대의 적으로 간주하던 나폴레옹은 영국 상륙작전을 계획하였으나 1805년 가을 나폴레옹의 프랑스 해군은 스페인의 앞바다인 트라팔가르 Trafalgar 해전에서 넬슨의 영국 해군에 다시 격파되어 끝내 뜻을 이루지 못했다.

역사의 가정이지만, 프랑스가 나폴레옹 활동 170년 전인 루이 13세와 리슈리외 총리 시대나 120여 년 전 루이 14세와 콜베르 총리의 세계 최강의 해군력을 가졌다면 역사는 바뀌었을 것이다. 17세기 말 당시 프랑스 함대는 플랑드르 전쟁, 네덜란드 전쟁, 아우크스부르크 동맹전쟁, 스페인 왕위 계승전쟁 등 수많은 전쟁에서 루이 14세와 콜베르 총리가 구축한 해군이 크게 활약하였다. 당시 프랑스의 조선기술은 네덜란드나 영국의 그것을 훨씬 능가하였다. 또 다른 나폴레옹의 실패책략은 영국과의 국가명운을 건 1805년 트라팔가르 해전을 위하여 미국에 확보했던 땅인 프랑스령 루이지애나 주 214만 ㎢를 1803년에 1,500만 달러의 헐값으로 팔아넘긴 사실이다. 대부분의 국가들은 영토를 확보하기 위해 전쟁을 치르는데 나폴레옹은 전쟁을 위해 영토를 판 셈이다. 그러나 트라팔가르 해전에서 패배한 프랑스는 같은 해 12월 아우스터리츠 전투에서 프랑스 육군이 오스트리아·러시아 연합군을 꺾고 유럽을 제압했다.

한편 육전에서는 승승장구했지만 해전에서 영국 때문에 한계를 절감한 나폴레옹은 영국을 경제적으로 고립하여 굴복시키고자 1806년 11월 베를린칙령과 이어서 1807년 11월 밀라노칙령을 포고하여 유럽 대륙과 영국의 교역을 금지하는 『대륙봉쇄령(1806~1814년)』을 내렸다. 당시 산업혁명으로 영국의 산업생산력과 수출이 유럽의 모든 나라들을 압도하고 있었고, 영국의 공산품 수출은 국부창출의 원천이었기 때문에 나폴레옹의 대륙봉쇄령은 영국에 치명적일 수 있었다. 그러나 영국은 세계 최강의 해군이 건재했기 때문에 나폴레옹의 대륙봉쇄령에 맞서 프랑스와 동맹국 간의 교역을 막는 역 해상봉쇄에 나섰다. 프랑스 동맹들은 생필품 부족, 물가폭등으로 극심한 어려움에 처했다.

결국 스페인, 포르투갈 등이 대륙봉쇄령을 거부하기에 이르렀고, 1810년 러시아마저 영국과 무역을 재개했다. 농업국가인 러시아는 영국 공산품 없이는 민생이 어려웠기에 저항했다. 이를 징벌하기 위해 나폴레옹은 1812년 6월에서 11월에 걸친 러시아 원정에 나섰으나 후퇴작전과 공성작전을 쓴 러시아에 참패했고, 나폴레옹의 천하도 운명의 끝자락에 서게 되었다. 산업혁명으로 야기된 경제적 이해관계가 정치군사적 이해관계를 압도한 것이다. 1813년 10월 라이프치히에서 프러시아, 오스트리아, 영국 연합군에게 패하여 1814년 4월 퇴위하고 지중해의 엘바 섬에 유배되었다. 이후 나폴레옹은 엘바 섬을 탈출하여 재집권하였지만, 1815년 6월 워털루 전투에서 영국과 프러시아 연합군에 패하여 1815년 6월 22일 재차 퇴임하였다. 나폴레옹은 1815년 10월 영국 군함에 호송되어 1821년 5월 사망하기까지 남대서양의 세인트헬레나 섬에서 유배생활을 하였다. 이로써 나폴레옹의 복위는 100일 천하로 끝나고 제1제정도 마침표를 찍었다.[12]

한편 프랑스 혁명에서 탄생한 내셔널리즘은 나폴레옹 전쟁을 계기로 유럽 각지에 확대되어 도리어 반 나폴레옹적인 각국의 애국주의 운동으로 발전되었다. 세계 지배를 꿈꾸던 나폴레옹의 웅대한 시대착오적 야망은 전쟁의 실패로 무너졌으나, 그의 전쟁은 뜻밖에도 중대한 결과를 초래하였다. 그것은 19세기 역사의 주류를 형성하는 자유주의·국민주의의 전파, 정복지의 구舊제도 폐지와 민주적 제도·입헌정치의 수립, 혁명의 영향을 받은 프랑스 군인들에 의한 자유·평등사상의 이식 등이 바로 그것이다. 결과적으로 자유주의의 확대는 민족의 독립과 통일을 요구하는 국민주의 운동으로 발전하였다.[13] 불세출의 영웅 나폴레옹이 남긴 말이다. "국가개혁의 세 가지 핵심요소는 '제도·사람·리더'이다." 그의 아들에게 남긴 유언이다. "모든 철학의 근원인 역사를 성찰하라." 두 문장은 현대에도 적용되는 금언이다.

4. 드골 대통령의 《해양개발 책략》과 해양탐험가 쿠스토

프랑스의 해양과학기술력은 세계 3대 강국의 하나이다. 프랑스 샤를르 드골 대통령 Charles De Gaulle(재임 1959~1969년)은 프랑스가 세계 강국이 되려면 '항공우주 · 원자력 · 해양' 세 가지 분야에서 경쟁력을 갖춰야 한다고 주장하면서 정부투자와 연구기관 설립을 추진했다. 위대한 국가 지도자는 통찰력과 예견력을 동시에 갖출 경우 가장 이상적이라 한다. 프랑스의 나폴레옹이 전쟁 '통찰력 Insight'에서 뛰어났다면, 드골 대통령은 국가의 미래를 보는 '예견력 Foresight'에서 탁월했다. 현재도 강국이라면 항공우주 · 해양 · 원자력에서 최고의 경쟁력을 갖추고 있기 때문이다. 드골이 말한 국가전략기술의 성격은 미국을 비롯하여 다른 나라에도 파급되었으며 그 주요성격은 첫째, 필요기술을 개발하는 데 오랜 시간과 거대 규모의 R&D 투자가 소요되고, 위험도가 커서 민간 투자가 어려워 정부주도로 이뤄질 수밖에 없다. 둘째, 성공 시 외부산업 파급효과가 크다. 셋째, 일부 학문이 아닌 여러 학문분야가 융 · 복합하여 거대한 종합시스템 구성하는 것을 의미한다.

 드골 대통령의 예견력과 강력한 의지로 1961년 해양개발위원회를 출범시켰고, 뒤이어 해양개발연구소 CNEXO가 1967년 1월 창설되었다. 프랑스국립해양연구원 IFREMER는 1984년 6월 5일 CNEXO(국립해양개발원, National Centre for Exploitation of the Oceans)와 ISTPM(국립수산과학원, Marine Fisheries Scientific and Technical Institute)을 합병한 국립연구기관이다. ISTPM은 1918년 레몽 프앵카레 대통령이 출범시킨 수산과학원으로 1953년 10월 국립수산과학원으로 명칭이 바뀌었었다. IFREMER는 해양과 해양자원에 대한 지식발전, 해양순환 및 생태계 동향 및 예측, 연해모니터링, 수산양식생산물 모니터링, 수산자원, 해양생물 다양성 탐사 및 활용, 해양서비스, 해양지식전수 및 기술혁신 등 분야에서 연구개발을 수행하고 있다. 본부는 파리 인근에 있으며, 주요 연구소는 브레스트에 있고 26개 지역에 연구소를 두고 있다. 1,600여 명의 연구원과 행정요원이 근무하고 연간 예산은 2억 1300만 유로이다. 8척의 연구조사선과 유인잠수정 한

척, 심해 6천 m 탐사능력을 가진 원격으로 조정되는 심해자원 탐사 및 개발용 '무인잠수정 ROV Remotely Operated Vehicle' 1척과 '자율 무인잠수정 AUV Automatic Under Vehicle' 2척을 보유하고 있다. 원래 트리에스테 2호는 프랑스의 오귀스트 피카르 Auguste Piccard 교수가 만든 잠수정으로 미 해군에서 매입하여 개량한 것이다. 프랑스의 노틸 Nautille은 6천 m급 유인잠수정이고, ROV인 빅터 Victor 6000은 수심 6천 m급의 해저탐사용으로 개발됐다. 태평양 심해저 5천 m~6천 m의 망간단괴 광물자원 탐사와 광물개발 기술에서 선두를 달리고 있는 프랑스는 북태평양 하와이 동남쪽 클라리온-클리퍼튼 해역에 한국, 일본, 중국, 러시아 등과 함께 유엔에 심해저 망간단괴 광구를 등록했다. CC해역 인근의 무인도 환초섬인 클리퍼튼은 프랑스령이다.

우주탐사와 해양탐사는 기술적 어려움에서 비교된다. 어쩌면 인류의 심해탐사는 기압, 빛, 소리전달 등 환경에서 달 착륙 탐사보다 어렵다고 한다. 그래서 그런지 몰라도 우주선을 타고 달에 착륙한 인간이 12명임에 반해, 유인잠수정을 타고 지구상 가장 깊은 1만 m 이상 심해저를 다녀온 인간은 4명밖에 안 된다. 1960년 1월 23일 인류 최초로 수심 10,911m의 태평양 마리아나 해구 탐사에 스위스 해양학자 자크 피카르와 미국 해군 장교인 돈 왈시가 유인잠수정 트리에스테 2호를 탑승하고 탐사했다. 영화 《타이타닉》의 제임스 카메론 감독은 2012년도에 약 10,908m 해저 탐사에 성공해 인류 최초로 마리아나 해구의 극심점에 도달한 세 번째 인물로 남게 되었다. 그리고 최근 2019년 4월 28일 미국의 심해 탐험가 빅터 베스코보 Victor Vescovo는 '리미팅 팩터 Limiting Factor'라는 최첨단 잠수정을 타고 인류 역사상 가장 깊은 마리아나 해구 심해를 탐사했다. 베스코보는 미국 사모펀드 '인사이트 에퀴티 홀딩스'의 창립자 겸 투자자로 해군 장교 출신

탐험가이기도 하다. 그는 '탐험가 그랜드슬램(남북극점 및 세계 7대륙 최고봉 완등)'을 달성한 탐험가이다. 2018년 말부터 팀을 꾸려 오대양 가장 깊은 지점을 탐사하는 《오대양 심해탐사 Five Deeps Expedition 프로젝트》를 진행 중이다.[14] 오대양 심해탐사 프로젝트의 대상지는 ▲대서양 푸에르토리코 해구 Puerto Rico Trench 8,648m ▲대서양 남부에 있는 해저 7,235m의 사우스샌드위치 해구 South Sandwich Trench ▲인도양 7,290m 해저인 자바 해구 Java Trench ▲태평양 1만 925m 해저의 마리아나 해구 Mariana Trench 그리고 ▲북극해 5,670m 해저의 말로이 딥 Malloy Deep이다.

프랑스가 세계에 보여준 주요 해양관련 업적은 1966년 랑스 조력발전소, 태평양 심해저 망간단괴 광구확보, 심해 유인 및 무인 잠수정 등이 대표적이다. "바다란 무엇인가. 거대하지만 활용하지 못하는 힘의 원천이 아닌가?" 프랑스 최고 작가로 꼽히는 빅토르 위고가 19세기 초에 한 말이다. 그가 죽고 80여 년이 흐른 뒤 이 글귀는 프랑스 서북부 노르망디지역의 랑스 강 하구 '랑스 조력발전소'에 새겨졌다. 1960년대 당시 드골 대통령은 세계 최초로 조수간만의 차를 이용해 조력발전을 하겠다는 구상으로 대공사를 시작했고 1966년 완공했다. 노르망디 지역은 조수간만의 차가 심해 이를 군사전략적으로 이용한 것이 제2차 세계대전 중인 1944년 6월 6일 미국 등 8개국 연합군의 노르망디 상륙작전이다. 랑스 강 하구의 조수간만의 차는 최대 13.5m, 폭은 1km로 좁아 조력발전에 적합한 지형이다. 랑스 조력발전소는 용량 24만 kW의 전력을 생산하며 인구 25만 명 도시에 전기를 공급한다. 지구온난화 문제 제기와 사상 초고유가 기조가 계속되면서 이 발전소는 다시 세계적 주목을 받고 있다.

세계에서 조력발전이 가능한 지형을 가진 나라가 21개국 정도에 불과하며 프랑스 랑스, 캐나다 아나폴리스, 러시아 키스라야 구바, 중국 지앙시아 등 4개의 조력발전소가 운영 중이다. 랑스 조력발전소 이후 46년 만에 시화호 조력발전소가 세계 최대 용량의 전기를 생산하게 된다. 시화호 조력발전소는 2004년 착공해 2011년 8월 시험 발전을 시작했으며, 2012년 2월부터 25만 4000㎾의 전기를 본격적으로 생산하고 있다. 랑스 조력발전소를 보기 위해 오는 관광객만 연간 30만 명이며, 주변에 조성된 해양종합관광단지 방문객까지 포함하면 220만 명이 넘는다. 발전소 터빈을 통해서 생태계 순환이 이뤄졌고, 건설 후 10년 안에 모든 생태계가 완벽하게 복원됐다. 발전소 건설 전에는 배가 최대 100척 정도밖에 들어올 수 없었던 랑스강 어귀에는 이제 3000~4000척이 드나들고 있다.

국가의 해양경영전략에서 간과할 수 없는 것은 국민에 대한 해양교육이다. 전략가와 저널리스트가 만나는 영역이기도 하다. 그런 면에서 세계적으로 해양교육과 계몽을 실천한 대표적인 전략가는 자크 이브 쿠스토 Jacques Yves Cousteau(1910~1997)를 꼽을 수 있다.

"쿠스토는 전설적인 배 칼립소 호의 선장, 해저 탐험가, 영화감독, 환경보호운동가, 집념의 탐험가이다. 그는 반세기 동안 세계를 누비며 사려 깊은 눈으로 우리가 살아가는 바다를 살폈다. 누구보다 일찍 텔레비전의 영향력을 알았던 그는 이를 대중 계몽의 도구로 활용함으로써 자신의 명성을 전 세계에 알렸다. 칠판이 교사들의 필수품이라면, 텔레비전의 작은 화면은 쿠스토의 경험과 사상을 유감없이 전달하는 칠판이었다. 계층을 초월한 수많은 관객들이 그 칠판 앞으로 몰려들었다."

-프랑스 저널리스트, 베르나르 비올레-

어린 시절부터 손재주가 뛰어났던 자크 쿠스토는 20세 때인 1930년 대학입시를 앞두고 의학, 영화, 군대라는 세 갈래 진로에서 고민에 빠졌다. 결국 그는 해군사관학교에 입학하고 1932년에 소위로 임관한다. 해군 시절의 쿠스토는 세계 일주 항해를 다녀오는가 하면, 중국과 일본과 소련에서 한동안 근무하기도 했다. 쿠스토는 두 명의 친구들과 함께 물속에서 보다 자유로운 움직임이 가능한 잠수 장비를 만들었다. 역사의 기록에 따르면 BC 325년에 알렉산드로스 대왕이 밧줄에 매단 유리통에 들어가 바다 구경을 한 것이 최초의 잠수 장비이다. 하지만 19세기 말까지도 잠수 장비의 기본 원리는 2천 년 전과 별 차이가 없었다. '스킨 다이빙'은 공기통 없이 잠수하는 것이며, '스쿠버 다이빙'은 공기통을 메고 잠수하는 것을 말한다. '스쿠버 SCUBA'라는 말 자체가 '자급식 수중 호흡 장비 Self-Contained Underwater Breathing Apparatus'라는 말의 줄임말이다. 쿠스토가 1943년 이 장비를 혁신한 일명 '아쿠아렁 Aqualung'을 기술자 에밀 가냥과 공동으로 제작하고 특허를 얻었다.

제2차 세계대전이 끝나자 쿠스토는 해군 대위로 복직했고, 프랑스 해군 소속 해저탐사부대 GRS를 창설하고 운영하는 핵심 인물로 부상했다. GRS의 주요 임무는 수중 폭발, 기뢰 제거, 수중 탈출, 해저 인양 등 군사 관련 연구였고, 전쟁 중에 경험한 수중 촬영 기술개발에 몰두하게 됐다. 그는 해군의 지원을 받아 해저에 침몰된 보물선을 탐사하고, 다큐멘터리 영화를 제작하는 등의 홍보 임무를 전담하게 됐다. 그러다 1950년에 민간인으로 전역한 쿠스토는 해양 탐사선 칼립소 호를 구입하고 본격적으로 새로운 모험에 돌입했다. 해양 다큐멘터리 영화를 제작하고, 새로운 잠수 장비와 기술을 실험했다. 난파선을 찾아내서 유물을 인양하고, 정부 및 대기업의 요청을 받아 해양 자원 탐사를 실시하는 것이 그의 주요 사업이었다.

자크 쿠스토의 해양 탐사는 20세기 중반에 이루어진 미·소 양국의 우주 탐사 열풍 시기였다. 우주나 해양 탐사 모두 인간이 이용하고 거주할 수 있는 영역을 더욱 확장한다는 목표를 지니고 있었기 때문이다. 1960년대에 들어서면서 쿠스토는 인간이 거주할 수 있는 해저 주택 실험에 도전했다. 1962년에 '프레콩티낭(옛 대륙)'이라는 이름의 이 해저 주택에서는 두 명의 실험자가 일주일간 해저 120미터에서 생활했다. 이어서 두 번째와 세 번째 실험이 실시되어 언론의 각광을 받았다. 자크 쿠스토는 다큐멘터리 영화 제작을 통해서 바다의 신비와 매력을 전 세계인에게 계몽시키고 각인시켰다. 1964년에는 쿠스토의 영화 《태양이 비치지 않는 세계》가 아카데미 다큐멘터리 부문에서 수상했다.

쿠스토가 이끄는 해양 연구소는 미국의 의뢰를 받고 해저 탐사정 '딥 스타 Deep Star'를 제작할 정도로 심해 탐사 분야에서 세계 최고의 기술을 자랑했다. 특히 1966년부터 1968년까지는 《쿠스토의 모험 세계》라는 12부작 다큐멘터리가 ABC 방송국을 통해 미국 전역에 방영되었다. 이 시리즈는 "다큐멘터리를 새로운 이야기 장르로 바꾸었다."는 찬사와 "과학적인 정확성이 부족하다."는 비난 속에서 높은 시청률을 기록했다. 이를 계기로 쿠스토는 미국의 안방극장에서도 친숙한 이름과 얼굴로 부상했으며, 존 F. 케네디에서 카스트로에 이르는 세계 명사들과 연이어 만나기도 했다. 결국 자크 쿠스토는 대학입시를 앞두고 20세 때 고민했던 의학, 영화, 군대라는 세 갈래 길 인생 모두를 살았고, 세 길에서 얻은 경험과 지식의 융합으로 해양교육홍보 전략가로서, 그리고 저널리스트로서 큰 업적을 인류에 남겼다.

5. 글로벌 해운강자 CMA · CGM 그룹

프랑스 남부 지중해에 위치한 마르세유는 천혜의 항구다. BC 600년경 그리스인이 개척하여 로마인이 거쳐 갔고, 그 후 많은 지중해인 들이 거쳐 간 마르세유 항의 사람들은 개방적이며 기개가 높다. 이 마르세유 항에서 프랑스 해운기업을 대표하는 CMA와 CGM이 각각 탄생했다. 뿌리가 달랐던 두 해운회사는 1996년 하나의 해운기업인 'CMA · CGM S.A.'(영어로는 'Maritime Freight Company-General Maritime Company')로 통합됐다. 현재 CMA · CGM 그룹은 세계해운계의 선두에 위치하고 있다. 2018년 현재 전 세계 160개국에 755개 이상의 지사에 약 3만 명의 임직원이 근무하고 있으며, 탄탄한 해운물류 네트워크를 바탕으로 고객들에게 양질의 서비스를 제공하고 있다. 532척의 선박이 세계 상업항 521개 중 420개 항만에 해운 서비스를 공급한다. 200여 개의 컨테이너항로에 2015년 18백만 TEU의 컨테이너를 운송했고 210억 달러의 운임수입을 올렸다.[15]

CMA·CGM 그룹 중 하나의 뿌리는 CGM이다. CGM은 19세기 중반에 창립된 두 개 프랑스 국영기업의 합병에서 시작되었다.[16] 하나는 1851년에 설립된 MM (Messageries Maritimes, 약칭은 'MM')이고, 다른 하나는 1855년에 설립된 CGT(Compagnie Générale Maritime, 약칭은 'CGT')이다. MM의 설립은 1851년 마르세유 항의 선주인 앨버트 로스탄드 Albert Rostand 에게 육상운송회사의 임원인 어네스트 시몬스 Ernest Simons가 제안하면서 창업되었다.[17] MM사는 중동항로가 주 항로였으며, 회사의 선박들은 '크리미아 전쟁 Crimean War'(1853~1856년)에서 병참선으로 활용되어 프랑스군 작전에 큰 도움을 주었다. 이 공로로 프랑스 황제인 나폴레옹 3세(재위 1852~1870)는 이 회사에 프랑스 보르도 Bordeaux 항과 브라질을 연결하는 항로를 개설하도록 허가했다. 이것이 프랑스의 첫 대서양 횡단 증기선 항로였다. 그 이듬해에 CGM은 북대서양항로를 허가받았고, 1871년부터 1914년은 황금기였다. 이 시기는 프랑스가 중동과 극동아시아 지역에 식민지 팽창과 간섭이 활발하던 시기이기도 했다.

마르세유 항로는 지중해, 흑해를 거쳐 인도양, 중국해를 넘어 마침내 태평양까지 활동무대를 넓혔다. MM의 극동항로 전문회사인 '캄보주 Cambodge(영어이름 Cambodia)'는 1950년대 3척의 새로운 선박을 갖추었고, 첫 번째 모항인 프랑스 보르도 항에 이어 베트남의 사이공이 두 번째 모항이 되었다. 작은 규모의 선박을 보유한 MM의 극동항로는 하노이, 홍콩, 상하이, 호주와 뉴칼레도니아까지 진출했다. 남대서양의 브라질 항로는 몬테비데오까지 활동했다. 항로에 투입된 선박들은 당시 세계 최고의 최신 보일러 기술을 갖추었다. 이러한 성과들은 영국에 막대한 영향을 줬다. 영국 해군소장 에드워드 가우딘 Jerseyman Edouard Gaudin(1865~1945)은 프랑스를 능가하기 위해서는 프랑스 MM의 기술과 성공사례를 연구 조사할 필요가 있다는 점을 영국 해군에 보고했고, 그의 보고서는 그 후 영국의 새롭고도 강력한 등급의 순양함 건조에 지대한 영향을 미쳤다.[18] 세계 조선업의 초강국이었던 영국이 프랑스의 조선기술을 벤치마킹했다.

MM과 CGT 모두 창설 초기에는 프랑스 본토와 외국과 해외 프랑스 영토 및 식민지를 연결하는 프랑스 국가 우편배송 업무를 지원하는 공적임무를 수행했다. 제1차 및 제2차 세계대전 직후 프랑스 정부는 두 회사로 하여금 '영리목적의 시장경쟁기능을 지닌 국영공사', 즉 국영기업이지만 시장에서 영리활동을 할 수 있는 국영공사로 인가했다. 프랑스 제23대 대통령인 발레리 지스카르 데스탱 Valéry Giscard d'Estaing (대통령 재임 1974~1981년)과 총리 자크 시라크 Jacques Chirac(총리 재임 1974~1976년, 대통령 재임 1995~2007년)의 주도하에 두 회사는 1974년과 1977년 사이에 'CGM Compagnie Générale Maritime'으로 합병되었다.

CGM은 서방 국가들과 운송을 주 기능으로 하는 CGT와 아시아 시장과 남미시장을 주 대상으로 하는 MM으로 구성됐다. 22년 동안 CGM은 정기선과 컨테이너선을 글로벌 항로에 투입했고, 벌크선과 유조선과 LNG 선박을 운영했다. 합병과 구조조정 이후 CGM 선사는 북미와 극동아시아 항로, 남미와 중남미 항로, 태평양과 인도양 항로, 그리고 근해항로 등 4개 권역을 담당하는 조직으로 발전하고 성장했다. CGM은 1996년 자크 시라크 대통령과 알랭 쥐페 Alain Juppé (총리 재임 1995~1997년)의 총리 시기에 민영화되었고, 'CMA Compagnie Maritime d'Affrètement'에 매각되어 오늘날의 CMA·CGM해운그룹이 되었다. 선진 해운강국들은 자국 해운업의 국제경쟁을 장려하는 한편, 재정적으로나 정책적으로 적극 지원해 왔다. 국가지도자인 대통령과 총리가 해운업을 얼마나 중요하게 생각해야 하는지에 대한 역사적 결단을 프랑스의 예에서 볼 수 있다. 21세기 초반에 벌어지고 있는 "먹느냐, 먹히느냐? 죽느냐, 사느냐"하는 치열한 세계해운 전쟁을 프랑스는 한 세대 전인 1970년대부터 범국가적 전략으로 대응해왔다.

CMA·CGM그룹의 또 다른 뿌리는 CMA이다. CMA는 1978년 자크 사드 Jacques Saade(1937~2018)에 의해 지중해 정기선 영업을 목적으로 창업되었다. 본부는 프랑스 마르세유이다. 자크 사드는 프랑스의 '선박 왕'이자 세계 3위의 CMA·CGM 그룹의 창립회장이다. 현재 CMA·CGM의 CEO는 그의 아들인 로돌프 사드 Rodolph Saade이다. 자크 사드는 1957년 런던정경대학 LSE를 졸업하고 그의 부친이 작고 후 가업을 이어받았다. 그의 부친은 시리아에 담배, 올리브 오일, 얼음 등을 생산하는 농장과 공장을 경영했다. 런던정경대학을 졸업한 자크 사드는 그의 부친의 권고에 따라 뉴욕 항에서 인턴과정을 경험하면서 베트남 전쟁에서 물류운송에 사용된 컨테이너의 중요성과 가치를 알게 됐다. 1978년 레바논 전쟁이 발발하자 자크 사드는 마르세유로 돌아왔고, 그의 동생과 함께 CMA를 창업했다.

CMA는 마르세유와 베이루트와 시리아를 연결하는 해운서비스로 출발했다. 1983년 CMA는 수에즈 운하를 거쳐 오만으로 진출했고, 극동시장 진출을 준비했다. 1986년부터 아시아 시장의 물량이 커가는 과정에서 1992년 상하이해사대학교의 존 왕 John Wang 교수를 만나 조언을 듣고 상하이에 지역사무소를 열었다. 중국이 세계물류시장의 거대시장이 될 것에 대비한 전략이었다. 1996년 자크 사드는 민영화된 CGM을 인수했다. 2년 뒤인 1998년 호주 국영해운선사인 ANL을 인수하여 민영화했으며 1999년 CMA와 CGM합병 후 'CMA · CGM그룹'을 창설했다. 이 합병으로 CMA · CGM그룹은 세계 12위의 해운기업으로 도약했다. 2002년에는 범 유럽 연안 해운서비스 체제를 구축하기 위해 영국의 맥 앤드루스를 인수했다. 2006년에는 서아프리카로 해운서비스를 확장하기 위해 프랑스의 델마스 DELMAS선사를 인수했다. 2007년에는 다시 3개 선사를 인수 · 합병했다. ▲ 아시아와 태평양서비스를 강화하기 위해 타이완의 CNC 인수 ▲북미서안과 아시아 · 호주를 연결하는 태평양 서비스를 강화하기 위해 미국의 유에스라인 인수 ▲북아프리카 지역을 대표하는 모로코 국영선사 코마나브 COMANAV를 인수했다.

때마침 2003년부터 2008년 상반기까지는 세계 해운시장이 호황기를 누리던 때라 자크 사드의 인수합병전략은 CMA · CGM그룹 성장에 크게 기여하였다. 인수 · 합병전략의 성공적 추진 결과, 2007년 이후 CMA · CGM그룹은 1위 덴마크의 머스크 그룹 A.P.Moller-Maersk Group, 2위 내륙국인 스위스의 지중해 해운사 MSC, Mediterranean Shipping Company S.A에 이어 세계 3위의 선사가 되었다. 1978년 선박 한 척으로 시작하여 1994년에는 29척을 보유함으로써 세계 20위의 컨테이너 정기선사로 성장했다. 2003년에는 153척(30만 4천 TEU)을 보유함으로써 세계 5위의 정기 선사로 성장했다. 2005년에는 세계 3위로 도약했으며, 2016년 6월 기준 532척(240만 TEU)의 컨테이너 선대를 운영하고 있다.

CMA의 성장과정과 전략은 매우 공격적이었다. 중국이 개방화와 산업화를 추진하면서 세계생산 공장으로 자리 잡기 시작하자 세계 해운경기는 2003년부터 사상 최고의 호황을 누렸다. 2002년 1월 2일 882에 불과했던 세계건화물지수(Baltic Dry Index, BDI)는 2008년 5월 20일 1만 1793까지 상승했다. 6년 동안 운임지수가 13배 이상 뛴 것이다. 건화물선은 물론 컨테이너 정기선 시황도 역사적 호황을 구가했다. 이로 인해 선박부족 현상이 심화되어 중고선박의 임대료와 매매가격이 상승했고, 중고 선박 거래가 어려워지자 신조선 주문이 폭주했으며 선박 건조 가격도 폭등했다.

그러나 2008년 9월 미국의 금융기관 리먼 브라더스가 파산하자 세계 금융업계의 자금거래가 경직되었고, 이로 인해 글로벌 경제가 구조적 침체에 빠지게 되었다. 세계무역도 크게 위축되었으며 해운경기도 급속히 냉각되었다. 2008년 12월 5일 세계건화물 운임지수는 663까지 추락했다. 운임지수가 사상 최고를 기록한지 6개월도 안되어 17배 이상 폭락한 것이다. 해운시장의 급변한 침체는 세계 모든 해운기업을 어렵게 만들었다. 특히 1996년부터 지칠 줄 모르고 인수합병을 추진한 CMA·CGM그룹도 상당한 위기를 맞게 되었다. 더구나 이 그룹은 2008년까지 77척의 대형 컨테이너선을 조선소에 발주한 상태였다. CMA·CGM의 부채 규모는 2008년 금융위기가 발생하면서 2배로 늘어났고, 3년 안에 갚아야 하는 단기 상환 채무 비중이 65%에 달했다. 여기에 운임까지 폭락하자 2009년 10월 '모라토리엄(채무지급유예 제도)'을 신청하고 구조조정을 시작했다.

CMA·CGM그룹의 구조조정은 프랑스 중앙정부와 그룹 양측에서 동시에 신속하게 추진됐다. 당시 프랑스 정부는 무역의 근간인 해운의 중요성을 인식하고, 국가신용도 유지와 사회적 후생 감소 최소화를 위해서라도 반드시 정부차원의 지원이 이뤄져야 한다고 판단했다. 프랑스 정부는 당시 CMA·CGM의 재무구조 개선에 1조 원 자금이 필요한 것으로 추계했다. 프랑스 정부는 국부펀드인 전략투자기금(FGSI)을 통해 1억 5,000만 달러(약 1600억 원)를 긴급 지원했고 15억 달러(약 1조 6000억 원) 규모 대출을 정부가 보증하면서 단기 유동성 자금 확보에 도움을 줬다.[19] CMA·CGM 그룹도 자체적으로 구조조정을 실시했다. 세계 해운위기가 고조에 달했던 2009년 자크 사드는 그룹분리에 반대했는데 그의 자녀들도 부친의 입장을 적극 옹호했다.

자크 사드는 경영권 위협에 대한 우려에도 불구하고 사재 출연으로 재무구조를 적극 개선했고, 2010년 1억 달러 규모의 지분을 터키 기업 '일디림 Yildirim'에 매각하는 등 신규 투자 재원을 확보했다. 그러한 재원으로 이 그룹은 1만 6천 TEU급의 컨테이너 3척을 건조하였다. 동시에 선박 등 자산 매각, 인력 감축 등 강도 높은 자구책을 시행한 CMA·CGM은 최악의 위기였던 2009년 이후 4년 만인 2012년에는 경영흑자를 기록했고 2013년 7월 모라토리엄을 공식적으로 종료했다. 그러나 2012년 이후 반짝 개선되던 세계 정기선 해운시황은 2015년부터 다시 악화됨으로써 2016년 상반기에는 경영수지가 다시 적자로 전환되었다. 세계경제 불황이 본격화되고, 유가하락에 따른 유조선 해운 비즈니스가 악화되면서 세계해운은 다시 불황의 늪으로 추락했고, 세계해운사들 간의 생존전략인 '치킨게임'이 본격적으로 시작되었다.

21세기에만 두 번째 닥친 세계해운 불황에 경영위기를 느낀 CMA·CGM 그룹은 두 가지 전략을 구사해왔다. 하나는 그룹 성장을 위한 핵심전략인 '인수합병 전략'을 지속하는 것이고, 다른 하나는 녹색경제 시대 도래에 대비하여 '친환경 서비스체제'를 구축하는 것이다.[20] 2014년에 CMA·CGM는 글로벌 얼라이언스인 《OCEAN THREE 협약》을 서명함으로써 세계 최대무역량을 지닌 중국 해운기업인 CSCL과 아랍에미리트 해운기업인 UASC사와 영업활동을 확대했다. 2015년에는 인도의 물류 선두회사인 LCL Logistix를 전략적 지분참여로 합병했다. 2016년 7월에는 싱가포르를 기반으로 하는 NOL과 동 회사의 컨테이너부분 자회사인 APL을 24억 달러에 인수했다.

NOL과 APL의 인수는 이전의 인수합병과는 전략적 특성화가 몇 가지 점에서 다르다. 첫째, 이전의 인수합병이 지구촌 지역별 해운서비스 체제를 구축하려는 것이라면 이번 인수는 글로벌 서비스 체제를 완성하려는 것이다. NOL과 APL의 본거지인 싱가포르가 글로벌 금융과 물류 허브라는 점에 주목해야 한다. 둘째, 두 회사 모두 싱가포르 국가자본소유였다는 점이다. CMA·CGM 그룹은 전통적으로 타국가의 국영기업을 인수했는데, 그 이유는 국제물류가 그 나라의 국가전략과 밀접한 점을 이용해 왔다. 따라서 두 회사의 인수합병은 싱가포르의 지정학적 가치와 싱가포르의 자존심을 활용하려는 의도이다. 셋째, NOL과 APL의 글로벌 서비스 체제의 특성화를 활용하려는 것이다. 특히 APL은 원래 미국기업으로 미국을 활용하는 글로벌 복합운송서비스에 강점이 있고, 또 전 세계 100여 개 기항하는 글로벌 네트워크를 보유하면서 정보통신 기반의 대 화주 서비스 체제를 발전시켜왔다. 넷째, 글로벌 네트워크 강화를 위해 중국의 코스코 컨테이너 라인, 타이완의 에버그린, 홍콩의 OOCL 선사 등과 함께 '오션 얼라이언스 Ocean

Alliance'를 결성했다. 또한 2017년 독일 함부르크 물류회사 OPDR를 맥앤드류스와 합병하여 통합했고, 2018년 6월에는 핀란드 해운기업 '컨테이너십스 Containerships'를 인수했다.

한편 CMA · CGM 그룹은 '친환경 서비스체제'를 구축함으로써 미래해운의 새로운 추세에 대비해 왔다. 소극적이고 축소지향의 생존전략보다는 적극적이고 미래지향적 경쟁전략을 추구하고 있다. 단기 영업이익을 추구해야하는 기업 속성을 넘어 10년, 20년을 대비한 숨이 긴 기업전략이다. 2003년부터 경영상의 모든 의사결정과 선박확보에서 친환경성을 최우선시하고 있다. 해상에서 친환경 선박의 운항뿐 아니라, 육송에서도 친환경 시스템으로 전환하면서 '그린 모델 Greenmodal 운송체제'를 구축하고 있다. 2005년부터 시작된 친환경 운송전략으로 10년 만에 TEU당 이산화탄소 배출량을 50%나 줄였다. 이러한 성과는 기술혁신, 운영개선, 규모경제 활용에 대한 공격적 투자의 결과다. 나폴레옹 시대에 해양력 아킬레스 때문에 세계패권국가가 되지 못했던 것을 반면교사로 삼고, 해양영토 세계 1위, 해양과학기술력 세계 빅3, 해운업 세계 3위로 실속 있게 '해양강국 포지셔닝'을 유지하고 있는 프랑스다.

제12장
중국의 꿈 '해양굴기 海洋崛起'

1. 중국의 콜럼버스 '정화'
2. 백년의 마라톤과 해양책략
3. 류화칭의 《제1·제2·제3 다오롄 島鍊 책략》
4. 연해주의 그레이트 게임과 《차항출해 借港出海 책략》
5. 시진핑의 《일대일로 一帶一路 책략》

해양을 외면해 '백 년 치욕'을 겪은 중국은
해양책략을 중심하는 '백 년의 마라톤' 계획을 통해
중화민족의 부흥을 꾀하고 있다.

제12장 중국의 꿈 '해양굴기 海洋崛起'

1. 중국의 콜럼버스 '정화'

국력과 인구에 비추어 전 근대 중국은 다른 왕국들보다 바다 넘어 영토에 욕심을 낸 경우가 많지 않다. 원정을 한 지역은 북방 초원 지대, 서역, 베트남, 그리고 한반도였다. 그러나 명나라 3대 황제인 영락제 永樂帝(재위 1402~1424년)는 다섯 차례나 직접 몽골 원정을 했을 뿐 아니라 1405년에는 정화에게 함대를 이끌고 동남아시아와 인도, 중동, 아프리카까지 대원정을 하도록 했다. 인도양 넘어 아프리카까지 이르는 해양탐사는 중국 역사상 처음이다. 가빈 멘지스 Gavin Menzies는 영국의 항해사이자 극작가로서 그가 쓴 두 책인 《1421 중국, 세계를 발견하다, 2004》와 《1434 : 중국의 정화 대 함대, 이탈리아 르네상스의 불을 지피다, 2010》로 세계 역사학계를 놀라게 했다. 그는 1421년에 정화(鄭和, Zhèng Hé 정허, 1371~1433)가 이끄는 중국의 함대가 세계를 일주하면서 서아프리카와 아메리카 대륙, 심지어 그린란드와 아이슬란드까지 탐사했다고 주장한다. 사실 정화 원정대의 항해일지와 보고서 등 역사기록은 명나라의 '해금 정책'으로 불태워지고, 지금은 명나라 제5대 황제 선덕제 宣德帝(재위 1425~1435년)때 원정대에 따라갔던 역사가들이 쓴 요약서 두어 권만 남아 있다.

가빈 멘지스는 14년 동안 무려 140여 개국, 900곳 이상의 문서보관소, 도서관, 박물관 및 중세 후기의 주요 항구 등을 답사했다. 그의 책은 세계 곳곳에 흩어져 있는 여러 흔적들을 근거로 주장한 것이라 무시할 수 없다. 그는 정화의 함대, 특히 제6차 원정에서 정화와는 별도로 움직이다가 여러 해가 지나서야 귀국했던 부대장들의 소함대는 동아프리카에서 그치지 않고 계속 나아가 희망봉을 돌았으며, 서아프리카를 지나 남북 아메리카, 오스트레일리아, 남극과 북극까지 도달했다고 주장한다. 심지어 아메리카 발견도 콜럼버스의 1492년 탐사보다 정화의 1421년 탐사가 70년 이상 먼저였고, 마젤란보다 무려 98년 먼저 남극과 마젤란 해협을 발견했다고도 주장한다. 그는 당시 중국의 기술로 미루어 그런 항해는 충분히 가능했다고 주장한다. 서아프리카, 오스트레일리아, 아메리카 등에 군데군데 남아 있는 중국인의 흔적들, 가령 정화가 원정지에 남긴 비석과 비슷해 보이는 돌판, 동양인의 용모를 한 사람들의 전설, 중국 닭과 비슷한 품종인 남미의 닭 등을 '증거'로 들고 있다.

또한 그는 마젤란의 발견 연도보다 앞선 정화의 해도에 이미 마젤란 해협이 나와 있다면서 "정화 원정대가 남긴 해도를 바탕으로 서양 사람들이 세계 해도를 만들고, 그것을 가지고 콜럼버스나 마젤란이 항해에 성공했을 것이다."라고도 주장했다. 멘지스의 주장이 옳다면 유럽인들에 의한 15세기 '지리상의 대 발견'은 중국인들이 선구자 First Mover이며, 포르투갈과 스페인의 유럽인들은 동작 빠른 추종자 Fast Follower인 셈이다.[1] 가빈 멘지스의 주장이 아니더라도 정화의 활동이 콜럼버스보다 90여 년 앞선 점, 콜럼버스의 항해와는 비교할 수 없을 정도의 대규모 선단과 장기간의 활동, 콜럼버스와는 달리 세계 각 지역의 주민들에게 긍정적인 영향을 미친 면을 고려할 때 그는 역사의 평가에서 엄청나게 손해 본 인물인 것은 사실이다. 1371

년에 태어난 정화는 서역에서 중국 윈난 雲南으로 이주해 온 무슬림이다. 이후 명나라 군대에 입대한 그는 영락제를 섬기다가 큰 공을 세워 내관감으로 승진했고, 이때 '정 鄭'이라는 중국식 성을 하사받았다.

영락제는 태조 홍무제(洪武帝: 주원장)의 넷째 아들 주체 朱棣다. 처음에는 연왕 燕王으로 봉해졌으나, 홍무제가 죽은 뒤 적손인 건문제 建文帝가 즉위하여 '삭봉책'을 취하자 1399년에 쿠데타를 일으켰다. 건문제의 황제 군대와 3년여에 걸친 '정란의 변'을 거친 후 연왕이던 영락제가 황제에 오른다. 제3대 황제 영락제의 치정에서 가장 현저한 것은 주변지역에의 대규모 정벌과, 그것에 의한 명나라 국경의 확보이다. 또 환관 정화로 하여금 대함대를 이끌고 동남아시아, 서남아시아를 거쳐 아프리카 케냐 해안까지 7차에 걸친 해양원정을 보내어 명나라를 해외에 과시하고 세력을 확장하였다. 뭐든 화려하고 진기한 것을 좋아했던 영락제는 이국에서 진귀한 물건을 가져오도록 했고, 원정대의 함선들은 '보물선 取寶船'이라고 불렸다. 하지만 동원된 선박이 최대 3,500척, 인원은 3만 명에 달했다는 점을 생각하면 영락제의 과시욕과 호기심 차원에서 벌인 사업치고는 규모가 컸다.

1405년, 드디어 정화가 이끄는 첫 원정대가 출발했다. 그 규모는 대함선 62척에 병사 2만 7,800여 명, 항해 기간은 2년 4개월이었다. 정화의 대원정은 1405년 7월 11일 시작해 1407년에 끝난 제1차 항해를 시작으로 1407년의 2차, 1409년의 3차, 1413년의 4차, 1416년의 5차, 1421년의 6차, 그리고 1430년에 시작해 1433년에 끝난 7차까지 모두 합쳐 26년에 걸쳐 이루어졌다. (그림 12.1) 동남아시아의 참파에서 말래카 Malacca, 태국, 인도의 캘리컷, 스리랑카, 페르시아의 호르무즈, 아라비아의 아덴, 소말리아의 모가디슈, 케냐의 몸바사까지 명나라 깃발을 단 거대한 보물선이 오고 갔다. 정화의 함대는 나침반과 견성판으로 방위를 재고, 물시계를 가지고 배의 속력을 따지며 장거리 항해를 했다.

그림 12.1. 정화의 항해기록

정화와 영락제의 항해전략에 대한 역사적 평가를 요약해본다.[2] 첫째, 정화에게 대항해를 명령한 영락제는 육상보다 해양을 통해 동남아시아를 제압하고 더 넓은 세계로 진출하고자 했다. 둘째, 중국을 찾아 온 세계 각국의 상인과 여행객들로부터 이러한 대항해가 가능하도록 세계 지리에 대한 지식을 전수 받았다. 셋째, 명나라의 영향력에 도전하고 있던 베트남을 비롯한 동남아시아 국가에 명나라의 위세를 떨치고, 중화와 변방이라는 전통적인 조공무역 외교관계를 훨씬 큰 규모로 이룩하려했다. 정화는 각국을 들를 때마다 그곳의 사절단을 중국으로 초빙하여 중국과의 교류를 가능케 했다. 그가 방문한 국가만도 33개국에 이르며 이때부터 수많은 나라들이 중국에 조공을 바치게 되었다. 그래서인지 정화의 선단은 수십 년 후 '지리상의 대

발견'에 나선 스페인과 포르투갈의 선단과는 원주민을 대하는 태도가 정반대였다. 서양인들은 원주민을 분열시켜 자기들끼리 싸우게 했고, 자신들을 환대하는 사람들을 배반하고 학살했다. 정화의 함대는 반대로 서로 갈라져 싸우는 세력들을 중재하고 화해시켰으며, 적대 세력은 가만 두지 않고 격파했지만 환대하는 사람들에게는 많은 선물을 주었다. 원주민의 땅을 빼앗거나 식민지로 만들지 않았고, 원주민을 노예로 잡아가지도 않았다. 중국의 종교를 강요하지도 않았다. 정복과 착취가 아니라 명나라의 위력을 과시하고 그 형식적인 지배권을 인정받는 게 목표였던 것이다.

사실 정화 탐사원정대의 규모를 콜럼버스 탐사원정대와 비교해 본다면 얼마나 큰지 알 수 있다. 콜럼버스 일행은 산타마리아호를 비롯한 세 척의 범선에 120여 명의 선원을 태우고 1492년 8월 출범했는데, 중심이 되는 산타마리아호는 적재능력 150톤의 카라크 carrack선으로 길이 23m, 너비 7.5m 돛대 3개를 사용한 범선으로 알려져 있다.

정화가 탄 배는 길이가 137m, 너비가 56m, 마스트가 3개에 이르는 약 1500톤급 배였다. 배의 크기만 보더라도 콜럼버스의 산타마리아호보다 정화의 배는 10배나 더 컸다. 마젤란의 배는 3개의 돛으로 움직였고, 정화의 배는 10개의 돛으로 움직였다. 정화의 배 옆에 바스코 다 가마의 배들을 놓으면 다섯 척이 나란히 늘어서도 모자랐다. 공격력을 봐도 서양 배들은 기본적으로 활로 무장을 했으나 중국 배들은 총통을 비롯한 각종 화약 무기를 갖추고 있었다. 게다가 명나라 함대는 보급선과 지원 부대도 충분했다. 해전을 하더라도 압도적인 규모였다.

그러나 중국 '정화 원정대'의 영광은 너무 짧았다. 영토 확장과 해상진출에 심혈을 기울이던 영락제가 사망한 후 명나라는 더 이상 대외 진출에 관심을 갖지 않았다. 대외보다는 대내적 통치에 관심을 기울였고, 정화의 원정대 역시 7차 항해로 종결되기에 이르렀다. 누군가와 싸워서 패배한 것이 아니라, 중국인들 스스로 보물선의 목재를 뜯어내고 항해 기록을 불살랐다. 황제인 영락제의 야심과 욕망이 있었기에 정화의 해양탐사가 가능했다. 1424년에 영락제가 사망하자 뒤를 이은 제4대 황제 홍희제 洪熙帝(재위 1424~1425년)는 영락제의 국고 손실을 막기 위해 정화의 원정을 중지시켰다. 그리고 할아버지인 태조 주원장의 정책을 본받아 외국과의 접촉을 통제하고, 특히 배가 중국의 항구를 드나드는 일을 엄격히 금지하는 '해금정책'을 취했다. 정화의 원정기록은 폐기되고, 정화도 궁궐의 개축작업을 돕는 등 해양원정과 관계없는 일을 하며 세월을 보내야 했다. 홍희제의 뒤를 이은 제5대 황제 선덕제 宣德帝(재위 1425~1435년)는 기본적으로 홍희제의 노선을 따르면서도 애써 이룩한 해군력이 사라지는 것을 아깝게 여겼다. 그래서 3년 만에 해양원정을 지시했고, 육순을 넘긴 나이에 정화도 다시 바다로 나갔지만 그것으로 마지막이었다. 1433년, 정화는 호르무즈 근방에서 병을 얻어 세상을 떠났으며, 그의 시신을 싣고 돌아온 원정대는 두 번 다시 출항하지 못했다.

해양진출을 선도한 명나라 영락제와 그의 해양참모 정화가 그렇게 대단한 해양 인프라를 구축했고 위대한 업적을 세워 놓은 중국이 스스로 상업혁명과 근대화를 멈춘 이유는 미스터리다. 한 가지 추정해볼 수 있는 가설은 '새로운 해양세력의 등장과 기득권과의 정치적 헤게모니 다툼'이다. 정화의 대원정은 경제적 목적에 중점을 둔 것이 아니었기에 서양의 향신료 무역처럼 '상업혁명'을 가져올 정도의 효과는 내지 못했겠지만, 그래도 어느 정도 신흥 상인층의 등장은 가져왔을 것이다. 또 이민족 출신에 환관인 정화처럼 전통 중국의 도학 중심의 지배계급과 달리 상업부호들의 세력증가도 두드러졌을 것이다. 상업이 발달하고 외국과의 교류가 활발해짐에 따라 외국의 종교, 사상이나 문화가 유행할 조짐도 보였을 것이다. 이에 농업 생산을 바탕으로 유교 이념과 전통적 대륙문화를 내세우며 살던 기득권 계층이 일제히 상업과 해양문화의 신생세력에 대해 '반격'을 가한 것일 수도 있다. 사실 명나라는 17세기 초에 광업, 공업, 상업의 발달로 새로운 상인층의 세력이 강해지자 상공업에 무지막지한 세금을 매기며 노골적으로 탄압하여 권력 구도의 변화를 막았다. 중국은 서양에 앞선 '근대화' 될 기회를 스스로 포기한 셈이다.

만일 가빈 멘지스의 주장대로 정화의 대양탐사가 역사기록으로 증명된다면, 대항해시대의 개막이 서양의 콜럼버스로부터 시작되었다는 주장도 틀릴 수 있다. 이는 금속활자를 이용한 인쇄술이 1452년 독일 구텐베르크에 의해 시작되었다는 논쟁과 같다. 사실 서양보다 200년이나 앞선 세계 최초의 금속활자가 고려에서 발명되었다.* 아쉽게도 지금은 전해지지 않았지만, 고려 고종 때의 금속활자로 《상정고금예문, 1234년》을 인쇄했다. 《직지심체요절, 1377년》은 현존하는 책 가운데 세계에서 가장 오래된 금속활자본이다. 안타깝게도 개화기 때 조선에 왔던 프랑스 외교관이 프랑스로 가지고 간 후, 현재 프랑스 국립도서관에 보관되어 있다. 세상은 콜럼버스와 구텐베르크를 기억할 뿐 콜럼버스에 비해 90여 년 앞서 대항해를 수행한 정화 鄭和와 직지심경을 금속활자로 인쇄한 고려의 장인들을 기억하지 못한다. 그 까닭에 대해 김흥식은 "역사는 역사에 끼친 영향력의 크고 작음에 따라 사건의 의미를 재단하는 경향이 있다. 이는 단순한 사실보다 역사라는 흐름에 얼마나 영향을 주었는가 하는 세상과의 연관성이라는 측면에서 사실을 판단한 결과다."라고 주장한다.³ 구텐베르크의 금속활자와 인쇄술 발

---

* AD 704~751년으로 추정되는 통일 신라 시대 때 만들어진 《무구정광대다라니경》은 현재 존재하는 목판 인쇄물로는 세계에서 가장 오래된 것이다.

명은 그 무렵 막 개화하기 시작한 종교개혁과 르네상스라는 근대의 시작을 유럽 전역에 전파하는 놀라운 영향력을 발휘하였다. 고려의 금속활자 발명이 기네스북에 올라갈 만한 사건이라면, 구텐베르크의 인쇄술 발명은 세상을 뒤흔든 혁명이었다. 그렇다고 해서 구텐베르크의 혁명이 고려 불교서적 제작보다 더 가치 있는 것이라고 단정할 수는 없다. 가치 판단은 판단하는 문화권과 사람의 가치관에 따라 달라질 수 있기 때문이다.

정화 이후 중국은 해양 강국으로서의 지위를 서서히 잃고 대륙국가로 안주했다. 이는 19세기 중국이 서구 제국주의의 침략으로 침몰한 서세동점 西勢東漸을 막아내지 못하는 결정적 원인이 되었다고 할 수 있다. 역사의 가정이지만, 만약 정화시대 세계 최고의 조선술과 해군력을 발전시켰다면 이후 동서양 역사는 새롭게 형성되었을 것이다. 그리고 정화 원정대의 중단과 그로 인한 해양 강국의 쇠퇴는 역사에서 정화 대신 콜럼버스를 대항해의 원조로 기록하게 되었다. 역사는 승자의 기록이기 때문이다. 21세기 세계 2대 강국 G2로 부상하는 중국이 대국굴기, 해양굴기 海洋崛起의 상징으로 정화정신을 내세우는 것은 그래서 의미심장하다. 시진핑 국가주석의 '일대일로' 전략의 핵심 정신이자 비전이기 때문이다. 중국은 정화의 해양개척정신을 '법고창신 法古創新(옛것을 본받아 새로운 것을 창조한다는 의미)' 하고 있다.

2. 백년의 마라톤과 해양책략

15세기 영락제와 정화가 해양으로 진출하던 시절 중국은 한 때 해양진출에 대한 비전과 해양인프라가 있었다. 그러나 최근세사까지 중국 지도자들은 국민들로 하여금 바다에 아예 관심을 두지 못하게 했다. 대표적 인물은 원 元나라를 멸망시킨 후 '중화의 회복'을 추진했던 명 왕조의 시조인 주원장이다. 워싱턴 대학교의 저명한 중국사학자인 패트리셔 에브리는 중국 역사상 명태조 주원장만큼 한 개인이 역사에 큰 영향을 미친 예는 거의 없다고 평가했다. 주원장 朱元璋(재위 1367~1398년)은 '항해 금지령'과 '해안 봉쇄령'으로 구성된 《해금정책 海禁政策》을 선포함으로써 중국 뿐 아니라 동양 국가들의 해양진출을 막는 데도 결정적 영향을 미쳤다. 주원장은 육상 실크로드를 통해 상인들이 활발히 활동했던 원 元나라의 상업중시 정책을 뒤집고자 '농본억상 農本抑商'이라는 유교적인 농업정책을 기반으로 국가를 경영했다. 상업은 최소한으로만 허용한다는 뜻에서 화폐 유통을 대부분 금지시켰고 대외무역을 금지해 "한 조각의 널빤지조차 바다에 띄우지 마라."는 엄명을 내렸다.

몽골 제국 시절 유럽에서 극동까지 하나로 연결되어 바닷길과 초원길을 각국의 상인들이 바쁘게 오가던 모습은 더 이상 찾아볼 수 없게 되었으며, 국내자급자족을 목표로 했다. 대신 그는 중국 대륙을 관통하는 대운하 건설에 나섰고, 해안을 통해 실어 나르던 공물을 해적으로부터 지키던 당시 세계 최강의 해군을 해체하는 실책을 저질렀다. 무역을 통해 많은 돈을 벌던 지방 토호들을 제압하기 위해 외국과의 교역을 단절시켰다. 이 같은 해금정책의 결과로 중국은 훗날 5백 년 뒤에 벌어진 아편전쟁(1840년) 패배 이래 '백년의 치욕'을 보내야 했다.

미국 싱크탱크인 허드슨연구소의 중국전략 센터장 마이클 필스버리 Michael Pillsbury는 그의 책 《백년의 마라톤》에서 중국의 100년 계획을 설명했다. "중국강경파들은 마오쩌둥부터 현재 지도부에 이르도록 1842년 아편전쟁에 패배한 시점부터 중화인민공화국이 설립된 1949년 이전까지를 '치욕의 세기 Century of Humiliation'로 정의하고 있다. 그래서 그들은 1949년부터 2049년까지 백년의 마라톤을 통해 치욕을 설욕하고 경제·군사·정치적으로 미국을 추월해 글로벌 선두국이 되고자 열망해 왔다." [4] '백년의 마라톤' 정신은 중화민족의 부흥을 꾀하는 '중국몽 中國夢'에 맞닿아 있다. 2001년 '9·11테러' 이후 미국이 중동에 집중하는 동안 중국은 그 틈을 놓치지 않았고 거침없이 국력을 키웠다. 어느덧 Big2로 급성장한 중국의 성장에 놀란 미국은 중국과 무역전쟁과 해로전쟁으로 맹공을 퍼부으면서 중국의 '백년의 마라톤'에 제동을 걸었다. 그러나 중국과 미국은 신흥 패권국과 기존 패권국이 충돌하며 파국을 맞는 '투키디데스의 함정 Thucydides Trap'은 일단 피해왔다.* '투키디데스의 함정'이라고 처음 명명한 사람은 미국 정치학자 그레이엄 앨리슨이다. 그는 투키디데스 프로젝트를 진행하여 지난 500년 동안 16개의 투키디데스 함정의 결말을 분석했다. 그 결과 16개의 사례에서 14개가 전쟁으로 해결되었다고 한다. 따라서 중국은 '백년의 마라톤'이라는 결승점에 도달하려면 많은 장애물을 넘어야 할 것이다.

해양을 외면해 '백년치욕'을 겪은 중국은 덩샤오핑 이후 지역 패권은 육지 확장으로 충분하지만, 세계 패권을 쥐려면 해양 장악이 필수적이라는 사실을 깨닫고, '해양책략'을 국가정책으로 추진했다. 20세기 후반 중국개혁개방 현대화 총설계자인 덩샤오핑 鄧小平의 '연안개방전략', 나아가서는 '해양을 통한 개방전략'이 해양책략의 출발 신호탄이다. 덩샤오핑의 개방정책은 '흑묘백묘론 黑猫白猫論'으로 상징되며, 이는 사회주의와 자본주의의

---

* '투키디데스의 함정'이라는 용어는 아테네 출신의 역사가이자 장군이었던 투키디데스 Thukydides 가 편찬한 역사서《펠로폰네소스 전쟁사》에서 비롯됐다. 기원전 5세기 기존의 맹주였던 스파르타는 급격히 성장한 아테네에 대해 불안감을 느끼게 되었고, 이에 양 국가는 지중해의 주도권을 놓고 전쟁을 벌이게 됐다. 투키디데스는 이와 같은 전쟁의 원인이 아테네의 부상과 이에 대한 스파르타의 두려움 때문이라고 주장했다. 여기에서 유래된 '투키디데스의 함정'은 급부상한 신흥 강대국이 기존의 세력 판도를 흔들면 결국 양측의 무력충돌로 이어지게 된다는 뜻의 용어로 사용되고 있다.

융합전략이다. 중국은 덩샤오핑의 '흑묘백묘론'으로 출발하여 '선 연안개방 후 내륙개발정책'을 추진해왔고, 외교정책도 수동적인 '도광양회(韜光養晦, 재능을 감추고 조용히 때를 기다림)'에서 능동적인 '화평굴기(和平崛起, 평화적으로 우뚝 섬)', '분발유위(奮發有爲, 떨쳐 일어나 해야 할 일을 한다)'로 바꾸었다. 대륙에 웅크리던 국가가 해양국가로 팽창하고 있으며 '해양굴기 海洋崛起'는 대표적 국가전략이다. 덩샤오핑은 평생 바다를 사랑했다. 중국 건국의 주역 마오쩌둥이 강이나 호수에서의 수영을 즐겼다면 덩샤오핑은 거센 파도가 치는 바다 수영을 좋아했다. 헤엄칠 때 마오쩌둥의 시선이 내륙을 향했다면 덩샤오핑의 눈길은 바다 수평선 너머를 향하고 있었다.[5] "각막은 기증하고 시신은 해부한 뒤 화장해 바다에 뿌려 달라." 중국 개혁·개방의 총설계사 덩샤오핑의 유언이다. 1997년 3월 2일, 오색 꽃잎에 쌓인 덩의 유해는 그렇게 중국 동남부 앞바다에 뿌려졌다.

덩샤오핑에게 바다는 진출할 시장이자 확장해야 할 영토의 대상이었다. 선박과 물자가 자유롭게 다녀야 할 바다에 대해 덩샤오핑은 '일국양제(一國兩制, 한 나라 두 제도)'나 '외상투자 기업제도' 등 창의적이면서도 실사구시적인 정책을 추진하였다. 덩의 정책기조는 수비적이고 폐쇄적 내륙성향에서 개방적이고 공격적인 해양성향으로 전환했고, 자본주의 근성회복을 주창하면서 사회주의 중국 동남부 연해지역에 5개의 자본주의 섬이라고 할 선전과 주하이 珠海 등과 같은 경제특구를 건설했다. 중국학 석학인 존 페어뱅크 미 하버드대 교수도 "덩샤오핑의 개혁·개방 정책은 중국의 유구한 대륙성 전통에서 나온 것은 아니다."라고 말했다. 1974년 1월 덩샤오핑은 이렇다 할 선전포고도 없이 북베트남(월맹)의 시사(西沙, 파라셀) 군도를 순식간에 점령해 하이난 海南 섬에 편입시켰다. 또 1987년 3월 중앙군사위 주석이던 덩은 난사(南沙, 스프래틀리) 군도마저 삼켰다. 미국과 중국이 가장 첨예하게 충돌하는 곳은 영유권 분쟁이 벌어지는 남중국해다. 남중국해는 중국과 대만, 베트남, 필리핀, 싱가포르 등이 맞닿아 있는 해역이며, 서태평양과 인도양, 중동을 잇는 해상 물류 중심지다. 세계 해양 물류의 약 25%, 원유 수송량의 70%가 이곳을 지난다. 금액으로는 한 해 5조 3000억 달러(약 5954조 원)에 달한다. 남중국해는 자원의 보고이기도 하다. 석유 매장량은 최소 110억 배럴, 천연가스는 190조 입방피트로 추정된다.[6]

2006년 12월 개최된 중국해군 제10차 당 대표대회에서 당시 국가주석 후진타오 胡錦濤는《해양대국·해군강국》건설을 선언했다. 그리고 이듬해인 2007년 9월 중국은 일본과 영유권 분쟁을 빚는 센카쿠(尖閣, 중국명 댜오위다오) 열도는 물론 오키나와 본도를 포함한 류큐 琉球 군도 160여 개 섬을 모두 돌려달라는 주장을 제기했다. 최근 후진타오의 뒤를 이은 중국의 시진핑 국가주석은 해양 탐험정신과 글로벌 사고와 앙트러프러너십 entrepreneurship을 바탕으로 해양굴기 전략을 무섭게 추진하고 있다.

사실 덩샤오핑 이후 중국의 권력은 공산주의 청년단 共靑團, 상하이방 上海幫, 타이즈당 太子黨 등 3대 계파가 분점하고 있다. 덩샤오핑의 개방정책은 상하이방이자 '성장우선론자'인 장쩌민과 공청단으로 '분배강조 개혁파'인 후진타오에 의해 해양화 전략으로 이어졌다. 지금은 타이즈당이자 국가주석인 시진핑의 '일대일로(一帶一路, 육로·해상 실크로드)' 정책이 '중국몽 中國夢'의 핵심이다. 시진핑 시대의 메가 프로젝트는 '일대일로' 건설이다. 일대일로 정책은 "미국은 1896년 시어도어 루스벨트 대통령이 선언한《새로운 먼로 독트린》대로 북미와 중남미 신대륙을 맡아라. 중국은 아시아-아프리카-유럽을 아우르는 구대륙의 맹주가 되겠다."라는 선전포고와 같다. 군부를 장악한 시진핑은 특히 해군의 핵심 요직에 측근을 포진시켰다. 좋은 예는 현 중앙군사위 상무위원 8인 중 실세인 해군총사령관 우성리

吳胜利 Wu Shengli(재임 2006~2017년)다. 시진핑의 부인 펑리위안 彭麗媛은 해군 소장이다.

중국은 마이클 필스버리의 '백년의 마라톤'에서 국가전략의 핵심으로 '해양책략'을 추진해 오고 있다. 코스코를 중심한 글로벌 해운선대 확충, 선박 건조분야 세계 선두 진입, 선전, 상하이, 칭다오와 위하이 등의 항만개발에서 상전벽해의 변화를 이룩해 왔다. 세계의 공장이자 시장이 되면서 중국은 아프리카를 비롯한 전 대륙에서 육상자원을 수입하기 위한 항로개발이 생명줄임을 인식하고 국제해로와 인도양 연안의 진주목걸이 형태로 포진된 거점항만 확보에 국력을 투자하고 있다. 중국은 미국과 경쟁적으로 전 세계적인 자원 에너지 전쟁을 벌이고 있으며, 그 운송수단인 해운능력을 급신장시키고 있다. 영국 해운조사기관인 '베셀즈 밸류 Vessels Value'에 따르면 해양작업지원선 OSV을 포함한 국가의 지배 선대는 2017년 6월 현재 그리스가 3억 6391만 톤(4461척), 중국 2억 5804만 톤(4830척), 일본 2억 4567만 톤(4270척)으로 각각 1, 2, 3위를 차지했고, 독일과 싱가포르가 그 뒤를 이었다. 중국은 막대한 해외자원을 중국의 배에 의해 중국이 건설하는 전 세계의 항구로부터 수송할 태세이다.

중국은 '중국 항공모함의 아버지'로 불리는 류화칭 劉華淸(1916~2011)이 주창한 해양방어선 확대전략인 제1도련과 제2도련을 끝내고, 제3도련을 추진하고 있다. 2008년 북경올림픽 개막식과 폐회식에서 '중국의 세계 4대 발명품인 종이, 화약, 나침반, 인쇄술'과 '15세기 정화의 해양 대원정'을 핵심행사로 시연하면서 '해양책략'의 야망을 세계에 거리낌없이 표출한 것이다. '만리장성 전략'에서 '정화 전략'으로의 패러다임 변화는 중국 국가전략에서 BC와 AD로 연대가 구분될 만큼 획기적 사건이다.

3. 류화칭의 《제1 · 제2 · 제3 다오롄 島鍊 책략》

중국의 부상으로 미국이 다시 아시아로 회귀하고 있다는 주장이 있지만, 사실 미국은 존 헤이 국무장관이 태평양 시대의 도래를 예단한 19세기 말부터 아시아를 떠난 적이 없다. 미국 트루먼 대통령 내각의 국무장관 딘 애치슨 Dean G. Acheson(재임 1949~1953년)은 내셔널 프레스 클럽의 '아시아의 위기'라는 제목의 연설(1950년 1월 12일)에서 이른바 '애치슨 라인 Acheson Line'을 언급했다. 주요 골자는 소련과 중국의 영토적 야심을 저지하기 위해 기국의 태평양 방어선은 "알류산 열도에서 일본으로 그리고 오키나와를 거쳐 필리핀으로 이어져야 한다."는 내용이었다.

애치슨 라인의 극동 방위선에서 한국과 타이완, 인도차이나 반도를 제외시킴으로써 한반도에 대한 군사적 공격에는 대응하지 않는다는 입장으로 비쳐서 북한의 오판을 불러일으켰고 1950년 6·25전쟁 발발의 원인이 되었다는 비판을 받고 있다. 애치슨 장관이 처음 언급한 '도련 島鍊'(일명 '태평양지역방위선') 전략은 지리적뿐만 아니라 정치·군사적인 의미도 내포된 3개의 도련을 설계했다. '제1도련'은 서태평양과 아시아대륙 연안에 가까운 알류샨 열도, 쿠릴 열도, 일본 열도, 유구 열도, 필리핀 군도, 인도네시아 열도 등이다. '제2도련'은 남방 군도, 마리아나 군도 등이다. '제3도련'은 주로 하와이 군도기지로 구성된다. 미국에는 이 태평양지역방위선이 아시아·태평양 지역의 미군 후방선이자 미국 본토를 방어하는 전초 해양경계선인 셈이다.

지리적으로 보면 유라시아 대륙은 알래스카와 북극해를 기점으로 하면 미국과 유라시아 대륙은 가까이 있다. 미국과 소련의 냉전시대가 끝난 후 미국을 주축으로 한 북대서양조약기구인 나토 NATO는 동유럽국가와 구소비에트사회주의 연방의 해체에 따라 연방에서 독립된 국가와 중동 지역으로 향했다. 이러한 정책이 바로 미국의 '유라시아 대륙 전략'이었다. 그러다가 20세기 후반 구소련이 붕괴되고, 그 자리를 중국이 점진적으로 차지하기 시작하자 미국은 '중국 위협론'을 내세우며 '아시아 전략'을 강화하고 있다. 미국의 애치슨이 서태평양에 만든 제1도련, 제2도련, 제3도련에 대한 해석은 나라마다 각각 다르다. 애치슨 라인은 냉전시기에 세워졌고, 냉전시기의 산물이었다. 사실 미국의 태평양 방어체계는 러시아와 중국이 서태평양으로 발전하는 것을 저지하고, 동시에 일본의 확장 욕심을 억제하는 면도 있었다.

중국은 지난 30년 동안 9%대의 경이로운 경제 성장을 이룩한 나라지만 지난 20여 년 동안 중국의 군사력 성장은 경제성장 증강 비율의 거의 두 배다. 미국 등 서방 제국들이 군사력을 급속히 감축시키는 것에 반해 중국은 1990년대 초반 이래 오히려 약 10년 동안 연 평균 17%에 이르는 군사비를 증액했다. 2000년대 초반 10년 동안에도 중국의 군사비 증강비율은 매년 두 자리 숫자 이상을 기록, 세계 제일의 군사력 증강 국가이다. 더욱 주목할 점은 무엇보다도 중국이 급속히 해군을 증강시키고 있다는 점이다. 중국은 자기 나름의 해군력 증강 논리가 있다. 역사적으로 중국은 고대 한나라부터 당나라, 송나라, 명나라 때까지 세계 최고 수준의 항해술을 자랑했음에도 불구하고, 1840년 아편전쟁부터 1949년 중국 공산당 정권이 들어설 때까지 100년 동안 바다를 통해 479차례 크고 작은 외국의 침공을 받았다.

특히 중국은 지난 100년 동안 외국으로부터 7차례 국가전쟁을 치렀는데 7차례 모두 바다를 통해서 이루어졌다.[7] 중국이 근세사에서 이렇게 된 것은 바로 제해권을 잡지 못했기 때문이라고 주장한다. 산업화 단계의 경제발전을 이룩한 중국은 바다를 중요하게 생각하기 시작했다. 특히 1978년 이후 중국의 산업화는 주로 중국의 동해안 지대에서 집중적으로 이루어졌고, 그 결과 바다를 지키지 못할 경우 중국의 산업지대가 그대로 적에게 노출되는 지정학적으로 취약한 상황에 당면하게 되었다. 무역국가, 산업국가로 변한 중국, 그리고 중국의 공업지대가 해안가에 집결되어 있다는 사실은 중국으로 하여금 해군력 증강에 관심을 기울일 수밖에 없는 상황이 된 것이다.

대양해군의 꿈은 1980년대 중반 '현대 중국 해군의 아버지'라고도 불리는 류화칭 劉華淸(1916~2011) 해군사령관이 이른바 '다오롄 島鍊전략 Island Chain'(우리나라 발음표기로는 '도련')을 표방하면서 시작됐다. 류화칭과 대칭되는 중국 미사일과 우주개발의 아버지는 항공우주학자 첸쉐썬 錢學森(1911~2009) 박사다. 류화칭은 태평양 섬들을 연결해 가상의 '다오롄 島鍊사슬 Island Chain'을 설정했다. 해양방위 경계선을 만들고 전 세계를 작전권 안에 흡수하겠다는 것이다. 다오롄 선은 방어선이자 동시에 중국의 세력권을 표시하는 바다의 만리장성이다. 중국이 설정한 세 개의 다오롄 선은 중국의 입장에서는 방어적 조치일지 모르지만 중국이 아닌 인접국들과 미국이 볼 때 공격적인 포석이다. 1950년 미국 국무장관 애치슨이 발표한 '애치슨 라인'을 역이용한 것이 중국 류화칭의 '다오롄 전략'이다.

중국은 2010년 쿠릴 열도에서 시작해 오키나와-타이완-필리핀-말라카 해협을 아우르는 중국 근해 '제1 다오롄선'의 제해권을 장악했다고 주장한다. 중국은 제1 다오롄선 서쪽의 모든 바다에 대해 미국 전략가들이 'A2/AD – 즉 접근 금지(Anti Access), 지역 거부(Area Denial)'라고 표현하는 전략 개념을 설정했다. 서태평양의 거의 전 지역에 해당하는 제1 다오롄선 이내의 해역을 중국에 적대적인 국가의 선박이나 군함들의 통행이 불편한 곳으로 만들겠다는 것이 중국의 의도다. 중국이 주장하는 제1 다오롄선 해역 중에서도 가장 핵심적인 지역은 한반도 주변해역이다. 2030년까지 오가사와라 제도-괌-사이판-파푸아뉴기니-인도네시아 근해를 연결하는 '제2 다오롄선'으로 확대할 계획이다. (그림 12.2) '제3 다오롄선'은 알류산 열도-하와이-뉴질랜드-남극까지 확장하는 게 목표다. 중국이 건국 100주년 되는 해인 2050년에는 '제3 다오롄선'을 확보하여 그 서쪽 바다를 '중국의 바다'로 만들고 미 해군의 태평양·인도양 지배를 저지한다는 전략이다.

그림 12.2. 중국의 제1 다오롄·제2 다오롄

※ 제1 다오롄선: 일본 오키나와-타이완-필리핀-말라카 해협, 제2 다오롄선: 괌-사이판-파푸아뉴기니

4. 연해주의 그레이트 게임과 《차항출해 借港出海 책략》

중국은 동북 3성인 지린성 吉林省·랴오닝성 遼寧省·헤이룽장성 黑龍江省의 경제성장과 물류효율성을 개선하기 위해 '차항출해 借港出海 전략'

을 추진해왔다. '차항출해'란 항구를 빌려 바다로 나간다는 뜻이다. 과거 러시아가 부동항을 확보하기 위해 극동으로 진출했듯이 중국은 동해를 통해 태평양으로 이르는 것이 오랜 숙원과제이다. 세계 생산 공장이자 수출국으로 성장해온 중국의 20세기까지 항만개발은 서해와 동중국해 연안에 밀집해 있다. 현재 중국은 동북 3성의 물자를 다롄 大連항까지 운반하는 물류체제이다. 중국은 과밀하게 개발된 서해에서 러시아의 블라디보스톡 항과 자루비노 항, 북한의 나진항과 원산항이 위치한 동해로 정책의 시선을 전환하고 있다. 동해의 항구를 이용하여 해운업과 수산업을 중심한 해양산업을 진흥시키고 동해의 지정학 이점을 획득하려는 것이다.

국가나 비즈니스 세계에서 영원한 적도 영원한 친구도 없다고 하지만, 동북 3성 지역에 대해 중국은 러시아와 국경문제에서 적대적 관계였다. 영국의 일방적 승리로 끝난 중국과 영국 간의 아편전쟁(1840년)과 아편전쟁 끝에 맺어진 남경조약(1842년)은 중국이 외국과 맺은 최초의 근대적인 조약이자, 불평등조약이다. 이 조약으로 중국이 오랫동안 유지해오던 '중화사상'은 여지없이 깨졌다. 이후 연해주 국경도 청의 몰락과정에서 열강의 일원인 러시아의 일방적 요구가 관철되는 불평등조약 체결과정을 통해 확립됐다. 19세기는 청나라 중국의 운이 다하는 때였다. 내부 분열과 근대화된 서양 열강의 강공이 겹치면서 중화의 자존심은 계속해서 짓밟혀갔고, 19세기 중반까지만 해도 네르친스크 체제를 이어받으며 침략을 자제했던 러시아도 결국 '중국 나눠먹기'에 뛰어든 것이다. 1898년 1월 16일 프랑스의 일간지 《르 프티 주르날 Le Petit Journal》은 '중국 나눠먹기'에 대한 서구열강들의 관심을 정치풍자로 희화했다.

그림 12.3. '중국-왕들의 케이크' (1898. 1. 16.《Le Petit Journal》)

※ 'China - the cake of kings and... of emperors' 중국 나눠먹기를 위해 열강과 중국 간의 불평등조약을 다룬 프랑스 정치풍자 그림. 왼쪽부터 영국 빅토리아 여왕, 독일 윌리엄 2세, 러시아 니콜라이 2세, 프랑스 혁명 상징 여성상 마리안, 일본 사무라이 등이 중국을 두고 경쟁하고 있다.

러시아는 1857년에 일방적으로 아무르 주와 연해주를 설치하고, 1858년의 아이훈 조약에서는 강압적으로 아무르 주(헤이룽강 이북)를 빼앗고 연해주(우수리 강 이동)는 공동통치지로 만들었다가, 베이징 조약(1860년)에서는 그나마 빼앗아 버렸다. '베이징 조약'에서 연해주를 러시아에 넘겨주면서 동북 3성 가운데 랴오닝성을 제외하고 지린성과 헤이룽장 성은 바다로의 출구가 막힌 채 현재의 중국·러시아 경계로 확정된 것이다. 따라서 중국인들의 의식 속에는 국력이 약한 시기에 이 지역을 러시아에게 뺏겼다는 트라우마가 남아있다. 내몽골까지 포함하면 동북 3성의 중국 인구는 1억 1천만 명에 달한다. 반면 극동연방구의 러시아 인구는 중국의 20분의 1 수준이다. 러시아는 중국과의 협력을 추구하면서도 동북 3성의 거대 인구가 극동 연해주 지역으로 유입되면서 중국의 영향권 안에 편입될 경우 영유권 문제가 제기될 수 있기 때문에 늘 경계해 왔다. 이처럼 러시아 쪽에서는 '중국 위협론'의 뿌리가 깊다. 그러나 사실 역사를 더 거슬러 올라가면 연해주와 동북 3성은 우리 민족인 고구려와 발해가 수백 년 동안 지배했던 지역이다. 그러한 이유로 중국은 역사 지우기의 일환으로 동북공정을 추진한 것으로 해석할 수 있다. 중국으로선 한국과 북한이 통일된 국가가 되는 경우의 '고토회복 위협론'을 배제할 수 없을 것이다.

《두만강지역개발계획 TRADP Tumen River Area Development Programme》은 북한, 중국, 러시아의 접경지대인 두만강 하류지역을 체계적이고 종합적으로 개발하기 위해 유엔개발계획 UNDP 후원하에 지난 1991년부터 시작된 사업이다. 개발지역은 '소 삼각 두만강경제구역' (Tumen River Econoimic Zone, TREZ. 북한의 나진·선봉과 중국의 훈춘, 그리고 러시아의 포시에트로 연결되는 1,000㎞ 의 소 삼각지역)과 '대 삼각 두만강 경제 개발지구'(Tumen River Economic Development Area, TREDA. 북한의 청진, 중국의 옌지(延吉), 러시아의 나홋카를 연결하는 약 5,000㎞의 대삼각 지역) 로 추진돼 왔다. 동북아 국가들은 경제는 공동발전하고 싶으나, 정치적 문제가 장애가 되는 소위 '아시아 역설' 때문에 두만강지역개발계획의 진행속도는 지지부진했다. 최근 중국은 러시아 자루비노 항과 나진항 개발에 관심을 표명하면서 두만강 주변의 항만개발의 중요성이 부상되고 있다. 도로·철도로 러시아 서부지역과 연결되는 물류망과 부동항도 있다. 따라서 극동 지역의 항구들이 보다 활성화된다면 인구 1억 1천만 명의 중국 동북 3성 배후시장이 열린다.

　19세기에서 20세기 초에 걸친 100여 년 동안 영국과 러시아가 중앙아시아 내륙의 주도권을 두고 패권 다툼을 벌였으며, 시인 키플링은 이를 '그레이트 게임 The Great Game'이라 명명했다. 최근 푸틴 러시아 대통령이 새로운 극동 개발전략을 추진하면서 연해주에서는 '21세기 그레이트 게임'이 전개되고 있다. 그레이트 게임의 당사국은 1차적으로 중국과 러시아이지만, 일본과 한국의 관심이 높아지면서 미국도 잠재적 당사국이 될 수 있다. 러시아는 2015년 3월 선도개발구역 그리고 10월에 블라디보스토크 자유항법을 제정하면서 러시아의 경제전략을 유럽중심에서 극동전략으로 비중을 높이기 시작했다. 러시아는 극동지역을 핵심으로 한 《신동방정책》을 공표했다. 러시아 극동 지역의 낙후된 인프라를 개선하여 경제발전 및 지역균형을 이루고, 이를 통해 외국인 투자, 한·중·일의 투자를 유치하려는 것이다. 러시아에게 한반도 문제와 북한 핵 문제는 아킬레스건이지만, 정치외교적인 사안에서는 북한을 그리고 경제적인 사안에서는 한국과 협력을 중시하는 전략적 포지셔닝을 취해왔다. 러시아 극동 지역의 낙후된 인프라를 개선하여 경제발전 및 지역균형을 이루고, 이를 통해 외국인 투자, 한·중·일의 투자를 유치하려는 것이다.

　러시아가 신동방정책을 효율적으로 추진하기 위해서는 중국과의 협력이 가장 중요하다. 그러나 중·러 협력 추진에는 두 가지 장애요인이 존재해 왔다.[8] 첫번 째 장애요인은 중국과 러시아 간의 영토분쟁이다. 중국 동북 3성 옛 만주지역과 러시아 극동 연해주 지역의 경계는 역사적으로 갈등관계가 깊었던 지역이다. 특히 동쪽의 극동 연해주 국경은 아편전쟁 이후 청의 몰락과정에서 열강의 일원이었던 러시아의 일방적 요구가 관철되었다. 현재 러시아 푸틴은 차르, 중국 시진핑은 황제의 반열에서 중·러 간 국경 갈등요인 해소는 쉽지 않다. 두 번째 장애요인은 극동지역은 상대적으로 저임금에 혹독한 기후 그에 반해 전기료 등 공과금과 물가는 러시아에서 가장 높은 편에 속한다. 다른 지역에 비해 삶의 질이 낮아 외국기업들을 유치하기에는 악조건이다. 제조업 기반이 거의 전무하고 양질의 일자리가 없다보니 젊은 층은 타 지역으로 빠져나가며 인구가 감소하는 악순환에 빠져 있다.

역사의 상흔과 갈등에도 불구하고 극동에서의 러·중 관계는 '중국 위협론'에서 '중국 우호론'으로 변화하고 있다. 항구가 없는 중국 동북 2성(지린, 헤이룽장)은 러시아 연해주 항구를 통해 중국 남부로 보내는 이른바 '중외중 中外中 해로' 확보에 강한 관심을 보여 왔다. 동해를 통해 태평양으로 진출하는 '차항출해 借港出海전략'은 중국의 오랜 숙원사업이다. 지린성은 또한 훈춘-나진 선봉지역을 통한 동해 진출을 위해 두만강 철교 및 나진항으로의 접근도로 개보수 사업을 추진 중이다. 프리모리예 1, 2를 통해 연해주 항만을 이용한다면 기존의 1천 500㎞에 이르는 다롄항 大連港까지의 수송로를 250㎞로 대폭 감소시킬 수 있다는 점에서 물류비용을 크게 절감할 수 있다. 과거 이 프로젝트들에 대해 중국과 러시아 간의 입장차이가 있었다. 중국에 비해 항구를 가지고 있는 러시아는 상대적으로 급할 이유도 없었지만, 자국 국경을 중국에 열어준다는 것에 부담을 느껴 의도적으로 이 프로젝트를 장기간 끌어온 측면이 있었다.

그러나 2015년 10월 13일 모스크바에서 열린 '동방경제포럼' 이후 극동지역에서의 중·러 협력은 중국으로부터의 제조업 투자와 중·러 국경지역에서 물류인프라 건설 프로젝트 등에 중국위안화 투자가 적극 투입되는 방향으로 진행되고 있다. 러시아는 유가 하락과 서구의 제제로 경제적 어려움을 겪고 있지만 중국의 자본을 끌어들여 이 연해주 지역을 개발하겠다는 복안이다. 이 프로젝트가 실현되면 중국은 '동해 출구'를 확보한다. 러시아 항을 이용한 중국 해운의 '차항출해 전략'이 추진될 수 있다. 물론 중국은 북한의 나진항을 이용한 '차항출해 전략'과 비교우위를 검토할 것이다. 이 문제는 향후 한반도종단철도 TKR를 중국횡단철도 TCR과 연결 하느냐, 러시아 횡단철도 TSR과 연결하느냐 하는 문제와도 관련된다.

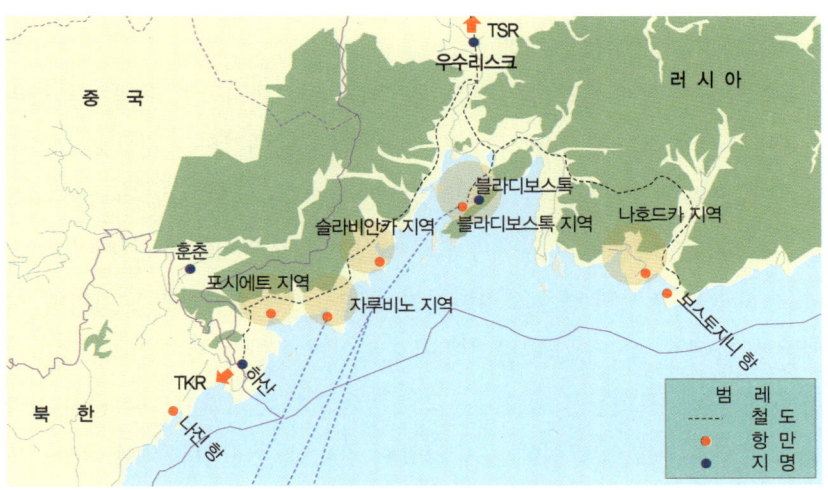

그림 12.4. 러시아 극동항만과 자루비노항 인근 지역

한편 항만이용뿐 아니라 어업권의 확보를 통해 동해로 진출하려는 중국의 '차항출해 전략'의 야심이 점차 드러나고 있다. 2016년 8월 국가정보원은 "올해 북한이 중국으로부터 3000만 달러를 받는 조건으로 서해 NLL 조업권을 팔았다. 평년의 3배에 달하는 1500여 척에 조업권을 준 것"이라고 국회에 보고했다. 달러 확보가 급한 북한이 서해 조업권 3,000만 달러 매각에 이어 동해 조업권 4,500만 달러를 매각해 총수입을 7,500만 달러로 늘렸다.[9] 북한은 2016년 1월 제4차 핵실험 이후 국제사회의 대북 제재

로 '돈줄'이 막히자 서해에 이어 동해 황금 어장을 중국 어선에 열어주는 것이란 분석이다. 유엔 안전보장이사회는 핵문제와 관련 추가 대북제재로 2017년 8월 북한의 해산물 수출을 전면 금지하는 내용의 대북제재 결의를 채택했다. 그해 12월에는 해산물 수출에 어업권 매각도 포함된다는 내용을 추가했다. 유엔 안전보장이사회에서 대북제재 이행 상황을 감시하는 전문가 패널 연차보고서에서는 처음으로 어업권 매각이 북한의 중요한 외화 획득 수단이라는 내용이 명시됐다.

유엔의 대북제재 이전에는 정식 계약서를 작성했지만 이후에는 북한의 수산당국이 중국의 단둥을 직접 방문해 어업권을 매각하는 것으로 알려져 있다. 어업권 매각거래는 중국의 법정통화 인민폐로 이뤄지며 북측이 매각을 제안하는 지역은 북한 원산 부근의 오징어 어장과 서해의 근해어업권이다. 특히 동해 어장의 경우 오징어철인 6~11월에는 척당 5만 달러이며, 서해는 한 달에 한 척당 5,000달러인 것으로 알려져 있다. 북한은 지난 2004년 동해 공동어로협약을 체결해 중국 어선의 조업을 허락했으나, 군사 지역인 NLL 인근은 조업 구역에 넣지 않았던 것으로 알려졌다. 북한 어업권을 산 중국 어선은 북한 인공기를 달고 북한 어선으로 가장해 조업한다. 현재 북한의 동·서해에서 조업하는 중국 어선은 2,500여 척에 달한다.[10] 북한에서 조업권을 산 중국 어선들이 NLL을 남북으로 넘나들 경우, 우리 해군·해경 및 어민들과 마찰을 빚을 가능성도 커질 전망이다. 나아가 중국 어선들의 조업은 동해상 일본의 EEZ에 있는 대화퇴어장 주변에서도 이루어지고 있어 중국의 동해를 통한 '차항출해' 문제는 일본과도 분쟁의 소지를 일으킬 것으로 보인다.[11] 그렇게 되면 동해는 더 이상 남·북한, 일본과 러시아의 4개국만이 곤할하는 바다환경이 아닐 수 있다.

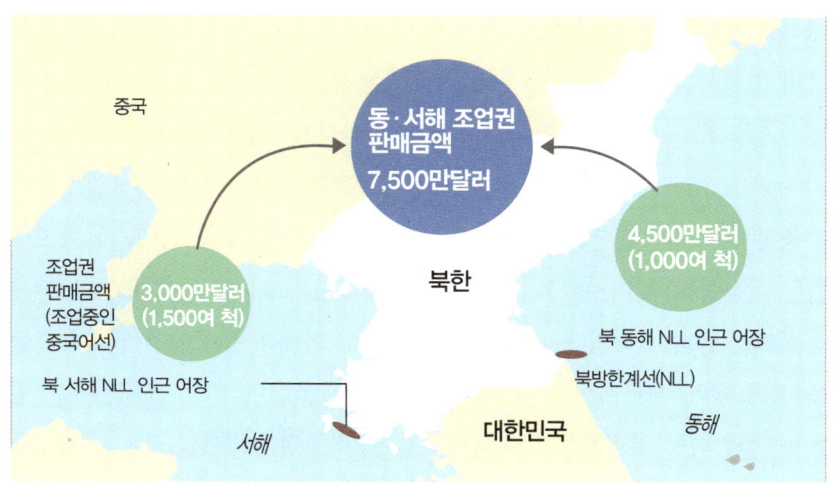

그림 12.5. 북한 동·서해 조업권 중국에 판매

5. 시진핑의 《일대일로 一帶一路 책략》

　　15세기 대항해시대 이전 동서양을 이어주던 교역로는 세 가지다. 첫째는 중앙아시아의 실크로드, 둘째는 아라비아 반도와 인도양, 스리랑카, 중국 남부를 이어주던 남쪽의 바닷길, 셋째는 북쪽의 대초원길이 있었다. 바닷길은 15세기 이후 유럽 열강들의 각축장이었기에 세계가 주목해왔다. 중앙아시아의 실크로드가 크게 주목을 받게 된 데에는 19세기 중반 이후 그 무대가 서구 열강의 각축장이었던 중앙아시아라는 사실이 한몫 했다. 러시아와 서방 각국은 자신의 식민지를 넓히기 위하여 혈안이 돼 있었고, 당시 전인미답의 거대한 땅인 중앙아시아에 눈독을 들였다. 인도에서 라다크 지방을 거쳐 티베트와 중앙아시아에 진출하려는 영국과 시베리아에서 중앙아시아를 거쳐 남쪽으로 영토를 확장해가는 러시아는 19세기 내내 서로 경쟁하며 대립했다. 앞서 언급했듯이 19세기에서 20세기 초에 걸친 100여 년 동안 영국과 러시아의 중앙아시아 내륙의 패권 다툼을 시인 키플링은 '그레이트 게임 The Great Game'이라 명명했다. 당시 영국은 러시아가 인도까지 진출할 것이라고 판단, 인도로 넘어오는 길목인 아프가니스탄을 세 차례나 침공해 점령하며, 러시아의 진출을 막으려 하였다. 러시아는 남쪽 부동항을 찾으려는 남하 정책의 거점을 마련하기 위해 현재의 중앙아시아 내륙국들을 점령, 당시 페르시아로 진출하며 영국과 충돌했다. 이후 그레이트 게임은 중국과 극동 지역으로까지 확대되었고, 러일전쟁에서 러시아가 패배함에 따라 막을 내렸다.

실크로드라는 말을 처음 사용한 사람은 독일의 지리학자 페르디난드 폰 리히트호펜(1833~1905)이었다. 19세기 유럽인으로는 드물게 중국과 중앙아시아 일대의 고대 무역로를 탐사했던 그의 책《시나 China, 1877》에서 '동방교역을 통해 유럽에 전해졌던 도자기나 비단 등의 중국산 재화에 주목해 중앙아시아를 가로지르는 고대 교역로'를 '자이덴슈트라센 Seidenstrassen', 즉 '비단의 길 Silk Road'이라고 불렀다. 이것이 실크로드로 영역되어 널리 쓰이기 시작하면서 오늘날 고유명사 '비단길'이 된 것이다. 기원 전 수세기부터 카라반에 의한 교역이 있었지만, 중국의 실크로드 개척의 역사는 한나라 무제 때의 장건에서 비롯된다. 실크로드 개척에는 수많은 어려움이 있었지만, 고구려 유민 고선지 장군의 당나라군과 아바스 왕조와의 탈라스 전투(751년)는 종이제지기술이 서양으로 전파된 계기였다. 화약, 나침반도 실크로드를 통해 전파되었다. 화약은 중세 이후 전쟁 양상을 바꿨고, 나침반은 15세기 대항해시대를 여는 원동력이 되었다.[12] 중국의 해상 실크로드의 전성기였던 명나라 초기의 정화 대원정 항로는 중국 고대의 최대 선단, 최대 인원, 최장 시간을 들여 개척한 것으로 알려져 있다.

시진핑 국가주석은 '중국꿈 中國夢'을 표방하고 있다. 시진핑 사상인 '치국이정 治國理政'의 핵심이 '중국몽'이고, '중국몽'의 구체적 전략은 '일대일로 책략'이다. 시진핑의 '일대일로 책략'을 살펴보기 전에 이를 기획한 책사를 알아볼 필요가 있다. 20세기를 미국의 세기로 만든 미국의 시어도어 루스벨트(TR) 대통령과 그의 책사 마한처럼 21세기를 중국의 세기로 만들려는 최고지도자 시진핑 국가주석과 그의 책사는 왕후닝 王滬寧 Wang Huning이라는 설이 강하다.[13] 왕후닝은 20세기 후반부터 세 명 국가주석의 책사로서 주목되는 인물이다. 1955년생인 왕후닝은 상하이 소재 명문대인 푸단 復旦대학 국제정치학 교수였다. 장쩌민에 의해 1995년 중앙정책연구실 정치팀장으로 발탁되면서 상하이방(上海幇 · 상하이 출신 세력)의 일원으로 활약했다. 특히 1998년에는 중앙정책연구실 부주임이 되어 장쩌민의 지도사상인 '3개 대표론'의 이론적 토대를 구축하는 데 기여했다. 후진타오 역시 왕후닝을 중용했으며, 그의 지도사상인 '과학적 발전관'을 만들었다. 시주석의 일대일로 프로젝트도 왕후닝의 책략이다. 그러다보니 일대일로를 비롯한 시진핑의 국가전략과 사상은 이전 지도자들의 통치 철학과 이념의 연장선에서 정리됐고 또 진화 중이다. 그 핵심 연결고리가 왕후닝이기 때문이다.

'치국이정 治國理政'은 시진핑의 통치 철학과 사상, 이념, 그리고 각종 정책을 정리한 이론적 체계이며, 다섯 개의 키워드로 정리할 수 있다.[14] 첫째, 중국의 꿈 中國夢인 '중화부흥'은 시진핑 사상의 비전이자 최종 목표다. 19세기 말 '아시아 병자'로 불리던 치욕을 떨치고 '강한성당 强漢盛唐'(강력한 군사력의 한나라와 문화가 융성한 당나라)으로 부활하겠다는 결의다. 둘째, 두 개의 100년 兩個一百年의 중화부흥 시간표를 설정했다. 소위 백년의 마라톤계획이다. 중국 공산당 창당(1921년) 100주년이 되는 2021년까지 전 국민의 의식주가 해결되는 '샤오캉 小康사회'를 만들고, 신 중국 수립(1949년) 100주년이 되는 2049년까지 부강하고 민주·문명적이며 각 부문이 조화를 이룬 '사회주의 선진 현대국가'를 건설하겠다는 것이다. 셋째, 행정개혁의 '삼엄삼실 三嚴三實'이다. 중화부흥 실현을 추진할 공직자들의 업무혁신 지침이자, 인재와 탁월한 지도자 양성 전략이다. 넷째, '네 개 부문 전면 四個全面개혁과 실행'이다. 중화부흥을 위한 구체적 방법론이다. 다섯째, '오위일체 五位一體'이다. 모든 정책의 결과가 오위일체를 이뤄야 하며, 이른바 균형발전론이다. 중국 꿈 中國夢의 치국철학은 '폐쇄적인 만리장성전략'에서 벗어나 '개방적인 세계의 모든 길은 베이징으로 전략' 전환으로 중화민족의 위대한 부흥을 이루자는 것이다. 시진핑에 의한 중국의 영광재현은 Two Track 전략이다. 해상 실크로드와 육상 실크로드를 구축하여 아시아 대륙의 동쪽과 유럽의 서쪽 끝을 연결하려는 것이다.

《일대일로 One Belt One Road 구상》은 중국의 시진핑 국가주석이 2013년 9월 7일 카자흐스탄의 한 대학에서 새로운 협력 모델로 '실크로드 경제벨트'를 처음 언급하면서 시작됐다. 시 주석은 한 달 후 인도네시아 국회에서 아세안 국가와의 해상 협력을 위한 '21세기 해상 실크로드' 구상도 밝혔다. 일대일로에는 자본금 1,000억 달러 규모로 새로 출범하는 '아시아 인프라 투자은행 Asia Infra Investment Bank, AIIB'이 집중적으로 자금을 지원하겠다는 복안이다. 중국은 이와 별도로 400억 달러에 달하는 '실크로드 기금'을 조성했다. 또 50억 달러 규모의 '해상 실크로드 은행' 설립도 추진하고 있다. 이처럼 '일대일로' 사업은 향후 2049년까지 향후 25년 동안 15조 달러 이상의 자금을 투입한다는 계획이다. 4반세기에 걸친 초대형 장기사업이다. 시진핑의 일대일로 구상에서 강대국에 의한 육상 실크로드의 원조는 몽골 황제 칭기즈 칸의 실크로드라고 할 수 있다. 칭기즈 칸은 실크로드를 지배해 세계제국으로서 몽골 제국(1206~1368년)을 만들어갔다. 중앙아시아의 오아시스 도시인 사마르칸트(오늘날 우즈베키스탄의 도시)를 포함, 아프가니스탄, 카자흐스탄을 포함한 중동지역, 동유럽과, 동남아시아를 점령했는데 총면적이 약 3,300만 ㎢에 이르렀다.

몽골 제국이 실크로드를 관리하기 위해 추진했던 주요정책은 오늘날에도 참고할 수 있는 정책들이 많다.[15] 일례로 상인들이 국경을 통과할 때마다 냈던 통행세와 관세를 대폭 개선하였다. 몽골은 상품의 최종판매자에게서만 상품가격의 30분의 1인 약 3%에 해당하는 저렴한 판매세를 물리는 세금체제로 바꾸면서 통행세와 관세를 폐지했다. 또한 세금징수는 만국공통의 가치를 지닌 은으로 정해 세금체계를 표준화시켰다. 몽골의 은 본위 체제가 구축되고, 은을 기반한 글로벌 투자경제, 신용거래가 활발히 이뤄졌다. 몽골은 실크로드를 따라 숙박업소와 위병소를 두는 역참제로 상인들의 안전을 보장했다. 각종 정보는 역마다 릴레이 방식으로 신속한 몽골기마대가 처리해주었다. 그러나 14세기 중반부터 몽골 제국의 국력이 약화되면서, 유라시아 중부의 요충지인 사마르칸트 등은 14세기에 티무르 제국에 의해 통합됐고, 육상 실크로드 무역이 명맥을 유지했지만, 16세기 대항해시대가 되면서 육상 실크로드는 빠르게 쇠퇴했다. 14세기 후반 중국은 원나라를 몰아내고 1368년 주원장의 명나라가 세워졌으며, 명나라는 해상무역을 금지하는 '해금정책'으로 쇄국정책을 펼치면서 민간인들의 외국과 상거래 행위도 금지시켰다.

중국의 최고결정기구인 공산당 상무위원회는 2015년 3월 28일 국가발전개혁위원회가 마련한 '일대일로 책략'의 액션플랜으로 《실크로드 경제벨트 및 21세기 해상 실크로드 공동건설 추진의 비전과 행동》을 승인했다. 일대일로 책략의 5대 중점정책은 '5개의 통 通'과 '호연호통'으로 설명된다. '5개의 통'은 ▲정책 소통 ▲인프라 연통 ▲무역 창통 ▲자금 융통 ▲민심 상통'으로 구성된다. 또한 '호연호통 互聯互通'은 ▲하드웨어 연통 ▲소프트웨어 연통 ▲인적왕래 ▲금융지원으로 구성된다. 이 액션플랜에 따르면 '일대일로' 프로젝트는 육상의 실크로드 경제지대와 21세기 해상 실크로드 등 양대 축을 도로와 항로로 연결하면서 인근 일대를 총체적으로 개발하는 것으로 되어있다. 아시아와 유럽 그리고 아프리카 대륙과 그 주변 해역을 모두 아우르는 인류역사상 가장 스케일 큰 프로젝트이다.

일대일로의 공간적 범위는 아시아에서 아프리카 및 유럽까지 이어진다. 빠른 성장과정에 있는 동아시아경제권과 선진화된 유럽경제권을 잇고, 그 중간에 경제성장 잠재력이 높은 국가들이 포함된다. 실크로드 경제벨트인 '일대'의 주요노선은 육상에서는 3개 노선으로 하나는 고대 실크로드를 따라 중국-중앙아시아-러시아-유럽 대륙까지 연결하는 노선, 두 번째는 중국-중앙아시아-서아시아-페르시아 및 지중해를 연결하는 노선, 세 번째는 중국-동남아시아-남아시아-인도양을 잇는 노선이다. 또 해상 실크로드인 '일로'는 두 개 노선으로 하나는 중국 연해-남중국해-인도양-유럽을 연결하는 노선이고, 또 다른 하나는 중국연해-남중국해-남태평양을 잇는 노선이다.[16] 그 중 육상 실크로드 건설의 중심으로는 신장 新疆이, 해상 실크로드 중심으로는 푸젠 福建이 각각 선정됐다.

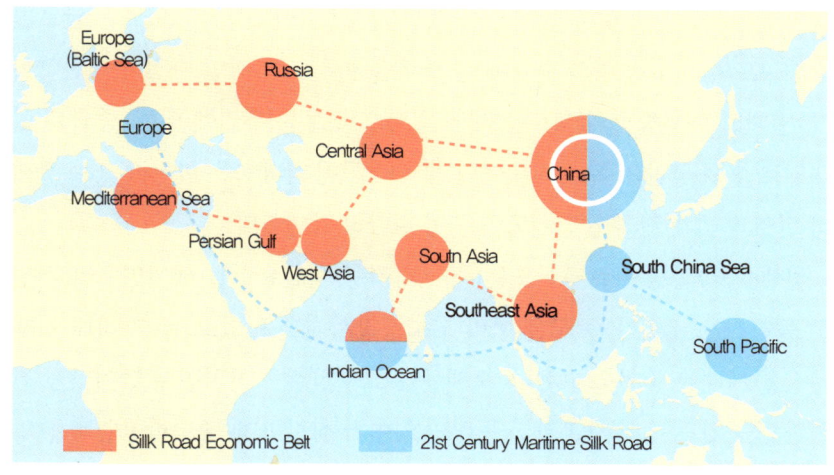

그림 12.6. 중국의 세 대륙을 잇는 일대일로 책략의 공간범위

    중국의 《일대일로 책략》 추진이유와 핵심내용을 중국 전문가들의 분석을 중심으로 요약해보기로 한다.[17]

    첫째, 시진핑의 《일대일로 책략》은 육상 실크로드는 몽골 제국의 세계제패를, 해로는 정화의 대탐험 정신을 접목시킨 것이다. '일대'는 중앙아시아를 관통하는 고속도로와 철도 연결망을 포함하며, '일로'는 아시아와 유럽을 잇는 해로와 항만을 의미한다. 중국 중심의 육상도로와 해로를 만들어 '세계를 중국으로, 중국을 세계로' 연결되도록 하려는 것이다. 과거 로마제국이 '모든 길은 로마로'를 표방한 것과 유사한 취지이다.

    둘째, 중국의 새로운 마셜 플랜이자 거대한 전략적 시도이다. 중국 일대일로 사업의 경제적 가치는 1조 4천억 달러에 달해 전 세계 미칠 영향력(64개 국가, 44억 명 인구, 전 세계 경제 40% 커버)이 과거 마셜 플랜의 12배이며, 유럽연합(EU) 확대 계획을 훨씬 뛰어넘을 것으로 추정된다. 중국의 국가 간 교역 확대 및 위안화의 국제화를 도모하며, 장기적으로는 글로벌 경제구도와 정치적 힘의 균형에 큰 영향을 미칠 전형적인 지정학적 전략이다. 일대일로를 중국의 새로운 패권 전략으로 보는 우려에 대해, 중국은 일대일로가 '중국만의 독주곡이 아닌 세계 각국이 함께하는 합창곡'으로 경제적 번영과 세계 평화 발전에도 도움이 된다고 강변한다.

셋째, 공급과잉으로 남아도는 중국의 각종 생산요소를 해외인프라 건설로 돌리려는 것이다. 중국은 이미 고도성장시대를 넘었고, 두 자리대 경제성장률 시대는 종언을 고했다. 오랫동안 고도성장을 거치면서 늘어났던 건설과 중공업 등에서 자본과 노동력의 잉여가 심각하며, 중화학공업과 산업화에 따른 자원부족의 돌파구를 일대일로에서 찾으려는 것이다.

넷째, 금융대국을 향한 금융굴기이다. 인프라 사업은 그 규모가 방대하여 금융시스템을 활용해야 하는 과정에서 중국의 금융영향력을 높이겠다는 구상이다. 전문가들은 일대일로 사업은 '21세기 중국판 마셜 플랜'이 될 것이라고 전망하고 있다. 오늘날 달러통화를 기본으로 한 세계금융의 구도는 2차 대전이 끝날 즈음 마셜 플랜과 함께 미국이 주도해 만들었다. 마셜 플랜으로 미국 달러화가 세계 기축통화가 되었듯이 중국의 일대일로 정책은 중국 위안화를 세계 기축통화로 만들려는 전략이라고 할 수 있다. 미국은 그 때 만든 국제통화기금과 세계은행 시스템을 통해 글로벌 금융을 장악해 왔다. 중국의 대규모 외환 자산을 수익 낮은 미국 국채에서 고수익 인프라 투자로 조정하는 것은 당연하다. 그로 인해 중국 상품을 팔 시장이 창출된다. 중국으로서는 새로운 대안이 필요하며, 그것이 바로 『아시아 인프라 투자은행 AIIB』이다.

다섯째, 국제사회에서 중국의 영향력을 높이려는 것이다. 중국이 넘치는 자금으로 빈국을 지원하고 무역을 증진할 인프라를 창출하여 사실상 세계

공공재를 제공하려는 것이다. 항만, 도로, 임해공단 건설 등 거대한 공공재 인프라 공사를 추진하면 전 세계는 중국시장을 주목하지 않을 수 없다. 동기가 순수하지 않지만, 인프라 공사 발주나 협력공사를 통해 중국의 편으로 끌어들이자는 것이다. 특히 아시아 지역과 지중해에서 확실한 패권을 장악할 기회로 삼겠다는 의도이다.

여섯째, 시진핑의 '일대일로 책략'의 원형 prototype은 바둑전략과 유사하다. 영국이 세계 전략 요충지를 확보하여 세계경영을 했듯이 중국도 세계전략 요충지를 확보하면서 세계경영을 꿈꾸고 있다. '사귀생 통어복 通 魚腹이면 필승, 즉 네 귀를 확보하고 각 귀가 중앙을 통과해 이어지면 반드시 이긴다'는 바둑의 격언이다. '점에서 선'으로, '선에서 다시 면'으로 가려는 중국의 세계경영전략이다. 중국 바둑의 국수이자 한때 세계바둑의 최강자였던 네웨이핑 攝衛平 9단(1952년생)은 흥미롭게도 동년배인 시진핑(1953년생)의 친구이며, 시진핑은 "바둑을 두며 치국 治國의 도리를 배웠다."고 술회했다.[18] 미국의 오바마대통령 때부터 추진된 '아시아 회귀 Pivot to Asia 전략'에 맞서 펼치는 '일대일로 책략'은 바둑격언처럼 '상대방 손 따라 두지 않는 방법'을 취하고 있다. 상대가 던지는 수에 끌려 다니는 바둑은 곧 패배를 의미한다. 미국이 아시아에 집중한다면 중국은 아시아에서 슬쩍 손을 빼 세계를 상대로 나아가겠다는 계산이다. 《위기십결》의 '피강자보 彼强自保 (상대가 강하면 나부터 돌보라)' 전략이다. 미국이 태평양과 인도양에서 중국을 포위한다면 중국은 중앙아시아를 거쳐 러시아, 유럽으로 이어지는 '실크로드 경제대'와 동남아와 인도를 넘어 아프리카로 뻗는 '21세기 해상 실크로드' 건설을 통해 보다 넓은 지구촌 차원에서 미국을 포위하려는 전략이다. 중국어로 바둑은 '웨이치 圍棋'다. 돌 棋을 포위하는 圍 게임이다. 한 판의 바둑게임은 크게 포석, 중반전, 끝내기의 3단계 과정을 거친다. 고수일

수록 포석단계에 시간을 많이 쓴다. 바둑의 또 다른 특징 중 하나는 지구전 게임이다. 네웨이핑의 기풍은 두텁고 중후하다. 중국은 늘 시간에서 유리하다고 생각하는 '만만디 외교전략'을 구사하는 경향이 있다. 시진핑의 책사는 왕후닝 王滬寧에 더하여 네웨이핑 攝衛平일 수도 있으며, 시진핑의 '일대일로 책략'을 제대로 이해하려면 바둑전략을 검토할 필요가 있겠다.

바둑의 전략과 관련한 《위기십결 圍棋十訣》은 전쟁이나, 비즈니스 또는 처세술에서 많이 응용될 수 있어 소개하기로 한다. ① 부득탐승 不得貪勝 – 이기려면 이기기를 탐하지 마라, ② 입계의완 入界宜緩 – 경계에 들어갈 때는 완만하게 하라, ③ 공피고아 攻彼顧我 – 공격하기 전에 나부터 돌보라, ④ 기자쟁선 棄子爭先 – 돌을 버리더라도 선수를 취하라, ⑤ 사소취대 捨小就大 – 작은 것은 버리고 큰 것을 취하라, ⑥ 봉위수기 逢危須棄 – 위험에 처하면 모름지기 버려라, ⑦ 신물경속 愼勿輕速 – 경솔하지 말고 신중히 행동하라, ⑧ 동수상응 動須相應 – 상대가 움직이면 같이 움직여라, ⑨ 피강자보 彼强自保 – 상대가 강하면 나부터 돌보라, ⑩ 세고취화 勢孤取和 – 세력이 약하면 조화를 도모하라.

중국은 '해양실크로드'에 2010년 이후 53조 원을 투자함으로써 해상 장악력을 키우고 있다. 영국 《파이낸셜타임스 FT》의 보도에 따르면 중국은 2010년부터 6년간 중국·홍콩 기업들은 각국 40여 개 항구에 총 456억 달러(약 53조 원)를 투자했다. 2015년 기준 세계 50대 컨테이너 항구 세 곳 중 두 곳에 중국계 자금이 투자된 상태다. 이 중에는 세계 3위 컨테이너 항구인 부산항도 포함돼 있다. 중국계 자금이 투자된 항구에서 처리되는 컨테이너 물동량이 전체에서 차지하는 비중은 2010년 41%에서 2015년 67%로 커졌다.

그림 12.7. 유럽 턱밑까지 진출한 중국의 일대일로 전략

2016년에는 그리스 최대항구인 피레우스 Piraeus(그리스 발음으로 '피레우푸스'로도 표기함)항의 지분 67%(약 3억 7천만 유로)가 중국 원양해운 COSCO에 넘어갔다.[19] 《이코노미스트 The Economoist》는 2017년 12월 '중국의 '샤프 파워'에 대한 대책'이라는 제목의 분석 기사로 중국의 서구 민주

주의 국가에 대한 구체적인 사례를 소개했다.* 서방 국가들은 중국이 미국에 이어 차세대 패권국가로 부상할 것을 전망하면서 중국이 경제 이익을 국제 규범보다 우위에 두는 문제를 짚었다. 이코노미스트는 그 실제 사례로 그리스가 EU의 중국 인권 결의안에 대해서 거부권을 행사한 대가로, 중국이 그리스의 항만인 피레우스에 막대한 투자를 한 사례를 들었다.

중국의 일대일로는 그리스를 넘어 유럽 심장부로 향하고 있다. 유럽의 지중해 관문인 이탈리아가 문을 열고 있다. '모든 길은 로마로'라고 큰소리 쳤던 '팍스 로마나 Pax Romana'가 21세기에 잠재적인 '팍스 시니카 Pax Cinica'에게 길을 연 셈이다. 시진핑 중국 국가주석은 2019년 3월 23일 주세페 콘테 이탈리아 총리와 회담을 갖고 G7국가로는 처음으로 일대일로에 관한 MOU를 체결했다.[20] 이 양해각서는 특히 일대일로와 관련하여 중국은 이탈리아가 제공하는 제노바 등 4개 항만에 투자할 것으로 보인다. 2008년 글로벌 경제위기 이후 돌파구가 없었던 이탈리아로서는 중국을 활용해 경기를 부양하겠다는 계산이 맞아떨어진 것이다. 그러나 이번 이탈리아의 항구 개방은 국제 사회의 비판을 이유로 밀라노에 위치한 라스칼라 오페라 극장에 대한 사우디아라비아의 투자를 거절한 기존 입장과 대비된다. 미국과 EU는 이탈리아가 중국에 항구를 제공하는 경우, 이탈리아가 '트로이 목마'가 될 수 있다며 경계하고 있다. 중국의 투자를 받은 항구들을 살펴보면 물동량이 적어도 군사전략적으로 중요한 지역이다. 아프리카 중서부에 위치한 국가인 상투메프린시페, 동아프리카에 위치한 지부티, 그리고 세계 전략적 요충지인 파나마·지브롤터·순다·말라카·호르무즈 해협 등이 그렇다. 중국

---

* 샤프 파워 Sharp Power는 군사력이나 경제력 같은 '하드 파워'나 문화적 힘인 '소프트 파워'와 달리 비밀스럽게 영향력을 행사하는 방식이다. 소프트 파워가 상대를 설득해 자발적으로 따르도록 하는 것인 반면 샤프 파워는 막대한 음성자금이나 경제적 영향력, 유인, 매수, 강압 등 탈법적 수법까지 동원해 상대로 하여금 강제로 따르도록 하는 힘이다.

이 상업적인 목적이라며 경제협력 등으로 항구에 투자한 뒤 이를 군사적인 용도로 동시에 활용하는 사례가 많다. 파키스탄 과다르에서 한 것과 비슷한 식으로 지부티를 중국 해군기지로 만들었고, 그리스 피레우스도 같은 일이 벌어졌다. 중국은 세계 주요 곳의 항만투자가 상업적 목적이라하고 있지만 실제 목적은 군사적 목적으로 쓰일 수 있다고 전문가들은 분석했다.[21]

시진핑의 '중화부흥 구상'과 '일대일로 책략'은 과거 중국이 자신을 천하의 중심에 놓고 주변국을 다뤘던 '중화 中華주의' 부활에 다름 아니다. 요즘 중국 지도자들은 기회 있을 때마다 국가 프로젝트인 '일대일로' 전략과 연관된 슬로건 '승승 win-win 협력'과 '공동발전 共同發展'이란 말을 꺼낸다. 경제적 지원을 앞세워 중국이 협력하자고 손을 내밀지만, 당사국들은 오히려 '중국위협'을 경계하고 있다. '중국 역설 China Paradox'이다.[22] 성균관대 이희옥 교수는 중국위협은 '패권의도'와 '경제·군사적 파워', 그리고 '당사국들의 인식' 등 세 요소로 구성됐다고 주장한다. 수학적으로 표현하자면 '중국위협 = (의도X파워)+인식'이다. 경제대국으로 급부상한 중국은 패권의도가 없다고 누차 강조하지만, 주변국에게 중국은 아직도 '말과 행동이 다른 위험한 나라'라는 인식이 크다. 사드문제에서 한국에 대한 중국의 강경한 태도는 그 대표적 사례다. 이탈리아가 중국 자본에 주요 항구를 개방하기로 함에 따라 중국의 유럽 항구 장악에 가속도가 붙을 전망이다. 중국 원양해운 COSCO는 2016년 그리스 최대 항구인 피레우스 항의 최대주주가 되었고, 이어 네덜란드 로테르담에 있는 컨테이너 터미널 운영회사인 유로맥스의 지분 35%를 인수한 바 있다. 벨기에 앤트워프 항의 지분 20%도 중국 기업에 넘어갔다. 중국은 독일 함부르크 항에도 터미널을 건설하는 계획을 추진 중이다. 결국 중국은 《일대일로 책략》의 유럽 쪽 최종목표인 독일 뒤스부르크 항으로 착실하게 접근하고 있다.

제13장
섬나라 일본의 줄기찬 해양강국전략

1. 사카모토 료마의 《선중팔책 船中八策》
2. 해양영토 극대화 위한 《특정 유인 국경낙도 책략》
3. 난세이 제도의 전략적 가치와 센카쿠 섬 분쟁
4. 일본 조선업의 성공과 쇠락

'조선은 왜 망했는가?'에 대한 답은
'일본이 왜 흥했는가?'를 보면 알 수 있다.
메이지 유신과 사카모토 료마의
선중책략은 중요한 연구과제이다.

제13장 섬나라 일본의 줄기찬 해양강국전략

1. 사카모토 료마의 《선중팔책 船中八策》

사마모토 료마(이하 '료마'로 표기) 坂本龍馬(1836~1867)는 일본에서 '메이지 유신의 초석을 닦은 전설적 검객이자 근대 일본의 길을 연 국민적 영웅'으로 평가 받는다. 그는 막부시대 말 격변의 시기 몇 년 간의 활동을 통해 《선중팔책》, 《해원대 규약》, 《신정부강령팔책》 등 일본 역사에 지워질 수 없는 발자취를 남겼다. 동북아 한·중·일 3개국 중 일본이 가장 먼저 개화를 했고, 한 세대 정도 앞선 개화의 차이로 그 후 동북아에서 군사력과 경제력에서 헤게모니를 잡았다. 1854년 페리의 구로후네 黑船에 의해 강제로 개국한 일본이 불과 20년 후 동일한 방법으로 조선을 개국시킨 것은 놀라운 일이다.

'조선은 왜 망했는가?'에 대한 답은 '일본이 왜 흥했는가?'를 보면 알 수 있다. 그런 점에서 메이지 유신과 사카모토 료마의 책략은 중요한 연구과제이다. 일본은 1850~1913년 기간에 서양문명 개방을 둘러싸고 개화를 해야 한다는 진보와 쇄국을 해야 한다는 보수가 치열하게 투쟁했다. 존왕양이론 尊王攘夷論 ('존왕양이'는 왕을 높이고, 오랑캐를 배척한다는 뜻)을 지지하던 사카모토 료마는 서구의 발달된 문명을 접하고 개화의 필요성을 느껴 대정봉환론 大政奉還論('대정봉환'은 막부의 권력을 평화적으로 천황에게 되돌려준다는 뜻)으로 정치관을 바꿨고, 격변기 일본의 개혁구상을《선중팔책 船中八策》에 담은 책략가였다. 료마가 작성한《선중팔책》과『해원대 규약』은 근대 일본이 근대화로 가는 과정에서 교범역할을 했다. 료마는 "장검에서 단검으로, 단검에서 소총으로, 소총에서 만국공법으로"처럼 자신의 능력을 높였고, 개화되고 선진화된 인재들로부터 학습을 통해 경륜을 높이면서 대변환기 일본의 근대화 과정에서 때로는 지략가로, 때로는 지도자로 활동했다. 료마는 불과 33세의 짧은 삶을 살았지만 료마와 일본의 변화를 4단계로 구분할 수 있다.[1]

▲제1단계: 료마가 도사현의 하급무사 가문의 아들로 서양문물을 접한 시기. 일본은 미국의 페리 제독이 흑선을 이끌고 일본을 드나들기 시작하는 등 국난을 겪던 시기.

▲제2단계: 료마가 존왕양이의 지사로 활약하던 시기. 일본은 보수파와 과격파로 나뉘어 혈전을 벌이던 시기.

▲제3단계: 료마가 대정봉환으로 정치관을 바꾸고, 해운업과 해군전략을 배우던 시기. 일본은 외국을 무력으로 배척하는 것은 무리라는 것을 인지한 시기.

▲제4단계: 료마는 일본의 새로운 국가체제를 구상하고 그 실현을 위해 정치사상을 완성시킨 시기. 일본은 정치체제에 대한 논란과 함께 통일국가 건설을 지향하던 시기.

메이지 유신을 이끈 4개 번 藩인 사쓰마번 薩摩藩(가고시마현 鹿兒島縣), 조슈번 長州藩(야마구치현 山口縣), 도사번 土佐藩(고치현 高知縣), 히젠번 肥前藩(사가현 佐賀縣)을 흔히 '삿쵸도히 薩長土肥'라 한다. '삿쵸도히'는 메이지 유신시대를 이끈 정관계, 군부, 학계 및 경제계 인물들이 대거 배출된 지역이다. 조슈번에 위치한 '쇼카손주쿠 松下村塾'는 메이지 유신의 정신적 지도자이자 정한론을 주장한 요시다 쇼인 吉田松陰이 다카스키 신사쿠 高杉晋作 등 메이지 유신의 주역을 길러낸 곳이다. 아베 신조 安倍晋三 일본 총리의 태생적 뿌리이자 정치적 지역구는 조슈번(야마구치현)이다. 총리의 이름 '신 晋'은 쇼카손주쿠의 4대 천황인 다카스키 신사쿠 高杉晋作의 이름에서 따온 것이라 한다. 아베 신조 총리가 제창한 아베노믹스의 '3개의 화살정책'은 ▲대담한 금융정책, ▲기동적 재정정책, ▲거시적 구조개혁이다. 이 정책은 센고쿠 다이묘였고 조슈번의 번주를 잇게 한 모리 모토나리의 '화살 세 개의 교훈'에서 따온 것으로 알려져 있다.* 조선의 초대통감이자 일본총리가 된 이토 히로부미 伊藤博文, 일본 군국주의의 아버지로 일본 군부를 장악하고 총리를 역임한 야마가타 아리토모 山縣有朋, 데라우치 마사다케 역대 조선총독들이 이곳 출신이었기에 우리가 무관심할 수 없는 지역이다.

료마는 '삿쵸도히'의 하나인 도사번의 부유한 상인 가문 출신이다. 료마는 일본의 전설적 검객인 미야모토 무사시 이후 최고의 검객이었으며, 메이지 유신의 막후조정자 역할을 한 경세가였다. 료마에게 근대 서양 사상과 지식을 전파함으로써 일본 개화의 첫 단초를 제공한 지식인은 가와다 쇼료 河田小龍였다. 가와다 쇼로는 미국에 체류했다 귀국한 존 만지로를 조사하면서 세계관을 바꾸게 됐다. 존 만지로(본래 일본 이름은 '나카하마 만지로' 中浜萬次郎)는 1841년 배를 타고 조업을 나갔다 풍랑으로 조난당해 무인도에 표착했고, 미국 포경선에 구조되어 미국에서 10년간 체류하다 1851년 귀국하면서 일본 당국에 조사를 받게 됐다. 가와다는 존 만지로를 조사하는

---

* 모리 번주는 화살 3개가 함께 단결하면 부러지지 않는다며 세 자녀에게 단결을 강조했다.

과정에서 철도, 증기선, 선거 제도 등 미국의 발전상을 전해 듣고 당시 국제정세와 일본의 쇄국 현실에 대해 '지피지기'하게 됐다. 가와다는 조사과정에서 알아낸 정보와 지식을 정리한 책인《표선기략 漂巽紀畧》을 도사 번 번주에게 헌상했다.

'메이지 유신 明治維新'(메이지 연호의 시작은 1868년)은 선진자본주의 열강이 제국주의로 이행하기 전야인 19세기 중반의 시점이자, 일본 자본주의 형성의 기점이 된 시기로 1853년에서 1877년 전후이다. 1853년 7월 8일 미국의 동인도함대 사령관 매슈 페리 Matthew Calbraith Perry 제독은 흑선 黑船(구로후네) 4척을 이끌고 에도 앞바다인 우라가 만 浦賀灣에 나타났다. 페리 제독은 증기선을 주력으로 하는 미국 해군의 강화책을 진행함과 동시에 사관교육을 맡았고, 미국 '증기선 해군의 아버지'로 칭송받은 문무를 겸비한 제독이었다. 일본에 처음 개화와 개방을 요구한 나라가 미국이었고, 정치제도와 군대조직, 상업과 산업을 유럽의 해양세력으로부터 직접 배울 수 있었던 것도 중국 청나라나 조선에 비해 행운이었다. 페리 제독은 미국 제13대 필모어 Millard Fillmore 대통령의 '개국요구 국서'를 내밀며, 일본 막부에 개방과 통상수교를 요구하였고, 1854년 3월 31일 무리한 통상조항이 없는『미·일 화친조약』을 맺었다.

당시 이런 사태를 맞아 어떻게 대응해야 좋을지 혼란스러웠던 많은 젊은이들이 가와다에게 자문을 구하러 왔다. 그 가운데 한 사람이 바로 일본 근대화의 토대를 마련한 사카모토 료마였다. 가와다는 존 만지로에게 들었던 미국의 발전상 그리고 서양에 관한 정보를 바탕으로 개방과 근대화 추진의 필요성을 설파했다. 구로후네를 보고 료마는 바다를 정복하는 사람들이 세상을 지배할 것이라는 생각을 갖게 되었다. 외국 배를 구입하고 사람을 모으고 배에 드는 비용을 조달함과 동시에 항해 기술을 터득하라는 가와다의 구체적 사업방안은 훗날 료마가 해운업에 뛰어드는 계기가 되었다. 1853년 흑선 페리호의 내항으로 일본은 미국에 의해 원치 않는 개항을 한 직후만 해도 일본은 존왕양이파들이 득세했다. 그때 료마는 에도의 다케치 즈이잔과 같은 '존왕양이론자 尊王攘夷論者'들과 사귀었다.

그러던 중 1862년 료마는 개화파인 가쓰 가이슈 勝海舟를 살해하러 갔다가 오히려 가이슈의 명쾌한 개화 필요성 주장에 감명을 받고 정치관을 바꾸게 됐다. 가쓰 가이슈는 료마에게 "지금 가장 중요한 문제는 부족한 점을 보완하고, 우수한 점을 외국으로부터 도입하여 국가의 부를 증대시켜야한다."는 논리로 설득했다. 료마는 가와다 쇼료에게 이미 미국과 개화의 필요성을 들었던 터라 가이슈로부터 개화사상을 듣자 '존왕양이'에서 '대정봉환'으로 정치관을 전환했다. 폭력적인 '존왕양이' 정신만으로는 서구 열강으로부터 일본을 구할 수 없다는 사실을 깨닫고 보다 합리적 온건파 지사로 변모해갔다.

지도자로서의 료마는 생애에서 중요한 순간마다 다방면에서 우수한 인재들을 만났다. 끊임없는 자신의 변화와 개혁, 강직함과 대담성, 휴머니즘, 겸손함, 실용주의와 같은 료마의 인간적 매력은 성공적 인간관계에 큰 역할을 했다.[2] 료마는 봉건영주의 번 藩이라는 작은 지방정부가 아니라, 일본국의 미래를 준비해야 한다는 보다 큰 국가관을 가지게 되었다. 사실 1853년 페리호의 내항 이전에 이미 일본의 지도층들은 1839년 아편전쟁으로 중국이 영국에게 굴복하면서 동아시아의 변화를 눈치채기 시작했다. 그 거대한 중국이 영국에게 당했다는 것은 조만간 일본이 그렇게 된다는 것을 의미했기에 그 충격은 자못 컸다. 페리호의 출현은 그 충격이 현실로 나타난 계기라고 할 수 있었다. 이 시기 일본 내에서는, "중국에 내린 이슬이 언젠가 일본에게는 서리로 내리지 않겠는가?" 하는 말로 그 우려를 표현했다.

일본의 '사무라이(시侍)'는 무언가를 '모시는' 사람이라는 의미이며, 대체로 그 '모심'의 대상이 주군主君이다. 그런데 실상 사무라이가 모시는 대상은 칼이다. 칼이 곧 주군이자 권력을 의미하기 때문이다. 그러다가 근대 이후 총의 시대가 되면서 칼은 권력을 상실했고, 사무라이의 정신도 다른 모습으로 변모하게 되었다. 따라서 상무정신 尙武精神의 상징이었던 칼은, 물질정신 物質精神의 상징인 총으로 대체되었다. 칼이 주군을 의미했다면, 이제 총은 자본을 의미한다. 메이지 유신 시기까지 일본사회는 분명 칼을 모시는 사무라이들이 주도하는 사회였다. 그러다가 메이지 유신 이후 기존의 사무라이들은 '생존의 이득'을 목적하며 정치적 자본가로서의 변모를 꾀했고, 대부분 근대적 자본가로서 거듭나게 된다. 이것이 일본사회에서 '칼과 사무라이'의 시대가 '총과 자본가'의 시대로 변화하는 양상이었다.[3]

아무튼 그 시점부터 교토에 고립되어 있던 명분만의 지배자 '덴노오 天皇', 실력자 도쿠가와 德川家康 막부의 '쇼군 將軍'과 그에게 봉건적 충성을 약속한 각 번 藩의 우두머리 '다이묘 大名'들로 구성된 구질서는 무너지고 있었다. 막부 체제가 붕괴되면서 막부 체제에 대한 도전과 왕정복고를 기반으로 한 새로운 국가체계가 세워지는 격동의 역사가 열렸다. 메이지 유신 전후의 일본 지도자들은 당대의 세계사적 변천에 대한 의식을 날카롭게 하면서 어떻게 하면 일본의 식민지화를 피하고, 아시아에서 새로운 중심 국가로 부상할 수 있겠는가 하는 것을 고뇌하였다. 이 목표를 향해서 일본은 외교는 물론 교육과 문화의 개혁방향을 잡아갔다.

료마는 당시 외국인이 많이 모였고 근대화의 정보와 문물이 활발한 나가사키에서 외국인과 접촉하는 기회가 늘어났고 영어와 네덜란드어를 배우기 시작했다. 료마는 곤도 조지로와 함께 사쓰마번 명의로 영국제 증기군함 유니온 선박의 구입에 성공하였고, '가메야마 조합 龜山社中'이 선박의 운항을 맡았다. 료마는 가메야마 조합에서 항해술을 익히며 운수업 등에 종사하고 상사 경영을 기획하였다. 한편 '삿초동맹'에 도사번까지 가세한 '삿·초·도 연합'으로 확대하면서 료마는 도사번의 해원대장 海援隊長으로 임명되었다. 료마가 세계의 바다로 눈을 돌린 계기가 된 것은 동향의 가와다 쇼료와의 만남 때문이었고, 해양에 대한 원대한 꿈을 실현시킬 수 있었던 것은 가쓰 가이슈 勝海舟(1828~1899)덕분이었다.* 짧은 삶이었지만 '료마의 해양책략'은 해운업과 해군교육 등 해양 일선에서 얻은 경륜에서 비롯된 것이다. 료마는 해원대장을 맡기 이전에 가쓰 가이슈가 소장으로 있던 '고베 해군조련소'에서 사감으로 활동했다. 해군조련소는 요즘으로는 해군대학 또는 상선대학이다. 가이슈는 고베 해군조련소를 통해 일본을 '일대공유의 해국', 즉 '막부를 위한 해국이 아니라 일본을 위한 해국'을 구상하였다. 그러나 '고베 해군조련소'는 불과 몇 개월 만에 존왕양이파가 패배하면서 문을 닫았다. 그럼에도 불구하고 료마는 독립하여, '가메야마 조합 龜山社中' 해원대를 출범시켰다.

료마의 정치개혁과 경제개혁의 출발점은 '가메야마 조합 해원대 海援隊(카이엔타이)'로부터 출발했다고 할 수 있다. '해원대'에 응축된 료마의 발상은 일본의 미래변화와 개혁의 발상과 연결되었다. 해원대는 일본 해군과 해운업의 출발이 된 조직으로 나가사키를 무대로 활동하였다. 가메야마 조합 해원대에서 경리와 감사로서 료마의 오른팔 역할을 한 사람은 훗날 미쓰비시 그룹의 창업자인 이와사키 야타로 岩崎彌太郎(암기미태랑)이었다. 이와사키 야타로는 메이지 유신 이후 정경유착을 통해 해운업을 독점해 막대한 부를 축적하여 일본의 3대 재벌 가운데 하나인 미쓰비시 재벌의 기초를

---

* 가쓰 가이슈는 메이지정부의 고급관리. 일본 해군을 근대화하고 해안방어체제를 발전시키는 데 공헌했다. 1868년 무력충돌 없이 천황파가 에도에 입성하는 데 결정적인 공을 세웠다.

닮았다. 료마가 해원대에서 발상한 핵심내용은 ▲막부의 경제 독점권을 해체시켜 각 성에 공평하게 나누어 주는 것 ▲시민들의 상업 활동 인정 ▲상업 활동을 결코 멸시하지 않고 정치행위와 같은 위상으로 제고 ▲과학기술 중시 ▲새로운 수평적 사회 건설 ▲새로운 상업주의 확립 등이다. 료마가 해원대장으로 주도하고 육원대장 陸援隊長 고토 쇼지로가 동조하여 만든 《해원대 규약》은 료마의 해운업과 해상무역을 키우기 위한 기본철학을 담고 있다.[4]

첫째, 탈성자 脫省者로서 해외개척에 뜻을 가진 자는 모두 해원대에 들어올 자격이 있다. 사람을 주체로 생각하며, 입대자격은 성을 탈출해서 자기 자신을 해방시켜 완전히 자유로운 입장에서 해외개척에 뜻을 두는 공통점을 가진 자로 한정했다. 신분에 얽매이지 않고, 수직적 사회에서 수평적 사회로의 이향을 목표하고 있다. 분명한 것은 구 舊일본 사회질서에 반대하고, 구질서에서 탈출하는 용기 있는 청년들의 연대 집합 팀임을 명시하였다.

둘째, 해원대원은 성에 속하지 않고 출정관의 휘하에 속한다.

셋째, 운수이익, 응원 출몰, 바다와 섬의 개척, 전국의 정세를 살피는 등의 일을 한다. 은수이익이 주요사업이지만, 응원출몰은 군사적 행위를 가리키고 있다. 바다와 섬을 개척한다는 것은 새로운 해양영토 확장을 의미한다. 마지막 부분은 정보활동, 첩보활동을 의미한다.

넷째, 해륙 양 부대는 기본적으로 자급자족을 원칙으로 한다. 단, 해원대의 사업 수입이 결여될 경우에는 본 성에서 비용을 제공할 수 있지만 정해진 금액은 없다.

해원대 규약을 현대 용어로 정리하면 다음과 같다. ▲신분제 철폐 ▲수직적 사회에서 수평적 사회로의 변화 ▲학력보다 능력 중시 ▲ 기능별 및 직능별 조직 육성 ▲ 현장에 실권을 이양, 본사는 조정권만 보유 ▲정보 중시.

1867년(게이오 3년) 6월 공표한 료마의 《선중팔책 船中八策》은 새로운 시대에 부응하는 새로운 국가체제의 여덟 가지의 정치 구상을 담고 있다.[5]
① 천하의 정권을 조정에 봉환하고, 새 정령을 조정에서 세워야 한다.
② 상·하 의정국을 설치하고 의원을 두어 만기를 시기에 맞게 공의로 결정해야 한다.
③ 유능한 공경제후와 천하의 인재에 관직을 내리고 종래 유명무실한 관직을 폐지해야 한다.
④ 외국과의 교류를 확대하는 공의를 모으고 새롭고 합당한 규약을 세워야 한다.
⑤ 옛 율령을 폐지하고, 새롭고 무궁한 대전 大典을 제정해야 한다.
⑥ 해군을 확장해야 한다.
⑦ 어친병 御親兵을 설치하여 제도 帝都를 방어하게 한다.
⑧ 금은시세를 외국과 균형을 맞추는 법을 제정해야 한다.

《선중팔책》의 전체적인 목표는 쇼군 도쿠가와 요시노부가 천황가의 조정에 직접 참여해서 실권을 장악하고 번 藩들의 다이묘로 이루어진 대표회의를 구성하여 요시노부가 '번주 의회'를 이끄는 것이었다. 《선중팔책》은 일본의 봉건시대를 종식하고 '메이지 유신 明治維新'을 통한 중앙집권적 근대국가로 발전시킨 나침판 역할을 하였다. 1868년 메이지 유신의 시작과 함께 급속도로 전개된 일본의 변화는 헌법을 비롯하여, 정치체제, 경제 및 금융정책, 교육기관, 대외전략 등 새로운 근대적 통일국가가 형성되었다. 특히, 메이지 해군의 창설은 선중팔책의 중요한 전략내용이었다. 《선중팔책》과 유사하게 축약된 《신정부강령팔책 新政府綱領八策》은 사카모토 료마가 1867년 11월에 제시한 메이지 유신 이후의 신 정부 설립을 위한 정치강령이다. 제1항에서는 폭넓은 인재를 등용하고, 제2항에서는 유능한 인재를 등용하고 유명무실한 관직을 폐지, 제3항에서는 국제 조약을 의논해 정하고, 제4항에서는 헌법을 제정, 제5항에서는 양원과 의회 정치를 도입, 그리고 제6항에서는 해군과 육군을 조직, 제7항에서는 어친병 御親兵(천황 직속 군대)을 조직, 마지막으로 제8항에서는 금과 은의 물가를 변경할 것을 언급하고 있다.[6]

'대정봉환론' 구상은 료마가 속했던 도사번의 번주인 야마우치 도요시게가 도쿠가와 요시노부에게 건의하여 채택되었다. 도쿠가와 요시노부 德川慶喜(1837~1913)는 제15대 에도 막부 정이대장군으로 도쿠가와 막부의 마지막 쇼군이다. 대정봉환의 결정적 동기는 조슈번과 막부의 대결이었고, 조슈번의 장수는 다카스기 신사쿠였다. 조슈번은 1863년 영국, 미국, 네덜란드, 프랑스 등 외국 군함과 포격전에서 참패했다. 조슈번은 군사력 재정비를 위해 다카스기 신사쿠 高杉晋作를 불렀다. 다카스기 신사쿠는 평민과 사무라이를 섞었다. '신사쿠 기병대(奇兵隊)'가 등장했다. 말을 타는 기병(騎兵)이 아니라 평민으로 군대가 일부 구성돼 있다 해서 기병(奇兵)이었다. 이후 기병은 일본 육군의 근간이 되었다. 1866년 5월 막부는 조슈 재정벌을 감행했다.

당시 조슈번은 신식 무기로 중무장되어 있었다. 수적으로 절대 열세였으나 다키스기 신사쿠는 바다에서 막부 해군을 기습 공격했고 결국 함대를 괴멸시키는 기적을 만들어냈다. 그리고 1866년 고쿠라 전투에서 1,000명의 기병대로 2만 명의 막부 군대를 물리쳤다. 이는 막부 시대의 결정적 몰락으로 이어졌다.[7] 막부는 1866년 제2차 죠슈 정벌을 끝으로 패배당하여 더 이상의 정권 유지는 불가능해졌음을 깨닫고, 1867년 11월 9일 도쿠가와 막부 15대 쇼군 도쿠가와 요시노부가 국가 통치권을 메이지 천황에게 반환하는 대정봉환을 승인했다.

사쓰마와 조슈번이 막부와 일전을 불사하며 일촉즉발의 위기가 고조되지만 여러 진영에 인맥을 가지고 있던 료마가 육원대 陸援隊 대장인 나카오카 신타로와 함께 중재하여 1866년 '삿초 동맹'을 결성하는 정치력을 발휘했다. 당시 막부 측의 프랑스, 지방 유력 다이묘 측의 영국, 그 안에 조정과 양이를 외치는 급진적 무사 조직, 또 이들 속에 서구의 문명을 따라잡아 어깨를 나란히 해야 한다고 믿는 개화파 지식인들까지 서로 이해관계가 복마전 같이 얽혀있는 정치 상황이었다. 결국 막부가 가지고 있는 권력을 일왕에게 이양하는 '대정봉환'과 서구의 의회제도인 상·하의정국을 설치해 신정부로 탈바꿈하는 유신이 진행되었고, 료마의 《선중팔책》은 그러한 메이지 유신의 바탕 전략이었다.

그러나 삿초 동맹이 체결된 바로 다음날인 1867년 11월 15일, 료마를 포함한 지사들이 모여 있던 교토의 데라다야 여관에서 33세의 료마는 메이지 유신을 앞두고 갑자기 암살당했다. 이후 대정봉환이 이뤄졌고, 일본은 왕정복고가 이루어져 봉건시대를 종식하고 근대화를 추진하는 '메이지 유신 明治維新'을 통한 중앙집권적 근대국가로 발전하게 되었다. 메이지 유신으로 일본은 경제적으로는 자본주의가 성립하였고, 정치적으로는 입헌정치가 개시되었으며, 사회·문화적으로는 근대화가 추진되었다. 국제적으로는 제국주의 국가가 되어 천황제적 절대주의로 동아시아의 세계질서에 중대한 영향을 미치기 시작했다.

유신을 이룩한 일본은 과거 구미에 대해 굴종적 태도였던 것과는 달리 아시아 여러 나라에 대해서는 강압적·침략적 태도로 나왔다. 1894년의 청일전쟁 도발, 1904년의 러일전쟁의 도발은 그 대표적인 예이며, 그 다음 단계는 무력으로 조선을 병합했다. 주목할 점은 일본은 외부문물을 받아들일 때는 철저하게 낮은 자세를 유지하다 자신들이 앞선다는 생각이 들면 스승과 일전을 한다. 일본이 스승으로 삼았던 한국(임진왜란과 한일합방), 중국(청일전쟁), 네덜란드(인도네시아 전쟁), 미국(태평양 전쟁)의 공통점은 제자 나라 일본이 스승나라를 침략했다는 점이다. 메이지 유신 이후 일본정권들은 료마의 삶을 재조명하며 영웅으로 평가했고, 오늘날도 근대 일본의 발전 과정을 비추는 거울로 높은 관심의 대상이 되고 있다.

사실 막부 말기부터 메이지 초기에 걸쳐 일본에는 서구 제국주의에 의한 강점을 피할 수 있는 몇 가지 행운이 따랐다. 그때까지 북방의 사할린과 쿠릴 열도에서 일본과 분쟁상태였던 러시아 해군의 나가사키 내항보다 한발 앞서, 영토야욕이 비교적 약했던 미국의 페리 함대가 내항하여 미국과 최초 국교국가로 되었다는 점이다. 다음은 영국과 러시아가 각축을 벌이는 상황에서, 영국은 일본영토에 기지획득이나 조차지 등의 형태로 러시아의 진출을 허락하지 않겠다는 단호한 태도를 취했다는 점이다. 세 번째는 메이지 유신과정에서 나폴레옹 3세의 프랑스는 도쿠가와 막부를 지지하고, 영국은 사쓰마와 조슈 양 번이 주도하는 조정 측을 응원했기 때문에 자연적으로 당시 해양강국들과 긴밀했다. 이러한 과정에서 메이지 정부는 1869년 메이지 해군에 관한 사항은 영국을 모범으로 하는《태정관 포고방침》을 공시하기도 했다.

동아시아 국가 중 서구문명을 가장 빨리 도입한 일본은 네덜란드 배우기에서 근대화를 시작했다. 메이지 유신의 정신적 지주인 요시다 쇼인이나 후쿠자와 유키치 福澤諭吉는 '탈아입구 脫亞入毆(아시아를 벗어나 유럽으로 진입)'를 주장했고, 일본 근대문명 창조자로 평가받는 사카모토 료마와 후쿠자와 유키치도 항구도시 나가사키에서 네덜란드 사람들에게 서양학문과 그들의 '철저한 실용적 사고와 상인기질'을 배우면서 개화되었다. 일본과 네덜란드의 관계는 이처럼 우호적이었고, 료마를 비롯한 메이지 유신의 지도자들이 네덜란드를 학습하고 서구문명을 받아 해양강국을 건설하게 된 것은 엄청난 행운이었고, 중국과 조선은 엄청난 불운이었다.

일본 메이지 해군의 틀을 세우는데 일등공신은 네덜란드 해군장교인 게르하르두스 파비우스 Gerhardus Fabius(1806~1888)였다.[8] 16세기에 유럽의 아시아 진출을 선도한 것이 포르투갈이었다면, 17세기 아시아 무역을 주도한 유럽 세력은 네덜란드였다. 1602년 결성된 동인도회사 Verenigde Oostindische Compagnie(VOC)를 중심으로 한 네덜란드 상업 세력은 포르투갈 세력을 대체하면서, 남아프리카에서 인도, 동남아시아, 중국을 거쳐 일본에 이르는 거대한 무역망을 구축했다. 바타비아(오늘날의 북부 자카르타)는 17~18세기 네덜란드 동인도회사 상업 제국의 중심지 기능을 담당했다. 무역 거점과 무역망 확보에 중점을 두었던 많은 다른 지역에서와 달리 바타비아에서 동인도회사는 정치적, 군사적 힘을 통해 영토를 지닌 세력으로 등장했고, 이를 통해 바타비아는 아시아 무역망 중심지를 넘어 동남아시아에서 네덜란드 제국의 영토 확장을 위한 기지가 되었다.

미국의 페리선 내항 다음 해인 1854년, 네덜란드는 '소엠빙 호 Soembing' 군함을 나가사키항구에 파견했는데, 그 함장이 파비우스였다. 파비우스는 당시 해군중령이었으며, 일본인에게 근대적 해군이 무엇인가를 가르쳐 주었다. 그의 근대적 해군교육 시점은 메이지 유신 직전이었다. 그는 바타비아에서 매년 나가사키에 내항하여 매회 3개월 정도 체재하면서 1854년부터 1856년까지 매년 1회씩 연수를 실시했고, 막부와 각 번에서 나가사키로 파견된 우수한 청년들에게 증기기관술, 조선술, 포술, 해사지식 일반을 가르쳤다. 1855년 네덜란드 국왕은 소엠빙 호를 쇼군에 헌상하였고, 그 인도식은 나가사키에서 파비우스가 직접 주도했다. 이때 칸코마루라고 이름을 바꿔서 일본 국기를 단 최초의 서양식 군함이 된 것이다. 그 후 칸린마루가 처음으로 일본인 만에 의해 태평양 횡단에 성공한 것은 파비우스 밑에서 훈련 받은 지 불과 6년 후의 일이다. 파비우스는 협의의 해군에 대해서 뿐만 아니라, 근대식 항해술, 조선술을 처음으로 일본의 장래 지도자들에게 조직적으로 전수한 것이었다.

2. 해양영토 극대화 위한 《특정 유인 국경낙도 책략》

현대사에서 세계전쟁의 속성은 크게 세 가지로 경제전쟁, 자원전쟁, 또는 영토전쟁이다. 그런데 3가지 속성 모두가 합쳐진 전쟁이 '해양 전쟁'이다. 그 만큼 복잡 미묘하고, 국가전략을 수립하기가 쉽지 않다. 1982년 타결되었고 1994년 발효된 유엔해양법협약은 2017년 11월 6일 현재 비준국은 168개국이며 이 중 EEZ 선포국가는 151개국이다.[9] 전 세계 EEZ는 전해양의 36%이지만, 해저석유의 90%, 세계 수산물의 96% 생산을 하는 경제적 가치가 매우 높은 해역이다. 나라의 영역을 영해나 영공을 포함시키지 않은 순수한 육지의 넓이, 즉 영토의 면적만으로 생각하는 고정관념이 있다. 사람들은 보통 좁은 섬나라 일본, 광활한 대륙의 나라 중국이라 부른다.

그러나 유엔해양법 사무국의 보고서와 세계 EEZ 지도를 살펴보면 일본의 땅은 중국의 땅에 비해 좁지만, 일본의 바다는 중국의 그것에 비해 훨씬 넓다. 새로운 허양질서인 EEZ 면적을 살펴보면 표 13.1에서 보듯이 일본의 육지 영토면적은 약 37.7만 ㎢이나 200해리 관할수역 면적은 육지 영토면적의 11배가 넘는 약 448만 ㎢나 된다. 반면 중국의 육지 영토면적은 약 960만 ㎢이나 해양면적은 육지면적의 11분의 1에 못 미치는 약 88만 ㎢의 관할수역을 가지고 있을 뿐이다. 일본 북쪽 홋카이도에서 남쪽의 오키나와와 센카쿠를 포함하고 있는 류큐 해역까지의 길고 긴 해안선의 연장선은, 태평양을 사이에 두고 서로 마주보고 있는 미국 본토 서해안의 그것보다 더 길다.

표 13.1. 한·중·일 각국의 영토 및 EEZ 면적 대비

국 가	영토면적 (A), 천 ㎢	EEZ면적(B), 천 ㎢	B/A
한 국	100	475	4.75배
중 국	9,596	877	0.09배
일 본	377	4,479	11.88배

전 세계적으로 213개국이 EEZ나 영해 등의 해양경계선을 설정했다. 그러나 이웃 국가 간 해양경계가 중첩되는 경우가 많아 세계적으로 845개의 경계분쟁지역이 있으며, 해마다 해양경계 분쟁은 점점 늘어가는 추세다.[10] 섬나라인 일본은 중국과는 센카쿠 열도, 러시아와는 북방 4개 도서로 해양분쟁이 끊이지 않고 있다. 일본은 1996년 '배타적 경제수역 및 대륙붕 법'을 제정하여 류큐 琉球 군도 해역과 국제사회의 비난에도 불구하고 오키노토리시마 沖ノ鳥島 해역과 미나미토리시마 南鳥島 해역 43만 ㎢ 등 총 448만 평방 ㎢의 관할 해역을 선포했다. 사실 일본의 영해와 EEZ 일부는 바다의 헌장인 『유엔해양법협약』 내용을 적용하기에는 무리한 문제점들이 내재하고 있다. 첫째, 1997년 일본이 신영해법을 개정하고, 일방적으로 선포한 직선기선 중 일부 해역은 유엔해양법의 영해조항 적용에 문제가 있다. 둘째, 유엔해양법 해석상 가장 문제가 되는 것은 오키노토리시마의 EEZ설정이다. 오키노토리시마는 도쿄 남쪽 1740㎞ 공해에 위치하고, 만조 시 폭이 수 미터의 바위 2개로 수면 위 70cm에 불과한 암초였다. 일본 정부는 오키노토리시마 암초를 도쿄도 오가사와라 촌에 소속시켰다. 그 암초 위에 일본은 지난 1980년대 중반부터 방파제와 해양과학기지 공사, 2013년 이후 항만건설에 3억 달러를 투자했다. 일본의 투자는 오키노토리시마 주변해

역에 일본 국토면적보다 큰 40만 ㎢의 EEZ 선포와 연결된다.

  일본은 주변 해역엔 망간단괴 등 자원이 풍부하기 때문이기도 하고, 동시에 중국의 '제2 다오렌 전략선'에서 괌을 잇는 전략적 요충지이기 때문에 EEZ를 일방적으로 선언했다. 미국 하와이대학교의 저명한 국제법 학자 존 밴 다이크 John M Van Dyke 교수는 오키노토리시마가 국제법이나 지형적 및 역사적으로도 EEZ를 선포할 수 없다고 분석했다.[11] "오키노토리시마 암초는 킹사이즈 침대보다 결코 크지 않은 두 개의 침식 돌출물이며, 확실히 스스로 경제생활을 지속할 수 없고, 살기에 적합하지 않은 암초일 뿐이다. 일본은 오키노토리시마 암초 주변으로 200해리 배타적 경제 수역을 주장할 수 없다." 일본이 2008년 11월 '유엔대륙붕 한계 위원회 CSCL'에 오키노토리시마 암초를 포함한 4개 도서지역에 대한 대륙붕 한계 연장을 신청하면서 중국의 반발은 더욱 거세지고 있다. 미국도 우리나라도 일본의 EEZ 선포를 인정하지 않고 있다. 일본은 오키노토리시마와 함께 관심을 집중하고 있는 일본 남동쪽의 미나미토리시마 주변 해저에 대규모의 희토류가 매장되어 있다고 보도했다.[12] *

  섬나라 일본은 섬의 정치경제적 가치를 어느 나라보다 잘 알고 있기에 국가전략에서 비중이 크다. 최근 일본 정부는 주변국과의 영토 분쟁을 막기 위한 선제조치로 낙도를 국유화하고 거주 인구를 늘리는 방안을 추진하고 있다. 인공 산호섬 조성에 이어 노골적으로 영토를 확장하겠다는 의도다. 아베 신조 安倍晋三 일본 총리는 2017년 4월《낙도보전 기본방침》을 승인

---

* 도쿄대와 JAMSTEC 등 연구진은 미나미토리시마 주변 해저에 매장된 희토류 양이 전 세계가 수백 년간 소비할 수 있는 1,600만 톤 이상이라고 추정 보고했다. 희토류는 휴대전화부터 하이브리드 및 전기 자동차, 형광 재료 등 많은 첨단 기술에 사용되는 원료이다. 희토류 최대 매장 보유국이자 전 세계 생산량의 90%를 차지하는 중국이 일본은 물론 세계 주요국과 외교적 갈등이 벌어질 때마다 희토류 수출을 자원무기로 삼고 있다.

했다. 아베의 외조부는 제2차 세계대전후 A급 전범으로 복역한 후 일본 총리를 역임(재임 1957~1960년)한 기시 노부스케이고, 부친은 통상산업대신과 외무대신을 역임한 아베 신타로이다. 현재 아베 신조 총리는 외조부인 기시 노부스케를 계승한다고 공공연히 선언하면서 기시 정권과 놀라울 정도로 유사한 행보를 보이고 있다. 특히 강한 일본을 추구한다는 점, 헌법 개정과 군사력 증강에 집중하고 있다는 점과 외교 정책에서 미국과의 동맹 관계를 강화시키고자 한다는 점이 당시의 상황과 매우 흡사한 점이다. 아베 총리가 주도하여 2016년 국회에서 통과된 이 방침은 오가사와라 小笠原 제도 등 29개 지역 148개 섬을 '유인 有人 국경낙도'로 지정하는 방안을 담고 있다. 이중 약 200해리 범위의 EEZ 경계에 위치한 71개 섬은 '특정유인 국경낙도'로 지정해 특별관리키로 했다.

특정 유인 국경낙도 정책은 일본의 해양영토 극대화를 위한 책략이다. 기존의 유인도가 인구 감소로 인해 무인도로 전락하는 것을 막고, 무인도의 경우 사람을 거주시켜 영토화하겠다는 것이 핵심 내용이다. 유엔해양법 제121조 1항에서 "도서라 함은 수면위에 있고, 바다로 둘러싸인 자연적으로 형성된 육지지역을 말한다."고 물리적 형태를 정의하고, 121조 3항은 "인간의 주거 또는 독자적인 경제생활을 지속할 수 없는 암석은 EEZ 또는 대륙붕을 가질 수 없다."고 법적 성격을 명시하고 있다. 그러나 일본은 유엔해양법협약의 무인도에 대한 국제정치 및 사법적 정의가 애매모호함을 이용하는 것이다. 200해리 시대에서 섬의 영토적 가치를 아는 일본은 인간의 주거 또는 독자적인 경제생활을 지속할 수 있는 유인도 등 유엔해양법협약의 법적요건을 갖추어 치열한 해양 전쟁을 준비하고 있는 것이다. 메이지 유신을 연 사카모토 료마의《해원대 규약》이나《선중팔책》에서도 섬의 영토적 가치를 강조한 일본이다.

그림 13.1. 해양영토 확보 위해 인구 늘리는 일본 섬들.

일본 정부의 섬 정책은 치밀하고 장기적으로 집요하다. 일본 정부는 섬을 매입해 국유화한 뒤 국가 행정기관 시설 설치, 항만 정비, 외국 선박 불법행위 방지 등의 대책을 시행하려는 것이다. 특정 유인 국경 낙도의 주민들에겐 매년 교통비와 생활 보조금 명목으로 50억 엔을 지원하는 '지역사회 유지 추진 교부금'도 신설했다. 이런 조치는 중국과 마찰을 빚고 있는 센카쿠 열도/댜오위다오 사태의 재현을 막기 위한 것으로 해석된다. 최근 일본 정부의 고위 관계자는 유인도 전략의 필요성에 대해 "센카쿠에 일본인들이 살고 있었다면 분쟁이 일어나지 않았을 것"이라고 주장했다.[13] 한때 일본인 200여 명이 살고 있던 센카쿠 열도가 무인도로 변하자, 중국이 자국 영토라고 주장하고 있다는 것이다. 실제 일본의 외딴 섬 인구는 1955년 130만 명에서 2010년 63만 6,000명으로 줄었다. 일본 여당과 정부는 이러한

《특정 유인 국경낙도 해양책략》이 시행되면 일본의 EEZ가 넓어지고 영해도 6배 확장될 것이라고 주장한다.

이처럼 일본 정부는 최근 수년간 외딴섬에 거주 중인 자국민이 더 이상 빠져나가지 않도록 안간힘을 써왔다. 이와 함께 이름 없는 무인도 수백 곳에 정식 명칭을 붙여왔다. 그러나 외딴섬에서의 생계유지 방법이 낚시와 농업뿐이어서 인구 증가가 쉽지 않을 것이란 지적도 있다. 낙도 관련 기관인 일본 '이도 離島센터'는 관광 자원을 개발해 외국인 관광객을 늘리고 고용을 보장할 수 있는 정책방안도 연구하고 있다. 과거에 가치 없다고 여겼고 사람들이 떠났던 낙도 무인도들에 대해 일본은 국가의 배타적 경제수역 확보를 위해 국가재정을 투입하고, 무인도를 유인도화하고 국민들의 인구 이주정책을 치열하게 추진하고 있는 것이다.

3. 난세이 제도의 전략적 가치와 센카쿠 섬 분쟁

특정 해역을 서로 다른 나라의 이름으로 호칭하거나 특정 도서를 서로 다른 나라의 이름으로 호칭하는 경우가 적지 않다. 최근세사까지 침략국과 피정복국의 역사가 있었고, 도서영토를 둘러싼 미해결의 갈등은 다른 어떤 국제 갈등보다 전쟁으로 비화할 잠재력이 높다. 일본은 섬나라로써 바다의 영역 확대에 특별히 관심을 두는 나라다. 중국이 '동중국해'라 부르고 한국은 '제주남방해역'이라고 부르는 수역을 일본은 '큐슈 서남해역'으로 부른다. 이 해역은 전략적 해역으로써 일본이 자신의 영토라고 생각하는 섬들인 '난세이 제도 南西諸島'가 있다. 난세이 제도는 오스미 제도·도카라 제도·아마미 제도를 합친 사쓰난 제도 薩南諸島와 오키나와 제도·사키시마 제도

·센카쿠 열도를 합친 류큐 제도 琉球諸島로 구성된다. 일본과 중국이 서로 자기 섬이라고 분쟁하는 센카쿠 열도는 난세이 제도 안에 위치하고 있다. 센카쿠 열도는 일본 오키나와에서 약 300㎞, 타이완에서 약 200㎞ 떨어진 동중국해 남쪽에 있는 무인도로, 5개의 작은 섬과 3개의 산호초로 이루어져 있다. 일본은 '센카쿠 열도 尖閣列島 Senkaku Islands'로, 중국은 '조어대군도 釣漁臺群島, 댜오위타이 군도'로 부르며, 국제적으로는 '센카쿠 섬'(이하 '센카쿠 섬'으로 표기)으로 부른다.

센카쿠 섬 분쟁은 청·일 전쟁이 일어난 1894년 이전까지 거슬러 올라갈 만큼 오랜 역사를 가지고 있다. 중국은 1873년 출판된 지도에 중국 영토로 표시되어 있어 조어도가 당연히 중국 영토라고 주장하는 반면, 일본은 1895년 오키나와현에 정식으로 편입된 일본 영토라고 주장하는 국제 분쟁 지역이다. 본격적으로 분쟁이 일어나기 시작한 것은, 타이완과 일본 어부들 사이에 어업문제로 마찰을 일으키면서부터였는데, 1971년 중국과 타이완이 각각 영유권을 주장하고, 이듬해 미국이 오키나와를 일본에 반환함으로써 센카쿠 섬은 일본에 귀속되었다.

지정학적으로 중요하게 된 센카쿠 섬과 관련하여 류큐 제도의 역사를 살펴볼 필요가 있다. 류큐 제도인 오키나와 열도에 처음 국가가 출현한 것은 14세기였다. 1429년 중산왕 상파지에 의해 오키나와 열도는 통일됐고, 통일 오키나와의 이름은 '류큐 왕국'이었다. 그런데 류큐는 1609년 일본 사쓰마번 薩摩藩(가고시마현 鹿兒島縣)에 의해 점령되었다. 이때부터 류큐 왕국은 중국 명·청나라에 조공하듯이 사쓰마번에도 조공을 바쳤고, 이른바 '중·일 양속 체제'를 시작했다. 명나라 이후 지속된 중국의 해금정책은 청나라까지 지속되었다. 해금정책으로 섬을 경시했고, 결과적으로 류큐 제도의 지정학적 중요성을 경시했다.

'중·일 양속체제'가 깨진 것은 1879년 메이지 유신을 단행한 일본이 청나라의 무관심 속에 류큐 제도에 '오키나와현'을 설치하면서부터였고, 이른바 '일본 전속체제'가 시작되었다. 그 후 '일본 전속체제'가 시작된 지 70여 년 만에 일본은 태평양전쟁에서 패배했고, 1951년 체결된 샌프란시스코 조약에서 일본은 오키나와를 '미군 점령지'로 넘겨주었다. 이후 20여 년 동안 미군의 지배를 받던 오키나와는 1972년에야 일본으로 반환되었다. 류큐 제도가 일본의 영토로 넘어간 것은 전후 일본이 이룬 가장 큰 횡재였다.

1969년 리처드 닉슨 미국 대통령은 '아시아는 아시아인 손으로'라는 유명한 《닉슨 독트린》을 발표하였다. 곧이어 닉슨 미국 대통령과 사토 에이사쿠 佐藤榮作 일본 총리는 '한국의 안전이 일본 자체의 안전에 긴요하다는 조항'과 함께 류큐의 일본반환을 협의하는 공동성명을 발표하였다. 미국이 일본에 류큐 제도를 반환하는 대가로 아시아에 대한 방위의 일부를 일본이 떠맡기로 한 것이다. 류큐 반환협상은 사토 에이사쿠 총리의 뛰어난 업적 중의 하나이며, 마침내 미국은 1972년 5월 15일, 류큐 제도와 주변의 광대한 해역을 통째로 일본에 돌려주었다. 류큐 제도는 가고시마현과 타이완 사이에 있는 오키나와, 센카쿠 등 크고 작은 140여 개 섬으로 구성되어 있다. 류큐 제도의 총면적은 2388 ㎢로, 땅 면적만 치면 우리나라의 제주도보다 좁다. 그러나 류큐 제도를 둘러싸고 있는 해역의 넓이는 일본 전체 관할수역의 30%를 초과하는 면적이며, 더욱이 최근 막대한 규모의 원유와 천연가스 매장량이 확인되고 있다.

이러한 류큐 제도를 둘러싼 국제정치 상황의 변화 속에서 1978년 중국 어부들이 센카쿠 섬 수역에서 조업을 하자 일본 극우단체가 이곳에 등대를 설치하면서 분쟁은 격화되었다. 특히 이 센카쿠 섬은 지정학적으로 군사 전략의 요충지에 해당하고, 엄청난 양의 해저자원까지 매장되어 있어 영유권 분쟁은 격화될 수밖에 없었다. 결국 중국은 타이완과 공동 대응을 표명하고 1992년 중국은 전국인민대표대회에서 '댜오위타이 군도 釣魚臺群島'를 영해에 포함시킨 뒤 이듬해 인근 해역에 해저유전을 시추하고 대규모 항의 어선단을 파견하자, 일본은 경비정을 보내 중국의 해양조사선을 강제 퇴거 조치하는 등 양국은 충돌 직전까지 가기도 하였다.

중국은 19세기 중반부터 20세기 중반까지 100년을 치욕의 세기로 인식하고, 국력의 증강과 더불어 이를 만회하려는 민족주의적 열망이 가득 찬 불만스런 강대국이다. 냉전 종식 이후 잠재해 있던 갈등 원인들이 보다 노골적으로 나타나고 있는 이유는 2010년 이후 중국의 해군이 막강한 해군력을 보유하게 되었기 때문이다. 중국은 1990년대부터 2000년대를 지나는 동안 문자 그대로, 2년마다 3척의 군함을 마치 찍어내듯이 건조해서 주요 해역에 배치해왔다. 중국은 민족주의를 자극하고 '해양굴기 海洋崛起'의 길에 본격적으로 나서고 있다. 센카쿠 섬 부근 해저 석유 및 에너지 자원 등 경제 문제보다도 어느 나라 영토가 되느냐의 정치 문제가 중요하다.

센카쿠 섬 문제는 일본과 중국이 '주권과 미래'를 놓고 벌이는 국가 자존심이 걸린 분쟁이다. 2012년 9월 이후 급격하게 악화된 일·중 간 센카쿠 섬을 둘러싼 분쟁의 수위는 점차 높아지고 있다. 2012년이라는 특정 시점에서 보다 노골화 된 중·일 간 센카쿠 열도 분쟁은 오랫동안 벌여온 분쟁을 다시 반복하는 것이라고 볼 수 없는 보다 복잡한 국제정치적 배경이 있다. 이 분쟁은 경제력에서 일본을 제체고 세계 2위의 지위를 차지한 중국이 아시아의 패권국, 더 나아가서 미국에 도전하는 세계 패권국을 향해 나가는 시점에서 야기된 사건이기 때문이다. 센카쿠 섬을 둘러 싼 공격적 입장의 중국과, 수세적 입장의 일본 관계는 아시아의 해양패권 분쟁일 수 있지만, 세계적인 차원에서 미·중의 시 파워 Sea Power가 부딪치는 해양 전쟁의 최전선이다.

일본 난세이 제도 가장 서쪽 끝에 요나구니 與那國라는 자그마한 섬이 있다. 면적은 28.91㎢, 인구는 1745명밖에 되지 않는 이 섬은 대만에서 동쪽으로 110㎞, 센카쿠 섬에서 남서쪽으로 150㎞, 중국 본토로부터 서쪽으로 350㎞ 떨어진 곳에 있다. 과거 류큐 왕국에 속했던 이 섬은 남중국해와 동중국해를 잇는 길목에 자리 잡고 있어 일본과 중국 및 대만을 오가던 무역선들이 정박하기도 했다. 이 섬은 류큐 왕국이 망하면서 1879년 오키나와 현으로 편입됐다. 일본 자위대는 2016년 3월 이 섬에 레이더 4기와 병력 160명으로 구성된 연안 감시 부대를 배치했다. 일본 자위대가 이 섬에 레이더와 연안 감시 부대를 배치한 이유는 남중국해와 동중국해에서 군사력을 확대하고 있는 중국을 견제하려는 의도 때문이다. '난세이 제도 南西諸島'는 일본 규슈 남단에서 대만 동쪽에 이르는 1200㎞ 해상에 활처럼 호를 그리며 늘어선 2,500여 개 섬을 통칭한다.

난세이 제도는 중국이 설정한 제1 다오렌 島鍊(Island Chain)과 중첩된다. 제1 다오렌은 일본 열도-난세이 제도-대만-필리핀-인도네시아-베트남으로 이어지며, 중국 연안에서 1,000㎞ 떨어져 있다. 제2 다오렌은 중국 연안에서 2,000㎞ 거리인 오가사와라 제도-이오지마 제도-마리아나 제도-괌-팔라우 제도-할마헤라 섬으로 이어진다. 중국은 '다오렌'이라는 가상의 선을 설정하고 미군 항모 전단이 자국 연안은 물론 동·남중국해에 진입하는 것을 막기 위해 지금까지 이른바 '반 反접근/지역 거부(A2/AD: Anti-Access/Area Denial)' 전략을 추진해왔다. 중국 인민해방군의 전략 목표는 제1 다오렌을 내해화 內海化하고, 제2 다오렌의 제해권을 확보하는 것이다.

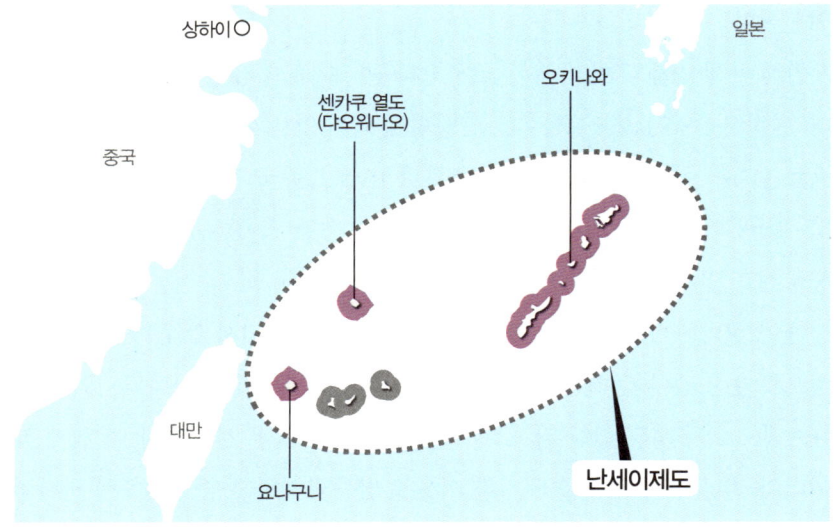

그림 13.2. 일본의 난세이 제도와 센카쿠 열도

중국의 '반 접근/지역거부 A2/AD 전략'과 '제1 다오롄 전략' 추진 과정에서 가장 큰 눈엣가시는 센카쿠 열도이다. 중국이 태평양으로 진출하려면 이 지역을 반드시 통과해야 한다. 이런 이유로 중국과 일본이 센카쿠 열도 영유권을 놓고 대립해왔다. 특히 중·일 양국은 그동안 센카쿠 열도 인근 해상과 공중에서 군사력을 동원해 힘을 과시하며 공방전을 벌여왔다. 일본 방위성은 중국 인민해방군이 실제로 센카쿠 열도를 침공할 가능성에 주목하고 있다. 일본이 가정하는 시나리오는 구체적으로 ▲시나리오1: 센카쿠 열도 주변에서 중국 어업 감시선과 일본 해상보안청 순시선이 우발적으로 충돌하는 경우 ▲시나리오2: 중국이 해군 함정을 센카쿠 인근 해역에 전개하는 경우 ▲시나리오3: 중국 공수부대가 센카쿠 열도에 상륙하는 경우 ▲시나리오4: 어부로 가장한 중국 인민해방군 해군육전대 대원들이 센카쿠 열도

에 상륙하는 경우 등이다.[14]

　일본은 일본자위대와 중국 인민해방군 간의 무력 충돌에 대비해 난세이 제도의 섬들을 군사기지로 만드는 등 대대적인 방어 전략을 추진하고 있다. 일본의 이런 전략은 중국이 남중국해에 인공 섬들을 건설해 군사기지로 만든 예를 벤치마킹한 것처럼 보인다. 다시 말해 난세이 제도에 중국의 침공을 막기 위한 '일본판 해양 만리장성'을 구축하고 중국처럼 A2/AD 전략을 구사하려는 것이다. 일본의 난세이 제도 군사기지화에 가장 적합한 곳이 바로 요나구니 섬이다. 일본은 요나구니 섬에 레이더 4기와 병력 160명 규모의 부대를 배치했고, 요나구니 섬 이외에도 센카쿠 열도 주변에 있는 미야코 섬과 이시가키 섬들에 자위대와 미사일 등을 배치할 계획이다. 오키나와에서 남서쪽으로 300㎞ 떨어진 미야코 섬은 태평양과 동중국해의 사이에 있다. 인구 5만 5,000명인 이 섬에서 센카쿠 열도까지 거리는 160㎞ 밖에 되지 않는다. 이 섬과 오키나와 사이에는 전략적으로 중요한 미야코 해협이 있다. 중국 해군은 이 해협을 지나야 동중국해에서 태평양으로 진출할 수 있다. 중국이 센카쿠 열도를 공격할 경우 난세이 제도 군사기지화로 미국과 일본이 공동 방어할 수 있다.

　중·일 양국이 군사력을 강화할수록 난세이 제도와 센카쿠 열도 해역 등에서 우발적인 무력충돌 가능성도 갈수록 높아질 수 있다. 중·일 양국 모두 센카쿠 열도 분쟁에서 승리하면 다른 해양영토나 도서 분쟁에서도 쉽게 이길 수 있을 것으로 판단하고 있다. 미국이 중·일 간 센카쿠 열도 분쟁에 군사 개입할 경우, 자칫 미·중 간 전쟁으로 비화할 수도 있다. 최근 일본에 대해 우려할만한 사실은 한반도 유사시 미국이 요청하면 주일미군 지원을 위한 일본자위대의 한반도 파병도 가능해졌다는 점이다. 새 지침은 "제3국 주권을 존중한다."고 했지만, 표현이 지나치게 포괄적이고 추상적이다. 자위대의 한반도 주변 출병은 한국의 사전 동의를 거쳐야 한다는 우리 정부 입장이 반영되지 않았다. 한반도 주변의 자위대 작전 범위를 놓고 논란이 될 수 있으며, 우리의 안보주권과 관련하여 중대한 문제다. 새 지침은 한반도를 중심으로 한 동북아뿐 아니라 일본의 2000해리 해상방위권 확대와 관련해 적잖은 우려가 제기된다. 과거사 문제를 둘러싼 한·일 갈등이 갈수록 고조되고 있는 것도 심상치 않다. 강대국들에 둘러싸인 한국은 해양 분쟁이 중심이 된 동북아 위기상황에서 해양 전략을 다지고 강화해야 한다.

4. 일본 조선업의 성공과 쇠락

유럽의 영국, 독일, 스웨덴은 조선업을 주도하던 나라였다. 탄탄한 기계공업 기술과 전통적으로 강한 해운업을 배경으로 최고의 경쟁력을 자랑했다. 실제 1940년대 조선업계의 패권을 쥐던 영국은 '리벳공법'으로 가격경쟁력에서 우위에 서 있었고 시장을 주도했다.* 영국이 주도했던 '리벳공법'은 1950년대 가격경쟁력의 우위를 가진 서유럽 국가들이 그 자리를 점유했다. 영국은 비가격경쟁력 우위를 확보하려 했지만 1960~1980년대 조선소 폐쇄 및 국유화 수순을 겪었다. 그러나 2차 세계대전 이후 고도화된 조선 기술과 시설을 적극적으로 활용해 기득권을 유지하던 유럽도 불과 10여 년 만에 일본에 우위를 빼앗겼다. 주요인은 1960년대 유럽 조선업체들은 잦은 노사분규로 몸살을 앓았기 때문이다. 후발주자로 조선업에 뛰어든 일본은 유럽에 비해 낮은 노동비용과 정부의 각종 지원에 힘입어 경쟁력을 키

---

* 리벳공법은 두 장 이상의 강판을 결합하기 위해서 철판에 구멍을 내고 리벳을 끼운 뒤 밖으로 튀어나온 리벳을 망치로 두드려 결합하는 공법이다.

우고 있었다.

　이 무렵 일본은 '블록공법'으로 유럽에 결정타를 날렸다.* 일본이 도입한 블록공법과 용접기술은 조선산업의 패러다임을 바꾼 혁신이었다. 리벳작업은 노동력이 많이 드는 반면, 용접기술로 생산방법을 바꾸면 노동력을 대폭 줄일 수 있었다. 유럽 업체들은 블록공법과 용접기술을 도입한 일본을 따라갈 수 없었다. 일본의 생산성이 유럽보다 3배나 높았음에도 유럽 조선업체는 노조저항 때문에 블록공법으로 재빨리 전환하지 못했다. 일자리를 잃는 것보다 산업 전체를 잃는 것이 더 중요한데도 유럽 조선 기술자들은 일자리를 잃을까봐 기술전환에 저항했다. 효율성과 원가 싸움에서 일본을 이길 수 없었다. 더욱이 일본 정부의 지원 덕분에 1960~1980년대에는 조선시장에서 가격경쟁력을 확보하며 패권을 쥐었다. 한국전쟁에서 호황을 누린 이후 침체에 빠졌던 일본의 조선업은 별다른 이변이 없는 독주를 계속하는 듯했다. 1960년대 말에는 세계 선박 수주량의 절반을 차지하기에 이르렀다. 1차 오일쇼크(1973년) 전인 1960년대 말에서 1970년대 초, 2차 세계대전 당시 대량으로 만들었던 선박들의 교체 시기가 도래했다. 당시 세계경제도 호황국면이었다. 조선업을 주도하던 일본에 엄청난 수주물량이 밀려 들어왔다.

　그러나 조선호황은 결과적으로 해운업계에는 선복량 과잉을 초래했고, 일본의 조선업 전성시대에 빨간 불이 켜졌다. 선복량 과잉은 유럽인들의 선박 투기에도 원인이 있었다. 글로벌 경기가 좋았기 때문에 해운 운임이 올라갔다. 전 세계적으로 해운사가 필요한 배의 양이 100이라고 한다면 130~150 정도로 발주가 이뤄지는 사이클이 발생했다. 일본이 배를 엄

---

* 블록공법은 건조할 배를 몇 개의 구획으로 나눠 따로 제작한 뒤 이를 용접해 붙여 완성하는 공법이다.

청나게 수주한 상황에서 1차 오일쇼크가 터졌다. 1978년 2차 오일쇼크까지 겹치면서 글로벌 경기가 완전히 침체상태였지만 선박 과잉 상태는 유지되었다. 두 차례의 오일쇼크는 일본조선업을 붕괴시킨 요인이자, 전 세계 조선업의 장기불황을 초래했다. 또한 일본 조선업에 큰 영향을 준 것은 1985년 '플라자 합의'였다. 엔저로 인해 일본의 무역수지 흑자가 과도하게 늘어나자 1985년 9월 뉴욕의 플라자호텔에서 개최된 서방 5개국 재무장관·중앙은행총재회의(G5)에서 달러 절하와, 엔과 마르크의 절상에 대한 합의가 이루어졌다. 이를 '플라자 합의'라 한다. 이 같은 엔고로 인해 1986년 후반에 들어서면서부터 조선산업을 비롯한 수출산업의 불황을 시작으로 일본 경제는 침체되기 시작했는데, 이를 엔고불황이라 한다. 이 불경기는 20년 동안 지속되었고, 1990년대 중·후반에 가서야 조선업계 불황이 풀리기 시작했다.

아이러니하게도 한국 조선산업의 첫 번째 기회는 글로벌 조선업황이 좋지 않았던 1970년대에 찾아왔다. 지금의 조선 3사 체제가 갖춰진 것도 바로 이때였다. 1973년 현대중공업 울산 조선소가 완공됐고, 1978년과 1979년엔 대우중공업과 삼성중공업이 문을 열었다. 제조공법과 마케팅에서 일본의 독주에 도전장을 던진 것은 한국 조선업계였다. 한국은 1960년대부터 정부의 중화학공업 육성정책에 따라 규모를 키웠으며 싼 선박건조 원가로 1990~2000년대 시장을 주름잡았다. 영국의 리벳공법을 이긴 일본의 '블록공법'을 한국은 '도크공법'으로 경쟁에서 이겼다. 그 후 한국은 '도크공법'에서 '육상건조공법, 에어 스키딩 공법, 스카폴딩 총조공법, 텐덤침수공법' 등으로 계속 기술을 발전시켜왔다.

일본의 조선업 구조조정은 세계적 실패사례로 꼽힌다. 지나친 구조조정으로 미래 성장잠재력을 아예 없애버렸기 때문이다. 일본조선업 몰락요인을 요약해보자.

첫째, 일본 정부는 조선 시장이 장기침체에 빠지자 1976년과 1987년 두 차례에 걸쳐 강도 높은 조선업 구조조정을 단행했다. 일본은 국가 차원에서 조선업을 너무 빨리 사양 산업으로 규정했다. 대형 조선업체들을 합병시키고 대형 도크를 대부분 폐쇄했다. 일본 조선업은 수주잔고의 절반을 벌크선이 차지하고 있으며, 중국과 경쟁하는 2등급 조선소로 전락했다. 미쓰비시중공업, 가와사키중공업 등 일본 조선업 전성기를 주도한 회사들은 1990년대 이후 사업구조를 항공우주, 철도, 전력발전 부문 등으로 재편하고 조선업 비중은 10% 미만으로 줄였다.

둘째, 일본의 결정적인 패착은 설계·연구 인력을 모두 퇴출시킨 것이다. 이들을 다른 중공업 분야로 재배치하거나 해고했다. 심지어 1999년 도쿄대학교를 비롯하여 대학교 조선관련 학과를 아예 폐지해버렸다. 일본의 전체 조선소는 약 37개로 한국보다 많지만 선박분야 핵심설계 인력의 수는 한국이 비교할 수 없을 정도로 많다. 일본 조선소의 핵심 설계인력은 60대 이상의 고령으로 향후 5년 후 자연감퇴로 일본조선업은 경쟁력을 완전히 상실할 상황에 처해 있다. 설계인력의 차이는 조선업 생산성의 차이로 나타나고 있다.[15]

셋째, 일본은 조선 설계·연구 인력을 퇴출시킨 뒤 '표준선박' 전략을 고안해냈다. 그동안 일본이 개발했던 선박을 표준화시켜 똑같은 배만 만들어 파는 형태다. 과거 미국의 헨리 카우저가 제2차 세계대전시 사용했던 표준설계에 의한 리버티 전함 대량생산전략과 유사한 전략이다. 이렇게 하면 설계비가 들지 않아 원가경쟁력을 갖출 수 있다고 판단했다. 그러나 조선업은 '맞춤형 주문생산'이라는 산업 특성을 갖고 있으며, 선주가 요구하는 설계대로 만들어줘야 한다. 일본은 표준선박으로 제품을 싸게 만들 수 있는 시스템을 갖추어 건조원가를 낮췄지만 선주들이 원하는 선박을 만들어 주지를 못했다. 설계인력이 없는 일본은 선주들이 설계를 조금만 바꿔달라는 요구를 해도 수용할 수 없었다.

한편 일본 조선업의 몰락 이유는 상대적으로 한국 조선업이 세계 최고가 될 수 있었던 이유였으며, 요약해보기로 하자.

첫째, 일본의 급속한 구조조정의 틈을 타서 한국은 대형 도크 건설에 집중 투자했다. 많은 유럽 선주들이 한국으로 돌아선 결정적인 원인이었다. 유럽에서 일본으로 넘어갔던 조선업 패권을 한국이 차지한 게 이때부터다. 1993년 한국은 일본을 제치고 글로벌 수주 1위로 뛰어올랐다. 2000년부터는 한국은 수주·건조·수주잔량 3대 지표 모두 1위를 차지하며 35~40%의 점유율로 시장을 선도했다.

둘째, 한국 조선업의 급성장 배경에는 중국의 눈부신 경제 성장이 있다. 매년 두 자릿수의 성장률을 기록한 중국은 전 세계에서 가장 많은 원자재를 수입하고 온 제품을 수출하며 세계의 공장으로 발돋움하게 된다. 그 과정에서 엄청난 물동량 증가를 가져왔고, 당연히 물자를 싣고 나르는 선박 수요가 폭증했다.

셋째, 현대중공업, 대우조선해양, 삼성중공업 등 이른바 조선 빅3는 물론이고, 선체 블록 일부를 하청 받아 납품하는 중소형 조선사들 역시 너도나도 직접 배를 짓는 건조 사업으로 진출하게 된다. 대형 선박 중심의 수주를 하는 빅3가 폭증하는 주문량을 다 소화하지 못하니, 자연스럽게 중소형 조선소들이 영업을 할 수 있는 틈새시장도 확장되었다.

넷째, 글로벌 선박발주환경이 벌크선과 탱커선 위주에서 LNG선과 컨테이너선 등 고난도 기술을 요하는 부가가치 선박으로 바뀌면서 벌크선과 탱커선은 중국과 일본이 LNG선과 컨테이너선은 한국이 강점을 지니게 되었다.

제14장
한국역사에 나타난 바다경영

1. 동아시아 해상왕 《장보고의 해양책략》
2. 만주와 연해주를 다스렸던 바다의 나라 '발해'
3. 세계를 향한 고려의 해양 전략
4. 공도정책과 해금정책이 만든 쇄국주의

우리 민족의 바다를 향한 관점은
개방과 도전의 코드인가?
폐쇄와 회피의 코드인가?
우리 혈관에는 어떤 피가 흐를까?

제14장 한국역사에 나타난 바다경영

1. 동아시아 해상왕 《장보고의 해양책략》

역사의식이란 과거에 대한 기억력, 현재에 대한 판단력, 미래에 대한 상상력을 바탕으로 이루어지는 구체적이며 주관적인 인식이다. 특별한 영웅의 등장이 중요한 것은 그들의 역사의식에 의해 인류문명사가 종종 획기적으로 변화했기 때문이다. 콜럼버스가 미 대륙을 발견하고, 마젤란이 세계 일주 항해를 통해 지구가 우주를 도는 둥근 천체라는 사실을 입증한 것은 불과 5세기 전 일이다.

이들 유럽의 바다영웅보다 무려 6세기 이전에 장보고 張保皐(790?~846)는 짧은 기간이지만 동양 바다의 해상권을 제패했다. 장보고의 해상활동은 당시 동양의 중심이었던 당과 신라·일본 상권에 막강한 영향력을 주었다. 중국 정사의 하나인《신당서》의《동이전》과《신라전》에 기록되어 있다. 일본 정사인《일본 후기》,《속 일본기》,《속 일본후기》에도 상세히 수록되어 있다. 우리나라의《삼국사기》열전이나《삼국유사》에도 기술하고 있는데, 한국인의 이름이 동양 세 나라의 과거 정사에 두루 기록된 국제적 인물은 장보고 말고는 드물다. 당나라 최고 시인으로 평가받는 두목 杜牧은《번천문집》에 '장보고 편'을 따로 만들어 장보고의 일대기를 소상히 다루면서 장보고를 명철한 두뇌의 소유자로 동방에서 가장 성공한 사람이라고 칭송했다. 일본 교토의 적산서원은 일본 천태종의 시조를 모신 곳인데 활을 든 장보고의 영정이 모셔져 있다. 중국 산둥반도 영성시의 적산법화원에서도 장보고의 영정을 찾을 수 있다. 하버드대학교 옌칭연구소 소장이었던 에드윈 라이샤워 Edwin O. Reischauer 교수는 일본 최고의 승려로 꼽히던 엔닌 圓仁의 《입당구법순례행기》를 영어로 번역하면서 일기 속의 재당 신라인들의 역할에 주목했고, 자신의 논문에서 장보고를 '해양 상업제국의 무역왕자 The Trade Prince of the Maritime Commercial Empire'라고 언급했다.

신라 장보고는 어떻게 혜성같이 나타나서 동북아 바다의 해상영웅이 되었을까? 그의 해상 권력 획득과정, 기업가정신과 해양 비즈니스전략의 성공과 실패를 살펴보자.

첫째, 장보고의 '당나라 드림 dream'은 신분상승과 부자가 되기 위한 도전이었다. 장보고가 활동했던 9세기 중반 신라말기 상황은 신라가 삼국을 통일한지 130년이 지났고, 신라가 멸망하기 130여 년 전이었다. 신라는 삼국통일 전까지는 강력한 고구려와 백제와 대치하면서 국가생존을 위한 팽팽한 긴장감, 탁월한 지도층의 리더십, 그리고 통합된 민심으로 뭉쳤었다. 그 결과 당초 기대했던 것보다 큰 통일의 대업을 이뤘다. 그러나 외세인 당나라의 도움에 의해 이름뿐인 통일신라가 태생된 이후 역사에서 흔한 '승자의 저주'가 나타났다. 통일신라는 멸망의 말기과정 현상들인 지배층의 사치와 향락, 권력투쟁, 부익부 빈익빈의 빈부격차, 노업의 기근과 흉년, 인재들의 해외유출이 노정됐다. 결국 경제와 문명이 앞섰던 큰 나라인 당나라로의 이주는 나라를 잃은 고구려와 백제유민들뿐만 아니라 통일신라인들에게 부와 신분상승의 기회를 얻을 수 있는 꿈의 선택이었다.

둘째, 장보고는 탁월한 군사전략과 실전을 통해 군부의 실세로 부상했다.

당나라와 신라 및 발해와의 해상교역을 둘러싼 경쟁에서 인의와 경영능력을 갖춘 장보고는 재당 신라사회를 대표하는 지도자가 됐다. 그의 무술 실력과 리더십이 인정되면서 제나라를 진압하는 당나라의 무령군 군중소장으로 신분이 급상승됐다. 제나라는 산동성 일원의 15개 주를 영유하고 10만의 대군을 거느린 막강한 세력이었다. 공교롭게도 제나라는 고구려 유민이자 신라인들과 좋은 관계인 이정기와 그 일가가 세운 나라다. 당나라는 이정기의 제나라를 없애기 위해 '오랑캐를 오랑캐로 물리친다'는 '이이제이 以夷制夷' 또는 '남의 칼을 빌려서 사람을 죽인다'는 '차도살인 借刀殺人' 전략으로 819년 제나라 토벌에 장보고를 활용했고, 장보고는 임무에 성공했다.

셋째, 장보고는 동북아 해양상업 세계에서 성공했던 이정기를 벤치마킹했다. 장보고는 제나라를 토벌해 출세했지만, 이정기의 성공과 패망에 대해 많은 것을 체험하고 학습했다. 이정기의 제나라가 당 왕조를 위협하는 막강한 세력으로 성장할 수 있었던 핵심은 당 왕조로부터 신라 및 발해와의 해상 중개무역을 담당하는 '해운압신라발해양변사'의 임무를 맡아 막대한 부를 축적할 수 있었기 때문이었다. 반란 진압 직후인 821년 군 장교생활을 마친 후 8년간 당에서 해운과 물류사업 세계에 뛰어들어 경륜을 쌓았다. 세상은 당나라를 중심으로 이른바 '성당 盛唐시대'였다. 전쟁시대가 아니라, 서로 협력하면서 경제적으로 경쟁하는 시대로 접어들었고 국경을 넘는 교역이야말로 부와 권력을 얻는 지름길이었다. 그 지름길에 장보고는 선두 주자가 된 셈이다.

넷째, '청해진대사'라는 독특한 직책으로 신라 노예를 근절시켰고, 산동반도와 청해진에 '해사행정특구'를 운영하여 민생을 해결하였다. 828년 장보고는 귀국하여 당나라에서 자행되고 있는 신라 노예 매매를 근절시키겠다고 흥덕왕에게 제안했다. 이에 감동한 흥덕왕은 그를 '청해진대사'라는 독특한 직책으로 해양에 관련한 전권을 부여하고 군사 1만 명과 함께 청해진에 본거지를 설치토록 했다. 골품제를 바탕으로 한 철저한 신분제 사회였던 신라에서 평민 출신에게 관직을 제수하기 어려운 상황에서 장보고에게만 준 예외적인 관직이다. 그는 이 애매모호한 성격의 관직을 철저하게 활용하여 청해진을 중심으로 해상왕국을 건설하였고, 827~835년 이후로 해상에서 신라 노예를 매매하는 것을 근절시켰다. 장보고는 산동반도와 청해진에 군사조직, 상인조직, 행정조직을 겸한 복합적인 해사행정특구를 구축했다. 아울러 그는 산동성에 적산법화원, 청해진에 법화사를 세워 작은 통일 신라인들의 신앙적, 정신적 구심점을 이루고, 그들 간의 정신적인 유대관계를 강화시켰다. 마치 이슬람 상인들이 이슬람교와 대상사업을 연결시킨 것이나, 유럽의 제국들이 대항해시대 이후 식민지를 경영하면서 가톨릭교를 활용한 것과 같다. 장보고는 당에서 신라인들의 노비 매매 퇴치, 군중소장의 경험을 바탕으로 서해와 동중국해 해적퇴치 등 인권문제, 민생문제들을 해결하면서, 재당 신라인은 물론 신라, 당과 일본 경제계에 신용과 민심을 얻었다.

다섯째, 한·중·일 삼각무역의 중심부인 청해진을 근거로 '바다의 실크로드'를 개척하고 제해권을 확보했다. 당시 한국과 중국, 일본을 연결하는 길은 오로지 바닷길이었으며, 바닷길은 정치와 군사, 그리고 물류가 흐르는 곳이었다. 항해술과 조선술, 항로개척 등 해운경영능력의 필요충분조건을 갖춘 장보고는 동북아 바다의 실크로드를 개척했다. 장보고는 당나라 해안의 '남북 종단 연근해항로'와 '황해 횡단항로' 등 기존항로에 대해 잘 알고 있었다. 아울러 장보고는 ▲산동성 적산포-청해진-일본 하카다항을 연계하는 '적산항로', ▲적산포와 양쯔강 운하를 연계하는 '동안수로', ▲주산군도의 보타도와 일본 하카다항을 연계하는 '명주항로' 등 3대 주 항로를 개척했다.[1] 삼국을 모두 연결하는 바닷길이 한데 모이는 곳이 바로 청해진이었다. 청해진은 지리적으로도 남북연근해항로가 통과하는 곳이고, 한반도에서는 남해와 서해가 만나는 지점이고, 중국의 강남 지역에서 한반도로 북상하는 항로가 만나는 곳이기도 하다. 청해진은 장보고에 의해 그 시대에 한·중·일을 연결하는 항로가 경유하는 중요한 항구도시가 되었다.

여섯째, 장보고는 해적들을 퇴치하는 해군력을 키워 해상무역에 가장 중요한 해상안전을 보장했다. 청해진은 군데군데 떠있는 주변의 섬들에 소규모 군항을 만들고, 그 섬들을 연결하는 해양방어체제를 구축함으로써 공수를 유기적으로 엮은 대규모 해양 요새였다. 또한 항해상에 문제가 발생했을 때 피할 수 있고, 주변해역을 항해하는 선단들을 관측하고 보호할 수 있는 거리와 해양환경을 지녔고, 주변에 섬들이 많고 조류가 복잡하기 때문에 외부세력들의 공격을 방어하는 데 유리했다.

일곱째, 장보고는 통상외교협상 능력을 발휘하여 공공무역과 민간무역을 관장했고, 청해진을 자유무역항으로 경영하였다. 장보고는 당나라에는 대당 매물사라는 물건 구입자, 즉 수입상들을 무역선인 '교관선'에 실어 파견하였다. 그리고 당 제품뿐만 아니라 페르시아산 담요·자단·침향 등 동남아시아와 아라비아산의 고가 사치품을 수입하여 신라 귀족들에게 팔았다. 역사의 가정이지만 만일 장보고가 훗날 15~16세기 대항해시대에 6세기 앞서 동남아시아에서 생산되는 후추와 향신료를 해상 무역했다면 어땠을까? 청해진이 동남아 향료거래의 중심지에 버금가는 국제교역 중심지가 되었을 수도, 또는 동양이 서양에 훨씬 앞선 경제발전을 이룩했을지도 모른다. 장보고는 신라의 물품들을 당에 수출했다. 때로는 선단을 거느린 채 일본을 직접 방문하였고, 현재 규슈의 후쿠오카시에 지점을 설치하고 무역선을 보내어 사무역도 하고, 공무역까지도 영역을 확대하였다. 그러는 한편 일본 정부는 장보고가 파견한 회역사들이 교역하러 온 '당국화물 唐國貨物'을 민간인에게 적당한 가격으로 매매하였다. 이렇게 장보고는 청해진을 일종의 자유무역항으로 만들어 재당 신라인과 본국 신라인을 동시에 관리하고, 역할분담을 조정할 수 있었다.

여덟째, 중국 산동성의 신라방이나 일본의 신라촌에 거주하는 신라인들과 고구려, 백제 디아스포라 diaspora들을 중심하여 글로벌 네트워크를 조직했다. 이 글로벌 네트워크를 통하여 정확하고 신속한 정보수집, 상품의 적재적소 수급, 상품의 고급브랜드화, 운송비 절감 등 요즈음 경영기법인 '공급망 관리 SCM Supply Chain Management'를 사용했다. 동북아 바다 무역을 장악한 장보고의 무역형태는 육상 실크로드의 아랍상인들과 연계하여 동북아 바다뿐만 아니라 중동지역까지 교역을 확대하였다. 장보고의 이러한 비범한 능력과 정력적인 활동 덕분에 신라의 환황해 경제권 해양활동 능력과 국제적인 위치가 크게 제고되었다. 장보고 선단 등 신라 상인들의 활발한 무역활동 때문에 일본에서는 무역역조현상이 심각했지만, 일본은 당과 신라와 정치·경제·문화적으로 연결을 가질 수 있었다. 범 신라인들, 즉 재당 신라인들과 장보고 세력들은 해양활동을 통하여 당나라 중심의 동아질서에 일방적으로 편입되지 않았을 뿐만 아니라 미흡한 물류체계를 이어 주었다. 결과적으로 장보고는 동아지중해 서쪽 환황해권의 주요 항만 거점도시들을 유기적으로 연결했고, 조직적으로 역할분담을 시키면서 군사력을 동원하여 신라 정부와 외국 민간상인조직을 연결시켰다.

아홉째, 장보고는 중세의 베네치아 상인처럼 탁월한 기업가정신과 벤처정신을 바탕으로 'OEM Original Equipment Manufacturer'(주문자 상표에 의한 제품 생산자) 방식의 생산과 '군·산·상 軍産商 복합기업'을 경영했다. 그는 군사력과 해양력을 바탕으로 상권을 장악하면서 제조업, 상업, 운송업, 삼각 중계무역, 보세가공업, 문화교류 등을 해양이라는 하나의 시스템 속에서 유기적으로 운영하였다. 넓은 바다를 무대로 군수산업, 산업생산과 상업을 복합 경영하면서 오늘날 종합무역상사와 같은 조직을 운영했다.

끝으로, 장보고의 말년은 정경유착으로 성공해서 정경유착으로 몰락했다. 말년에 장보고는 대내적으로는 신라왕권 쟁투에 휘말렸고, 대외적으로는 당나라와 일본의 해외 견제세력에 의해 몰락했다. 경제인 장보고가 정치인 장보고로 변신하면서 정치권력과 경제권력 둘 다를 거머쥐려는 야심으로 신라왕조 말기의 왕권투쟁에서 희생자가 됐다. 16세기 푸거 가문과 합스부르크 왕조의 성장과 몰락에서 보듯이 재벌이 정치와 '불가근불가원'의 관계를 유지해야 하는 것은 실천하기에 쉽지 않은 과제다. 장보고의 죽음과 몰락은 비단 신라 궁정 내부에서 벌어진 권력쟁탈전 때문만은 아닐 수 있다. 장보고는 서해·동중국해·남해로 이어지는 넓은 바다의 해상무역을 장악했고 신라와 당나라, 발해, 일본과 독자적으로 무역했음은 물론 서역과는 간접적으로 무역을 한 유일무이한 인물이었기 때문이다. 따라서 그의 죽음은 국제적으로 장보고에 상권을 빼앗긴 당나라와 일본의 대상인 등 견제세력들이 직·간접적으로 관련되었을 가능성이 있을 것으로 추정된다.

성한 자가 반드시 쇠함은 역사의 순리인가 보다. 동북아 해양 상업세계의 조정자 역할을 할 수 있었던 해상 영웅 장보고는 역사에서 사라졌다. 장보고가 무너지면서 신라 중앙정부도 지방에 대한 통제력을 상실하였다. 특히 장보고의 청해진 때문에 위축되었던 군소 해양세력들이 다시 재기하여 발호했다. 이들 해양세력은 권력과 성격 측면에서 기본적으로 '무정부성', '호족성'이 있었기 때문에 중앙 통제가 불가능했다. 해양세력들은 처음 경제력을 집중시켜가다가 점차 군사적으로 성장하고, 결국 강력한 지방 세력으로 독립하였다. 이들은 후삼국 시대를 여는 역할을 했고, 결국은 신라 사회를 해체시키는 촉매제 역할을 했다. 결국 장보고 사후 반세기가 지난 후 해양세력인 왕건이 고려 왕조(918~1392년)를 세웠고, 대외적으로는 고려 상인들이 중국, 일본과는 물론 멀리 중동의 아라비아와 페르시아까지 해상활동을 한 것은 장보고의 유산 덕분이다.

2. 만주와 연해주를 다스렸던 바다의 나라 '발해'

'발해 渤海'(698~926)는 나라이름에 바다이름 '발 渤'과 '바다 海'를 지닌 독특한 바다국가의 표상이다. 중국사에 진나라와 수나라 중간 시대에 남·북조시대(420~589)가 있었다면, 한국사에는 남국의 통일신라와 북국의 발해가 병존한 7세기 후반부터 10세기 전반의 시기인 남·북국시대가 있었다. 중국에선 발해를 바다 동쪽에서 번성한 나라라 해서 '해동성국 海東盛國'이라고 불렀다. 발해사를 한국 역사로 인식한 것은 고려 충렬왕 때 이승휴가 지은《제왕운기 帝王韻記, 1287년》에서 고구려의 대조영이 발해를 건국했다고 주장하면서부터이다. 남·북국시대라는 용어는 조선 후기, 1784년(정조 8)에 유득공이《발해고》서문에서 발해가 고구려의 후계자이기 때문에 통일신라·발해가 공존한 시기를 '남·북국시대'라고 명칭하면서 시작됐다. 1864년(고종 1) 김정호의《대동지지》에서도 발해가 고구려의 옛 땅을 이어받아 신라와 함께 200년간 남·북국을 이루었다고 기록했다.

한민족의 고토였던 발해에 대한 연구 자료가 많이 부족하지만, 21세기에 들어 발해지역이 차지했던 연해주의 중요성은 나날이 부상되고 있다. 중국의 동북공정의 핵심은 한편으로는 발해와 고구려 역사 지우기에 다름 아니고, 다른 한편으로는 19세기 러시아에 뺏긴 연해주 고토회복의 염원이다.

다만, 중국은 '구존동이 救存同異'와 '도광양회 韜光養晦*'의 외교 전략으로 때를 기다리면서 북한을 통한 동해진출, 중·러 간 연해주개발 프로젝트를 추진해 왔다. 러시아 또한 동해진출과 동방 러시아 개발의 창구로서 블라디보스토크와 연해주 경제개발을 국가전략으로 추진해 왔다. 한국 또한 발해 지역을 북방정책의 핵심으로 삼고 나홋카 산업공단 개발, 이르쿠츠크 가스 유전개발, 시베리아횡단철도 TSR과 남북한연결철도 TKR 연계로 물류산업 활성화 방안을 고심해 왔다.

러시아의 나홋카 항은 한국 동해의 북단에 있는 나홋카 만의 중요한 수출항이자 어업기지로서 부동항이다. 시베리아철도 지선의 종점이며, 제2차 세계대전 중 연합군 원조물자의 양륙시설이 건조된 이래 항만과 도시가 건설되었다. 1980년대 초에는 목재·석탄·컨테이너까지 하역할 수 있는 최신 설비와 대형선박이 정박할 수 있는 부두를 갖추어 러시아 동부 최대의 항구도시로 사할린·캄차카로의 물자수송 기지이다. 섬나라 일본 역시 대륙 진출의 통로로 발해 지역 개발에 관심을 두고 있으며, 해운항만 투자와 이르쿠츠크 가스 등 자원 확보전략을 추진하고 있다. 바다의 나라인 발해의 국가 이름대로 연해주와 동북삼성이 바다로 진출하게 될 경우, 동북아시아의 판도는 확 바뀔 것이다.

발해는 고구려인 대조영이 세운 국가이고 지배층은 고구려인이었다. 문왕 때 발해에서 신라로 가는 육로를 뚫어 '신라도'가 생겼고 선왕 때 발해의 영토를 최대로 넓혔다. 발해는 피지배층이 말갈족이고, 지배층이 고구려인이었다. 발해를 세운 위인은 대조영, 고구려가 망한 후 당나라의 육상 실크로드 건설 선봉장으로 활약한 위인은 고구려인 고선지였듯이 지배층이 '대'

---

* '자신을 드러내지 않고 때를 기다리며 실력을 기른다'는 의미로, 1980년대 말에서 1990년대 덩샤오핑 시기 중국의 외교방침을 지칭하는 용어이다.

씨나 '고' 씨였다. 피지배층 말갈족은 우리 역사 속에서 자주 등장했다. 말갈족은 만주 지방을 본거지로 살아온 북방 민족이다. 삼국 시대엔 '숙신'이라고 불렸고, 남·북국 시대엔 '말갈족'이라고 불렸다. 고려 시대엔 우리나라를 침공해왔던 금나라가 바로 말갈족인데 그땐 '여진족'이라고 불렸다. 조선 시대엔 여진족에서 '만주족'으로 이름을 바꾸고, 나라 이름도 후금에서 청으로 바꿨다. 명의 뒤를 이은 청나라(1616~1912)가 그들이다.

말갈족의 존재를 두고 중국에선 발해가 중국의 역사라고 억지를 쓸 때 유리한 증거로 활용한다. 왜냐하면 지배층이 고구려인이긴 하지만 전체 인구의 10~20퍼센트밖에 안 되고, 나머지 80퍼센트는 말갈족이었기 때문이다. 발해를 중국의 소수 민족인 말갈족의 나라라고 하는 이유다. 한편 역사 해석상 발해의 후손이 청나라라면, 발해의 후손이 중국을 차지한 셈이다. 이 때문에 누구 역사인가를 두고 한·중·러·일 사이에 논쟁이 되고 있다.[2]

우리나라와 일본은 발해의 역사를 고구려 계통의 역사로 보지만 중국이나 러시아는 말갈족의 역사라고 주장한다. 그러면서 중국과 러시아에서는 자기 역사로 삼아 열심히 발굴하고 있는데, 우리는 접근조차 어려운 형편이다. 아쉽게도 발해가 자국의 역사서를 편찬하진 않았지만 당시 다른 나라와 교류했던 외교 문서는 남아 있다. 일본에 보낸 국서를 보면 발해왕이 스스로를 '고려 국왕'이라고 했다. 발해가 자기 스스로 고구려를 계승했다고 하는데 당연히 우리 역사다. 전투력과 친화력 모두 최고였던 발해의 선왕은 발해의 영토를 최대로 넓혔다. 남쪽으로는 신라와 국경선을 맞대고 서쪽으로는 요동 지역까지 장악할 정도였다. 선왕은 발해를 5개의 수도인 5경, 15개의 부, 62개의 주의 행정구역으로 나눴다. 발해는 현재의 중국 옌볜과 헤이룽장성에 중심지를 두고, 고구려보다 두 배 정도 큰 나라였다. 발해의 영역은 북쪽으로 하바롭스크가 있는 아무르 강 유역까지 뻗어 있었다. 이에 비해 고구려 땅은 남쪽에 치우쳐 있어서 두만강 부근까지 미쳤을 뿐이다. 발해는 연해주에 살던 말갈족을 정복해 다스렸다. 발해는 내분과 거란족의 침입으로 인해 멸망하고 일부 발해 유민들이 고려로 흡수된다.

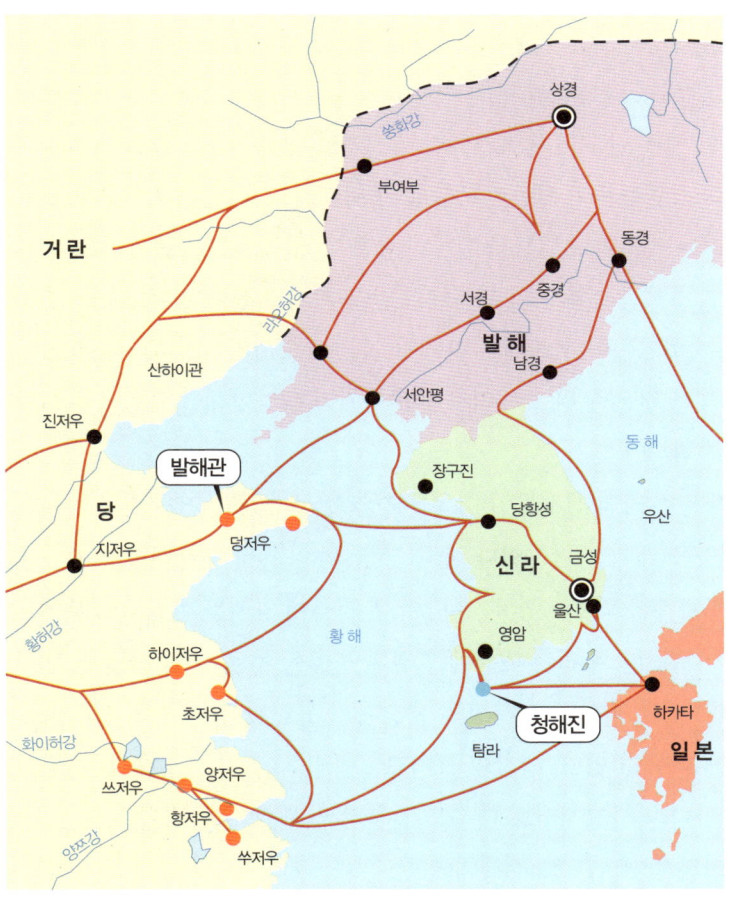

그림 14.1. 남·북조 시대의 발해와 주변국들과의 통상로

발해 수군은 732년에 산동 반도에 있는 당의 주요 무역항 덩저우 登州를 공격하여 잠시 점령하였다가 물러났다. 733년에는 발해군이 해로로 이동하여 요서 지방의 마도산을 공격하였다. 발해가 해동성국 海東盛國이 된 8세기 말부터는 당과 신라와의 적대적인 관계가 우호적인 관계로 변했으며, 실제로 산동반도 등저우에 발해사신을 접대하는 발해관 渤海館이 건립되었다. 발해는 압록강 하구의 신주 神州를 기지로 삼아 765~819년의 반세기 동안 산동 반도의 세력가였던 이정기와 해상무역을 했으며, 그 이후에도 발해의 교관선들이 산동반도를 많이 왕래하였다. 일본과 국교를 맺은 727년부터는 일본과도 교류를 활발하게 했다. 발해는 929년까지 35회에 걸쳐 함경도 북청과 연해주의 포시에트 만을 기지로 삼아 일본에 사신을 파견하였다. 발해인들이 포시에트 만에서 일본 열도까지 500해리를 약 1주일 만에 항해한 것은 우리 고대역사에서 원거리 대양항해를 유일하게 성공한 사례에 속한다.

발해는 우리의 선조들이 대륙을 경영한 국가였고, 거친 겨울 바다를 헤치고 해양을 개척한 나라였다. 발해 멸망 이후 고려 때부터 한민족의 활동은 한반도로 축소되었고, 남북 분단이 된 지금에 와서는 한반도 남부에 국한되기에 이르렀다. 우리는 대륙에 연결된 사실을 잊은 채 섬 아닌 섬에 갇혀 살아왔다. 영토의 분단은 사고의 분단마저 불러왔다. 우리의 생각이 한반도 남부에 머물러 있고, 생각의 크기도 줄어들게 했다. 진정한 남북통일은 영토뿐 아니라 사고에서도 대륙으로 열려 있을 때 실현될 수 있다. 발해인은 신라인과 함께 남·북국 시대에 살았지만, 지금 우리는 남·북한 분단시대에 살고 있다. 남·북한 시대에 남·북국 시대를 생각하며 미래를 설계해 볼 때다.

3. 세계를 향한 고려의 해양 전략

1) 후삼국을 통일한 왕건의 해양력

막강했던 장보고 대사의 해양세력은 반세기가 지난 9세기 말~10세기 초에는 왕건·견훤·능창이라는 세 명의 걸출한 해양영웅이 등장하여 패권다툼을 벌였다. 우리 역사상 처음으로 해양영웅끼리의 왕권 쟁탈전이었다. 능창은 '포스트 장보고'를 꿈꾸며, 바다를 제압한다는 의미의 '압해'의 이념을 추구하려 한 미완의 해양영웅이었다. 견훤은 신라가 서남해 해상세력 진압을 하도록 '서남해방수군'의 직책을 부여하였지만, 900년에 그 스스로 후백제를 세웠다. 무역을 통해 막대한 부를 쌓은 왕건 가문은 송악 일대를 장악했을 뿐 아니라, 예성강 일대에서 강화도까지 이르는 지역에 튼튼한 세력을 구축했다. 이런 강력한 해군력과 재력을 갖춘 왕건 가문과 임진강 일대를 중심으로 새롭게 세력을 떨치던 궁예가 896년에 손을 잡음으로써, 후고구려는 후삼국 중 가장 강력한 체제로 출발했다.

왕건은 궁예의 장군이 되어 많은 공로를 세웠으며, 특히 가문이 키워온 수군을 이끌고 한강 유역과 서해안, 멀리 지금의 경상남도까지 공략하여 기세를 떨쳤다. 궁예의 부하였던 왕건과 견훤의 첫 격돌은 909년 해전이었고, 912년과 913년 '목포대전'에서 장인 유천궁의 협조로 왕건은 견훤을 꺾고 서남해 해상쟁패의 최후 승자가 될 수 있었다. 한편 당시 '도서 해상세력'의 대표인 능창과 '연안 해상세력'을 지지한 왕건 사이의 해전도 왕건의 승리로 끝나면서, 왕건은 포스트 장보고로 급부상했다. 왕건의 해상세력은 선대의 해상활동 범위와 역량을 더욱 확대·강화해 갔다. 이처럼 해상세력을 장악한 왕건은 궁예 휘하에서 수군장군으로 제해권을 석권했고 급기야 고려를 건국하여 936년에 후삼국을 통일했다.

왕건 王建(재위 918~943년)은 우리나라 역사에서 해군력과 해상력의 중요성을 알고, 그를 기반으로 왕조를 세운 처음이자 마지막 태조였다. 900년에 견훤이 후백제를 세워 '후삼국 시대'를 연지 36년이 경과했고, 신라가 676년에 나당전쟁에서 당나라를 물리치고 '삼국통일'을 이룩한 지 260년 만이었다. 고려의 통일은 신라가 백제와 고구려 땅 일부를 정복한 형태의 '통일'보다는 완전한 통일이었고, 외세의 힘과도 무관한 통일이었다. 왕건은 고려왕조를 세우는 과정에서 전국 곳곳의 호족세력들의 딸 29명(6명의 왕후와 23명의 부인)과 결혼하여 처첩을 두었고 34명의 자식을 두었다. 정략결혼의 상대자는 개풍의 해상세력 유천궁의 딸, 그리고 나주의 해상세력 으다련의 딸 등 지방호족세력(신라의 구 왕실도 포함)의 딸이었다. 세력 기반이 비교적 미약했고, 고려라는 나라 자체가 '호족 대연합'의 성격을 띠고 있었기 때문에 정략결혼은 왕건의 지지기반 구축을 위한 특이한 전략이었다.

고려는 후삼국을 통일한 뒤에도 주변국의 복잡한 국제환경 속에서 치열하고 절묘한 외교정책을 취할 수밖에 없었다. 고려 초기의 강한 해군력과 해상력은 국제환경을 극복해 가는 유용한 전략이었다. 왕건과 후계 고려왕들은 당나라가 멸망한 907년부터 송나라가 건국된 960년까지 화북 華北 5대와 화남 華南 10국으로 분열된 중국의 여러 왕조와 적극적인 해양교류를 펼쳤다. 당나라 이후 반세기 동안의 분열시대를 거친 중국은 결국 960년에 송나라가 건국되었으며, 송과 고려는 해양협력으로 동반 발전하였다. 동아시아의 역학관계는 북방의 요遼, 중국의 송宋, 고려로 3분되었고, 서하, 여진, 일본 등의 주변 국가들이 있었다. 이들 국가들은 각각 자국의 이익을 위해 합종연횡 合從連橫의 외교전을 펼쳤다. 특히 요와 송은 군사적으로 대립관계였으며, 비교적 송이 수세에 몰리는 입장이었다. 주변의 국가들은 자연히 이러한 상황에 예민할 수밖에 없었다.

고려는 송과 요나라와 국경을 육지와 바다로 접했기 때문에 매우 복잡하고 미묘할 수밖에 없었다. 특히 요나라는 육지로 국경을 마주했고, 발해를 멸망시킨 국가이므로 초기부터 불편한 관계였다. 반면에 송과는 우호관계를 맺었는데, 송은 문치를 숭상하는 국가였으며 경제가 발달했고 교역에서 얻는 이익이 많았다. 뿐만 아니라 서해를 가운데 두고 있어 국경이 직접 마주치지 않아 군사적으로 충돌할 가능성이 적었기 때문에 적극적으로 우호관계를 유지했다. 송과 고려는 해상무역을 중시했다는 점에서도 정책코드가 맞았다. 송 태조 조광윤은 해안소금생산력을 기반으로 군사력과 경제력을 갖추었고, 왕조 건국 후 상업규례를 정하고, 무역업을 담당하는 시박사를 주요항구에 설치하여 해상무역정책을 제도화했다. 송나라의 무역은 동남아시아를 비롯하여 멀리 중동에 이르렀다. 일본은 9세기 후반부터 황족의 일가인 후지와라 일가가 천황 대신 '섭관정치 攝關政治'의 시대를 열었고, 이에 저항하는 해상세력을 진압하면서 12세기 전반까지 200여 년 동안 해금정책을 유지했다. 결국 송과 고려가 10~11세기의 동북아 해상무역을 주도할 수 있는 상황이었다.

이처럼 고려와 송나라와 요나라는 해양을 활용하여 긴박하고 화려한 외교 행각을 벌였다. 송나라는 거란을 치기 위해 고려에 파병을 요청하는 등 오히려 고려보다 외교교섭에 더욱 적극적이었다. 963년에 송은 고려에 사신을 보냈고, 965년에는 고려가 송에 사신을 보냈다. 그리고 잠시 중단되었다가 972년에 이르러 서희 徐熙는 7년 동안 끊어졌던 외교를 바다를 통해 재개시켰다. 그는 정상적인 항로가 아니라 새로운 항로를 선택했는데, 가능한 한 요나라의 간섭을 받지 않고 손쉽게 송의 수도로 들어갈 수 있는 도착 항구를 염두에 둔 것이다. 그 뒤 요나라를 대신하여 1125년에는 금 金

나라가 건국되고, 남송과 금나라 사이에 전쟁이 벌어지는 등 심상치 않았을 때는 더욱 미묘한 관계가 연출되기도 했으나, 고려는 줄타기외교를 하면서 위기를 슬기롭게 넘겼다. 이러한 역사적 사실들은 고려가 늘 주변국과의 역학관계를 조정하는 일에 익숙했고, 등거리 외교로 실리를 취하는 정책을 취했음을 알려준다. 그런데 이러한 등거리 정책은 고려가 해양제해권을 어느 정도 갖추었기 때문에 바다 건너 중국세력과 관계를 적극적으로 맺을 수가 있었던 것이다. 그 후 고려와 송의 해양외교 및 교역은 고려 사회 및 동아시아 질서에 상당한 영향을 끼쳤다. 21세기 현재의 어려운 한반도 상황에서는 과거 고려의 외교·국방·통상전략을 연구하고 참고할 필요가 있다.

2) 천년을 앞선 개성상인 복식부기와 금융제도

고려사는 송나라 상인의 내항과 활동에 대해 자세히 기록하고 있음에 반해, 고려 상인에 대한 기록이 거의 없다. 이를 두고 동북아 해상무역을 송나라 상인이 주도했다고 보는 입장이 있고, 기록이 없어서 그렇지 송나라 상인 못지않게 고려 상인도 활동했다고 보는 견해로 나뉜다. 개성상인들이 상업에 전문성을 가지고 활동할 수 있었던 배경에는 고려시대 개경이 국제무역도시로서 번성했던 오랜 전통을 계승했기 때문이다. 고려시대 개경은 국제무역항인 벽란도를 거점으로 외국사신의 빈번한 왕래에 의한 공무역과 외국상인에 의한 사무역이 번창한 상업도시였다. 예성강 하구의 자연항 벽란도는 상업과 무역의 중심이 되었고, 고려를 바깥 세상에 알린 통로였다. 이때부터 개경의 상인들은 '송도상인 松商'이라고 불려졌다.

고려는 오늘날 국가브랜드 코리아 Korea를 탄생시켰다. '고려'하면 떠오르는 것은 해양 이미지로 예시는 많다. 남해 바닷가 강진에서 최고급 고려청자의 70~80%가 생산된 점, 팔만대장경의 조판사업이 강화도와 남해도의 두 섬에서 이뤄진 점, 삼별초가 진도로 이관될 때 1천여 척의 배가 동원됐다는 사실, 세계인이 왕래했던 국제도시 개성과 수도권 관문 벽란도 등이다. 좋은 국가브랜드를 구축한 국가는 문화적 프리미엄을 갖는 반면, 낙후된 이미지의 국가브랜드 국가는 문화적 디스카운트를 겪는다. 국가브랜드는 과거 가치에 대한 평가이기도 하지만, 현재 어떤 가치를 지니고 앞으로 어떤 비전을 지향하고 있는가 하는 미래지향적 가치에 대한 평가이기도 하다. 그런 의미에서 해양강국 고려의 이미지를 국가브랜드로 갖는 대한민국은 고려의 해양 문화 프리미엄을 누린다고 볼 수 있다.

20세기 후반부터 우리는 자본주의 경제제도로 영미식 글로벌 스탠다드, 유럽식 복지국가, 신자유주의 그리고 또다시 상생의 복지라는 단어에 익숙하다. 그러나 우리에게도 송상과 송상의 상업제도 같은 자랑스러운 자본주의의 원류인 경제제도가 있었다. 개성상인, 즉 송상 松商이 그 원류의 하나일 것이다. 중국에 저장 상인이 있고, 일본에 오사카 상인이 있다면 우리에게는 송상이 있다. 유대인이나 이탈리아에 베니스 상인과 어깨를 나란히 하는 아시아의 대표상인이다. 개성상인들은 해양을 무대로 한 해운업, 중국과 일본을 연결하는 국제무역, 개성부내의 상설점포인 시전 市廛상업, 전국적 행상과 도매업, 나아가 인삼재배와 홍삼제조업으로 사업 영역을 넓혀나갔다. 고려와 조선 그리고 현대까지 천년 동안 지속된 비즈니스 모델이다.

고려를 세운 왕건도 송상의 범주에 든다고 할 수 있으며, 한국전쟁 이후 남하해서 성공한 송상들의 후예는 한일시멘트(창업자 허채경 회장과 아들 허동섭 회장), 동양제철화학(창업자 이회림 회장과 아들 이수영 회장), 태평양화학, 삼립식품, 오뚜기 등을 들 수 있다. '무차입 경영, 신뢰경영, 한 우물 경영' 등으로 상징되는 '송상정신'은 한국형 경영의 효시이다. 과거 송상은 장사할 때 계약서를 주고받지 않는다는 말이 있었다. 신용이란 너무나 중요하므로 구차하게 종이쪽지로 표현하지 않겠다는 의미이다. 그래서 나온 말이 '대신불약 大信不約'이다. 큰 믿음, 큰 신용은 타인이 아니라 이미 자기 자신과 약속하기 때문이다. 이것을 지키지 않으면 세상에서 가장 소중한 자기 자신을 속이고 버리게 된다. 또한 한국전쟁 이후 단기 급성장한 다른 재벌들과 달리 엄격한 무차입 경영으로 외환위기를 극복한 뿌리 깊은 송상 기업들은 굳건하게 극복했다. 단기적 이익추구에만 급급한 일부 기업인들을 질타할 때 가장 회자되는 것이 '개성상인 정신', '송상 정신'이다.

우리나라 고유의 자본주의 원류로 내세울 수 있는 것은 송상의 상업제도인 (1) 송도사개치부법, (2) 차인제와 시변제이다. 개성상인들의 상업경영은 '송도사개치부법 松都四介治簿法'이라는 독특한 복식부기의 창안, 상업사용인 제도, 그리고 독특한 금융제도인 '시변제 時邊制' 등 각종 합리적 상관습을 창출했다. 또한 그들의 자본축적과 그 자본의 생산부문에의 투자는 우리나라 중세 말기의 근대적 지향을 보여주는 징표들이다.

(1) 송도사거치부법

'송도사개치부법'은 고려시대의 수도이고 조선시대의 상업중심지인 개성의 상인들에 의하여 창안되고 비전되어온 우리 민족 고유의 복식부기 방법이다. 이는 서양의 복식부기와 그 표현과 기장방법의 차이가 있으나 근본 원리는 같은 것으로, 물품과 화폐가 동시에 거래되던 당시 상황에 매우 적합한 것이었다. 그 생성시기가 서양의 복식부기보다 200년 이상 앞선 것으로 추정된다. 고유한 부기법인 송도사개치부법으로 기장되어 있는 장부로 오늘날 알려진 것 가운데 가장 오래된 것은 1700년대 말의 장부로 개성에 보관되어 있다고 하며, 과거 조선총독부 촉탁이었던 젠쇼 에이스케 善生永助가 개성의 구 가옥에서 발견한 광서연대(光緖年代, 1875~1908)의

장부 3권은 일본에 있다.³ 1916년에 현병주 玄丙周가 '송도사개치부법'을 널리 보급할 목적으로 개성인 김경식과 배준여 두 사람의 교열을 받아 《사개송도치부법 四介松都治簿法, 덕흥서림, 1928년》을 출간하였다. 겉 표제는 《실용자수 사개송도치부법, 전 實用自修 四介松都治簿法, 全》이다. 이 책은 12세기경 개성상인들이 쓴 송도부기를 현병주가 한자와 이두, 그리고 한글맞춤법이 통일되기 전 조선시대 표기법으로 저술했다.

이러한 고유한 부기법이 존재했다는 사실이 서구사회에 처음으로 알려진 것은 1918년에 오스트레일리아의 회계사협회 기관지 ≪The Federal Accountant Vol.3≫를 통해서였는데 실제로 1910년대까지 일부 상인들 사이에 전수되어왔다고 한다. 현병주의 책을 번역하고 해설한 이원로는 '사개송도치부법'은 서양부기의 원조라 일컫는 루카 파치올리 Luca Pacioli가 1494년에 저술한 논문 『산수, 기하학, 비례와 비례적인 것들의 대전 Summa de Arithmetica, Geometrica, Proportioni et Proportionalita』의 일부 내용인 「상업적 계산과 기록 the Treatise De Computis et Scripturis」보다 200년 앞선다고 주장한다. 루카 파치올리의 논문 「상업적 계산과 기록」은 그를 '회계학의 아버지'라는 반열에 올린 회계학분야의 고전이다.

루카 파치올리는 「상업적 계산과 기록」에서 서양부기의 논리와 함께 사업에 성공하기 위한 세 가지 조건을 제시했다. 첫째, 상인은 자기 사업의 전부를 정확히 알아야 한다. 둘째, 아는 것도 한눈에(at a glance) 알아야 한다. 셋째, 모든 것을 한눈에 알려면 베니스 부기, 즉 '복식부기'를 알고 실천해야 한다. 즉, 모든 거래를 베니스 방식으로 체계적으로 기록 및 정리해야 한다고 주장했다. 아울러 이원로는 송도부기가 직지심경, 훈민정음과 함께 한국이 전 세계에 보급한 3대 문화원천 중에 하나라고 극찬한다.⁴

현병주의 책 내용은 총 23장과 부록으로 구성되어 있다. 제1장 통론, 제2

장 부기의 원인, 제3장 대차에 권리와 의무를 속하여 논함, 제4장 금궤가 주체되는 예, 제5장 상품을 사람으로 인정하는 예, 제6장 교환의 범위와 상태, 제7장 유형물과 무형물의 종별, 제8장 이익부와 손해부의 설명, 제9장 신식 부기와 구식 부기의 종별, 제10장 사개의 정의, 제11장 주요부 및 보조부의 구별, 제12장 일기는 치부의 원료, 제13장 봉차질(자산부)과 급차질(부채부)의 주의, 제14장 송도일기장은 신식부기의 일기장과 분개장을 합하여 기록하는 이유, 제15장 송도 일기와 장책에 특수문자와 부호를 기록하는 예, 제16장 일기의 예제 실습과 설명, 제17장 제류장부 편제 및 철방례(기록법), 제18장 일기의 철방례, 제19장 타급장책의 철방례, 제20장 외상장책의 철방례, 제21장 결산 시 철방 사개의 분립례, 제22장 결산 시 합산의 실례, 제23장 후록복부(마감 및 기초재수정)의 예와 부록 장기례로 구성되어 있다. 제15장까지는 사개치부법에 관한 기초 이론이며, 제16장에서 일기의 예제를 들어 실습 설명을 하고, 제17장 이후로는 각 장부의 편제 및 철방례를 실제 장부의 양식대로 제시하고 있다.[5]

(2) 차인제와 시변제

'차인제 差人制'는 후계자 양성을 위해 다른 상인의 상점에서 수년간 일을 배우게 하는 도제제도이자 인사수습제도였다. '차인제'는 도제제도로 상업의 영속성과 상생을 지향했다. 유럽 중세도시의 상인이나 수공업자의 동업조합이었던 길드 guild 내부에서 후계자 양성을 위한 '도제제도 apprenticeship system'가 비슷하기는 하나, 유럽의 도제제도는 기술적 훈련의 실시와 더불어 동업자 간의 경제적 독점을 목적으로 하여 설립된 제도였다. 반면 개성상인들의 '차인제'는 10년 이상 도제로 양성한 점원이 믿음직스럽게 되면 차인으로 등용했다. 주인은 양성한 도제를 책임지고 독립시켰다. 주인은 차인에게 무담보로 자금을 대여하고 상업을 자영토록 했다. 주인은 차인의 상업에 대해 일절 간섭하지 아니하되 이윤이 생기면 나누었다. 차인이 점차 자본을 조성하면 차인은 자립했다. 또 하나 송상의 차인제에서 특이한 것은 장차 가업을 승계할 자제는 반드시 다른 상가에서 엄격한 도제 과정을 거치게 했다. 독일 산업의 경쟁력은 도제제도를 산업별 직업훈련제도로 정착시킨 데서 비롯하며, 일본 역시 기업별 직업훈련 과정으로 승화된 도제제도의 전통이 부품소재 경쟁력의 원천이다. 오늘날 재벌들의 자제들이 타 기업은 물론 자기 기업에서 경영수업이나 훈련도 제대로 받지 않고, 부친 재벌그룹 회사의 고급 중역으로 출발하여 경영실패를 자초하는 것이 다반사이다. 차인제가 경영매뉴얼이었던 송상들이 보면 기가 막힐 일이다.

'시변제 時邊制'는 아무런 담보물 없이 오로지 신용에만 기초한 자금을 융통하기 위한 제도였다. 차인제의 성공도 이 시변제를 기반으로 했기 때문이다. '개성의 시변'은 노련한 중개인들이 조합을 설치하여 그 조합의 활동을 책임지고 운용했다. 중개인이 매일 이용자들을 방문하고 탐문하여 자금의 수요가 있으면 공급자를 찾아가 금액과 기간을 알렸다. 공급자는 이용자가 누구인가를 묻지 않고 돈을 넘기고 중개인은 이를 차입자에게 전달했다. 상환기일이 되면 차입자가 대주를 방문하여 직접 상환했다. 시변제와 차인제는 오늘날 되살릴만한 천년의 송상제도이다.

4. 공도정책과 해금정책이 만든 쇄국주의

우리 민족의 바다를 향한 관점은 개방과 도전의 코드인가? 폐쇄와 회피의 코드인가? 영국인의 피는 해양 민족이라 푸르다는데, 우리 혈관에는 어떤 피가 흐를까? 명백한 것은 우리 민족의 혈관에는 개방과 진취적인 해양민족의 피가 흐름을 역사의 곳곳에서 발견할 수 있다. 상고사에서부터 삼국시대, 고려시대, 나아가서는 섬에 사람을 살지 못하게 한 '공도정책 空島政策', 해상활동을 전면적으로 금지시킨 '해금정책 海禁政策'을 취한 조선시대에도 어업, 해운업, 조선업과 해상교역 등 해양활동이 이어져 왔다. 삼국시대까지 문물교류는 주로 동북아시아 연안항로를 통해 이루어졌다. '동북아시아 연안항로'란 중국 동해안을 따라 북상하여 발해만을 거쳐서 압록강 입구에 이르고, 여기에서 한반도의 서해안을 따라서 남행하여 서남해 지역에 이르며, 여기에서 남해안을 따라 동행하다가 현해탄을 건너 일본열도에 이르는 항로를 말한다. 동북아시아 연안항로는 동남아 지역의 말라카 해협과 인도양과 연계되어 있었다. 동북아시아 해양세계는 대륙과는 달리 인적·물적 교류를 통한 개방경제와 다문화가 활동하는 건강한 두려움의 세계였다.

우리 민족이 바다를 두려워하고, 폐쇄적 국민성을 갖도록 유도한 대표적인 정책은 공도정책과 해금정책이다. 이 두 가지 정책은 연안항로를 거쳐 원양항로까지 국제교역을 추진했던 우리 민족의 해양 혼을 위축시킨 결정적 정책이다. 두 가지 정책은 조선의 국가정책이다. 그러나 공도정책의 출발은 고려 말의 '공도조치'에서 비롯된다. 공도조치란 '섬 주민들을 육지로 모두 이주시켜 섬을 비워버리는 극단적인 조치' 이다. 조선 성종 때의《동국여지승람, 1486년》같은 문헌에서는 한결같이 '왜구의 침탈로부터 섬 주민을 보호하기 위해서'라고 이유를 적고 있다. 고려 말 공도조치의 대상이 된 섬들은 남해드·거제도·진도·압해도·장산도·흑산도 등이다. 그런데 이 섬들은 모두 군·현이 설치될 정도로 비중 있고, 전통적으로 서남해 해상세력의 본거지가 된 큰 섬들이다. 따라서 왜구의 침탈을 이유로 공도조치를 취했다는 것은 이해하기 어렵다. 공도조치가 나온 시점은 삼별초 세력이 진도를 중심으로 대몽항쟁을 활발히 전개하던 시기였다. 따라서 고려 말의 공도조치는 1차적으로는 서남해 해양세력이 몽골에 저항하던 삼별초 세력에 동조할 것에 대비한 외세영합 조치였다. 2차적으로는 그들과 왜구의 연대 가능성을 차단하기 위한 조치라 할 수 있다. 고려 말 공도조치는 해양력으로 세워진 고려의 정체성과 국력을 크게 약화시켰고 도서와 연안의 자생적 해양방어체제를 붕괴시키는 결과를 가져왔다. 나아가 고려왕조 멸망으로 이어지는 원인 중 하나가 되었다. 이처럼 공도조치는 한국해양사의 가장 비극적이고 치명적인 정책이었다.

고려 말 공도조치는 해상세력에 대한 국가 탄압 내지 견제의 의미가 강했다. 조선왕조에 들어 공도조치는 일시적 '조치'의 차원을 넘어 법으로 규정한 '정책'으로 강화되었다. 관의 허락 없이 몰래 섬으로 들어간 자는 곤장 100대의 형으로 다스렸고, 심지어 섬으로 도피·은닉한 죄는 국가배반죄에 준하게 다스렸다. 조선의 공도정책으로 조선시대의 해양은 이미 피폐화되었고, 해양세력은 더 이상 경계의 대상이 안 되었다. 그럼에도 강력한 공도정책을 취한 것은 '백성들은 왕의 지배와 보호를 받는 위치에서 편제되어야 한다'는 조선의 통치 이념에서 비롯된다.

조선의 공도정책은 고려 말의 공도조치를 계승한 측면도 있지만, 더 본질적으로는 명 明나라의 해금정책을 따른 결과라 볼 수 있다. 명을 건국한 주원장은 원나라를 축출하고 중국을 통일하는 한편, 왕조를 안정시키는 과정에서 명의 지배에 저항하는 해양세력에 타격을 가하기 위해 해금정책을 추진했다. 명 태조 주원장의 해금정책은 민간상인들의 해외도항을 모두 금지하고, 민간에서 원양선박을 건조하지 못하도록 했다. 이미 건조한 원양선박도 국내연안 해운용 선박으로 개조토록 함으로써 이들 해상세력의 활동 인프라와 활동무대 자체를 제거했다. 명의 해금정책은 궁극적으로 바다를 폐쇄하고 유로라는 제한적인 통로를 통해 주변 국가와 조공관계를 맺음으로써 대내적 안정화와 대외 패권주의 관철이 주목적이었다. 특이하게도 주원장 뒤를 이은 영락제는 정화 鄭和로 하여금 1405년부터 28년 동안 7차례에 거쳐 인도에서 페르시아 만에 이르는 남해 '대원정'을 단행하게 하였다. 그러나 영락제 이후 명나라는 다시 해금정책을 추진했다. 21세기 강국으로 등장한 중국은 15세기 초 정화의 대원정을 '해양굴기', '대국굴기'와 '일대일로'의 상징으로 재조명하고 있으니 역사의 아이러니다.

　서양 국가들이 대항해시대를 추진했던 15~16세기에 조선왕조(1392~1910)는 '해금정책'을 본격화했다. 오로지 육지를 통해서만 명나라에 사신을 보내 조공을 보내면서 중화문화의 아류를 자처하였다. 해양세력을 야만시했으며, 문화적으로는 자폐주의에 빠져들었고, 정책적으로는 쇄국주의를 표방하였다. 조선은 통제하기 어려운 해양의 불안정성을 싫어하여 해양문화의 다양성을 얻을 수 있는 기회를 저버렸다. 대신 중화의 힘을 빌려 내륙 국민들을 철저히 통제하고 획일적 안정성을 추구하였다. 명나라의 해금정책과 해양포기정책은 청나라에도 영향을 줌으로써 근세사에서 서구에 참패당하는 모욕적 역사를 기록했다. 조선시대의 해금정책은 삼국시대 이래 지속된 우리민족의 해양력을 급속히 감쇄시켰으며, 임진왜란과 병자호란 등 외침을 당할 수밖에 없는 취약한 국력을 초래했다. 현대에 와서도 일본이 독도문제에서 조선의 '공도정책과 해금정책'을 문제 삼고 있는 점이 아프다.

　명의 해금정책으로 국제 해상무역은 위축되어 갔다. 그 이전까지 국제 해상무역을 주도하고 때로는 국가 간의 갈등을 완충하는 역할을 수행해오던 도서연안 해양세력은 쇠락하면서 왜구에 대한 대응능력을 상실하게 되었다. 명과 조선과 교역하려면 바다를 이용해야하는 일본은 해금정책에 심각한 타격을 받았다. 결국 일본은 독자적으로 바다를 통한 불법적 교역활동 전개할 수밖에 없었고, 이것은 결과적으로 명의 해금정책에 도전하는 것이었다. 왜구에 대한 대책은 명과 조선의 가장 심각한 문제로 대두되었다. 조선은 수군을 보강하고 연안지역에 성을 쌓고 봉수제를 정비하는 새로운 해방체제 海防體制를 구축하였다. 바다와 섬을 포기하는 공도정책과 해금정책에서 연안방어를 위주로 하는 '신 해방체제'를 구축하게 되었다. 세종대왕의 위대한 업적 중 하나는 왜구 본거지인 대마도(쓰시마, 對馬島) 정벌이다. 1419년 삼군도체찰사 이종무의 지휘하에 1만 7천 명의 병력이 227척의 병선을 타고 대마도 정벌에 나섰다. 정벌군은 왜구 근거지에 큰 타격을 가한 한편 많은 조선인 포로들을 송환해오는 혁혁한 전과를 올렸다.

이후 세종대왕은 일본에 대해 회유정책을 주도하였고, 대마도는 조·일 양국의 안전판 역할을 하게 되었다.[6] 이키 섬(壱岐島 '일기도'의 일본식 발음은 '이키노시마')은 규슈 九州의 마쓰우라 반도와 대마도 사이에 위치한다. 가마쿠라시대에는 몽고군에 의해 점령되기도 하였으며, 조선시대에는 해마다 조공을 서울로 보냈다. 고려시대 김신은 1273년 상장군으로 사신이 되어 원나라에 다녀왔다. 이듬해 원나라가 일본을 정벌할 때 추밀원부사로, 도독사 김방경 아래에서 좌군사가 되어 이키 섬과 대마도를 토벌하였다.[7] 조선시대와 고려시대의 대마도와 이키 섬 정벌은 훗날 이승만 대통령이 1952년 평화선 선포 후 일본이 독도에 대한 영유권을 주장할 때마다 대마도와 이키 섬이 우리 땅이라고 반박하는 논거가 되었다. 이승만 대통령은 일본이 독도영유권 주장을 하는 내심은 대마도와 이키 섬에 대한 우리나라의 주장을 '성동격서 聲東擊西 전략'(동쪽을 공격한다고 떠든 뒤 서쪽을 친다는 뜻이며, 적을 헷갈리게 만들고 허를 찌르는 계책)으로 무력화하려는 것이라고 판단하고 이에 대응했다.

해금정책으로 조선이 세계로 나가는 해양전략이 추진되지 못했지만, 어쩌면 마지막 기회는 정조대왕 때가 아닐까 생각한다. 조선의 제22대왕 정조(재위 1776~1800년)는 어려운 과정을 거쳐 1776년 영조가 승하하면서 왕위에 올랐다. 1776년은 미국의 독립선언서에 의한 민주주의, 아담 스미스의 국부론에 의한 시장경제, 제임스 와트의 증기기관 발명에 의한 산업혁명 등 근대국가와 근대 산업혁명이 동시다발적으로 일어난 시기였다. 정조대왕의 시기를 조선시대의 문예부흥기라 하지만 근대행정개혁을 시도한 시기라고도 할 수 있다. 다산 정약용 丁若鏞(1762~1836)은 정조대왕의 탁월한 참모이자 책사였다. 정약용은 화성건축에서 재능을 보여주었듯이 르네상스 시대의 레오나르도 다 빈치처럼 다방면에서 천재였다. 다산은《경세유표》·《목민심서》·《흠흠신서》등 모두 500여 권에 이르는 방대한 저술을 남겼고, 이 저술을 통해서 조선 후기 실학사상을 집대성한 인물이다.

정약용에게는 삶에 깊은 영향을 미친 두 명의 멘토가 있었다. 한 명은 일찍이 정약용을 인재로 알아보고 깊은 신임을 주었던 조선의 제22대왕 정조였고, 다른 한 명은 정약용의 형이자 지기였던 정약전(丁若銓, 1758~1816)이었다. 정약전은 우리나라 최초의 해양생물학 전문서적이라 할 수 있는《자산어보 玆山魚譜, 1814년》를 저술했다. 영국의 찰스 다윈이 비글호를 타고 갈라파고스와 남미해안의 동물과 새에 대한 조사를 했던 시기는 1831년에서 1836년이었고, 여기서 얻은 표품과 과학 자료를 바탕으로《종의 기원, 1859년》을 발표하여 진화론으로 세상을 놀라게 했다. 역사의 가정이지만, 정약전이 비슷한 시기에 지적호기심으로 흑산도에서 수산생물을 관찰하고 분석했을 때 창조론과 진화론 어느 쪽을 생각했을까?

다산이 살았던 조선 후기 사회는 상공업이 상대적으로 발전해 가던 단계였고, 그는 상업 및 수공업 분야에 관해서 개혁적 사상을 가지고 있었다. 왕도정치의 구현을 시도하던 다산은 상공업 진흥의 필요성을 개진하면서 화폐정책 및 화폐제도의 개혁에 대해서도 관심을 피력하였다. 그는 상업발전론을 제시하는 한편으로 특권상업 및 매점상업에 대해서는 반대론을 전개하였다. 그리고 통공발매정책을 지지하면서 상업세의 증수를 강조하였다. 다산은 방직분야 등에서 드러난 낙후된 국내 기술을 발전시키고 생산력의 향상을 통한 국부를 증대시킬 목적으로 선진기술을 과감히 수용해야 한다고 주장하였다. 또한, 중국으로부터 선진기술을 받아들이기 위해서 오늘날의 과학기술부와 같은 정부부서인 '이용감 利用監'을 설치할 것을 제안하였다. 그리고 선박관리 및 조선·운수에 관한 일을 관장하기 위해 '전함사 典艦司'나 수레제조를 위한 '전궤사 典軌司'와 같은 관청을 중앙정부에 설치해서 국가 주도로 기술을 발전시켜 나가야 한다고 피력했다. 정약용의 여러 가지 개혁정책이 조선왕조에서 채택되고 집행됐다면, 유럽의 산업혁명과 비슷한 시기에 한반도에도 산업혁명이 활발히 전개되었을지도 모른다.

다산의 정책구상은 단순한 상상력을 넘어 선교사나 청나라를 통해 개화된 서양문물을 접했던 덕분이었기 때문이다. 정약용의 개혁안은 정조와 같은 성군이 왕도정치의 구현을 위해서 실천해야 할 것으로 판단하였다. 이 왕도정치의 실현에는 창의적이고 강직한 책사의 보필이 필요할 것으로 생각한 듯하다. 그러나 이런 개혁의 산물은 정조의 돌연한 죽음으로 만개하기도 전에 역사 속으로 퇴장하였다. 정조와 다산의 왕과 책사 관계는 너무 짧았다. 역사의 가정이지만, 정조의 재위 기간이 할아버지인 영조처럼 50여년(재위 1724~1776년)을 넘었다면 조선이 그렇게 쉽게 망하지 않았을지도 모른다. 일본의 메이지 유신과 새로운 국가체제를 담은 사카모토 료마의 《선중팔책》이 1867년에 나왔다. 다산은 1836년에 세상을 떴고, 료마는 1836년에 세상에 왔다. 다산이 료마보다 정확히 한 세대 먼저다. 앞선 생각과 앞선 천재 책사도 못 알아보고 무능한 조선은 권력투쟁의 질곡에서 헤어나지 못했다. 정조와 일급 책사 정약용의 개혁이 해양 전략으로 다가섰을 기회를 두고 아쉬움에서 해보는 생각이다.

제15장
현대한국의 해양경영과 해양책략

1. 이승만 대통령의 《평화선 책략》
2. 《해양화 책략》이 만든 한강의 기적
3. '무모한 도전·무서운 질주' 세계 1위 조선업
4. 국가 해양력과 수출입국의 기본 인프라 해운업
5. 원양어업에서 재계의 타이쿤이 된 김재철 회장
6. 1998년 한·일 어업협정
7. 2000년 한·중 어업협정
8. 《태평양 심해저광구 확보책략》

이승만 대통령은 해양과 해사에 관한 국제법 박사로서
해양을 둘러싼 국제정치·외교와 통상교역 분야 최고전문가였고,
미국과 일본의 해양세력은 물론, 중국과 소련의 대륙세력이 추구하는
한반도 지정학 전략을 꿰뚫어 본 선각자였다.

제15장 현대한국의 해양경영과 해양책략

1. 이승만 대통령의 《평화선 책략》

대한민국 제1, 2, 3대 대통령을 역임한 이승만(대통령 재임 1948~1960년)은 공도 많고 과도 많지만, 해양정책과 해양책략 측면을 평가할 때 그 어느 대통령도 하지 못한 위대한 업적을 남겼다. 한마디로 1952년 선포한 '평화선' 때문이다. 이승만 대통령은 해양과 해사에 관한 국제법 박사로서 해양을 둘러싼 국제정치·외교와 통상교역 분야 최고전문가였고, 미국과 일본의 해양세력은 물론, 중국과 소련의 대륙세력이 추구하는 한반도 지정학 전략을 꿰뚫어 본 선각자였다. 이승만 대통령의 평화선이 '대한민국 해양책략 제1호'라면, 해무청은 '해양책략 1호를 굳건하게 집행한 정부부처'였다. 이승만의 해양에 대한 탁월한 지식과 대 일본 관계에서 강력한 해양외교 리더십은 정부조직과 공무원들에게 팽팽한 긴장감을 불어 넣었다. 그의 치열한 전략과 책략은 법과 제도로 구축되었다.

이승만 대통령은 조선이 무너져 내리던 1910년의 한일합병 이후 1945년 해방되기까지 35년간의 일제강점기 시대를 살았고, 신생국가 대한민국의 탄생과 곧 이은 한국전쟁, 그 후 시장경제와 민주국가 설립이라는 압축된 굴곡의 역사에서 중심에 있었다. 때로는 독립투사로, 때로는 대한민국 설립 국부로서, 철저한 반공주의자로서 그리고 반일주의자로서 그리고 마지막은 독재자로 4.19민주혁명에 의해 하와이로 망명되어 생을 마감했다. 이승만 대통령(이하 '이승만'으로 표기, 1875~1965)의 초명은 승룡 承龍, 호는 우남 雩男이다. 1896년 배재학당을 세운 선교사 헨리 아펜젤러 Henry Gerhard Appenzeller를 만나면서 이승만의 세계관과 인생관은 크게 변화됐다. 1899년 1월 고종 황제 폐위 음모 사건에 연루되어 5년 7개월간 한성감옥에 투옥되었다. 감옥에서 《청일전기 淸日戰紀》를 번역했고,《독립정신》을 저술하였다. 또한 《신 영한사전》을 편찬하였으며,《제국신문》에 논설을 투고하였다. 옥중에서 《만국공법 International Law》을 번역했다는 기록도 있다. 1904년 8월 9일 특별 사면령에 의해 석방되었고, 같은 해 11월 민영환과 한규설의 주선으로 한국의 독립을 청원하기 위해 미국으로 갔다.

이승만은 한국에 왔던 선교사의 소개로 워싱턴 D.C.에서 루이스 햄린 목사를 만났다. 햄린 목사는 당시 조지워싱턴대학교 총장이면서 한국공사관 법률고문을 맡고 있던 찰스 니드햄 Charles Needham 박사에게 이승만을 소개했다. 이승만은 1905년 2월 미국 조지워싱턴대학교 2학년 장학생으로 입학하였다. 유학을 추진하는 과정에서 이승만은 미국 상원의원 휴 딘스모어 Hugh A. Dinsmore를 만났다. 그는 1887년부터 2년 동안 주한 미국공사를 지냈고 한국통이었다. 그의 소개로 1905년 2월 20일 미국 국무장관 존 헤이 John Hamilton Hay(1838~1905)를 만났다.

주목할 점은 30세의 미래 대한민국 대통령 이승만이 67세의 노련한 8년차 국무장관 존 헤이를 만났다는 점이다. 존 헤이는 링컨 대통령의 비서로 근무한 경력의 소유자로 미국의 제25대 윌리엄 매킨리 대통령 정부에서 국무장관(재임 1898~1901년) 그리고 연이어 제26대 T.루스벨트 대통령 정부에서도 국무장관(재임 1901~1905년)을 역임했다. 존 헤이 장관은 1899

년 중국에 대한 문호개방정책을 내세워 열강들에 의한 중국분할을 막아냈고, 20세기 태평양 시대의 도래를 예견한 것으로 유명하다. 독실한 개신교 신자였던 존 헤이 국무장관은 한국 선교에 큰 관심을 보였기에 이승만은 그와 면담 시 개항 이후 한국에서 해를 입은 선교사가 한 사람도 없다는 사실을 상기시켰다. 아울러 중국에 대한 존 헤이가 주도한 문호개방 정책을 한국에도 적용해 줄 것과 1882년 체결된 『조미통상조약』의 성실한 이행을 촉구했고, 존 헤이는 최선을 다하겠다고 약속했다. 아마도 존 헤이는 이승만과의 만남에서 한반도 주변을 둘러싼 강대국들의 약육강식 환경과 더불어 바다의 중요성을 충고하였을 것으로 추정된다. 유학생 이승만은 미국 국무장관을 만나서 활동한 소식을 본국의 민영환과 한규설 앞으로 보고서를 보냈고, 딘스모어 하원의원도 이승만의 보고서 사본을 서울 주재 미국 공사에게 보냈다. 그러나 안타깝게도 얼마 안 있어 존 헤이 국무장관이 지병으로 작고함으로써 일은 더 이상 진척되지 못했다.

존 헤이와의 짧은 만남이었지만, 이승만은 훗날 '평화선' 구상의 단초를 얻지 않았을까 추정된다. 역사의 가정이지만, 존 헤이 국무장관이 좀 더 장수했다면, 『가쓰라-태프트 밀약』이 불발됐거나 변질되었을 수도 있었지 않을까 상정해 본다. 다시 이승만은 고종의 밀사 자격으로 1905년 8월에는 윌리엄 태프트 William Howard Taft 전쟁장관의 소개로 미국 제26대 시어도어 루스벨트 대통령을 만났다. 이승만은 이 자리에서 대한제국(1897~1908)의 독립 청원과 조미통상조약의 의무이행을 촉구하였지만, TR은 "나도 당신 나라를 위해 무슨 일이든 하겠소. 그러나 당신의 청원서는 한국 공사를 통해 미 국무부로 제출해 달라."는 극히 짧은 외교적 수사를 표명하고 의례적 만남을 끝냈다. 사실 당시 러·일 전쟁을 계기로 TR은 일본을 지지하는 정책을 취하는 상황이라 이승만은 성과를 거두지 못 하였다.

더욱이 TR이 이승만을 만난 8월 5일은 태프트 전쟁장관이 이미 일본과 『가쓰라-태프트 밀약』을 맺은 날인 1905년 7월 29일로부터 1주일 후였다. 『가쓰라-태프트 밀약』은 미국의 필리핀 지배와 일본의 대한제국 지배권을 상호 승인하는 협약으로 미국의 대한제국 개입을 차단한 일본은 그해 11월 대한제국에 을사늑약을 강요할 수 있었다. 윌리엄 태프트는 TR대통령에 이어 미국의 제27대 대통령이 되었다. 이승만이 미국의 '해양력 Sea Power 전략'을 구사하여 팍스 아메리카나 Pax Americana의 초석을 만든 TR을 만난 것은 여러 가지 역사적 의미를 부여할 수 있지만, 미국의 이중적 외교전술에 기만당하는 값진 경험도 한 셈이다.

이승만은 미국의 명문대학교에서 학사, 석사, 박사과정을 거치면서 선진 학문을 공부했고, 동시에 미국을 몸으로 체험했다. 그는 1907년 조지워싱턴대학교에서 학사, 1908년 8월 하버드대학교에서 석사학위를 받았고, 1910년 6월 14일 프린스턴대학교에서 박사학위를 받았다. 당시 우드로 윌슨 프린스턴대학교 총장은 나라를 잃은 조선에서 유학 온 학생 이승만에게 큰 관심을 갖게 되었고, 수시로 총장 공관으로 초대하는 등 면담하면서 작성 중인 논문에 대하여 많은 의견을 교류하였다. 1910년 6월 14일 윌슨 총장이 정계로 떠나기 직전 마지막 졸업식에서 이승만은 윌슨으로부터 직접 박사학위를 받았다. 우리나라 사람으로서는 첫 번째 국제법 박사, 좀 더 엄밀하게 말하면 해상에서의 중립교역을 다룬 '해사 국제법' 박사였다. 그의 학위논문은 '해사 국제법'에 관한 논문이긴 하지만 그 성격상 역사학, 정치학, 경제학도 결부된 것이기 때문에 이들 세 학과로부터 공동승인을 받은 특출한 논문이었다. 과거 박사학위가 너무나 드문 시절에 미국의 명문대에서 박사학위를 받았다는 사실은 많은 사람들에게 경외의 대상이었고 이승만의 카리스마 형성에도 큰 영향을 준 요인이다. 이승만에 대한 객관적 평가의 차원에서도 그의 논문을 정확히 이해해야 그 후 그가 보여준 국제정세에 대한 탁견과 정치행태를 올바르게 이해할 수 있다.[1]

이승만은 이미 학부 대학시절부터 석사과정, 박사과정을 거치면서 정부론, 외교론, 국제법에 대해 일관되게 관심을 집중했다. 먼저 조지워싱턴대학교 학사과정에서 그가 수강한 과목은 논리학, 영어, 미국역사, 프랑스어, 철학, 천문학, 경제학, 사회학, 서양사 등이었다. 하버드대학교 석사과정에서는 헌법이 채택되기 전까지의 미국역사, 유럽역사, 유럽 국가군의 팽창주의와 식민지정책에 관한 특별과목, 19세기 유럽의 상업 및 산업에 관한 과목 등을 배웠다. 그밖에 국제법과 중재론 및 미국외교정책을 공부했다. 프린스턴대학교 박사과정에 배운 과목은 국제법, 외교론, 미국역사, 철학사 등이다. 이승만은 청·일·러 열강의 틈 속에서 조선은 만국공법을 지키는 가운데 문호개방을 통한 중립외교를 펼치는 방안이 독립을 유지하는 최선의 방안이라고 생각했다.[2] 이러한 이유로 그가 국제정치 상황을 국제법과 외교정치를 중심으로 파악하려는 관심이 줄곧 유지됐음을 알 수 있다. 아울러 그의 박사학위논문 주제도 조선에서부터의 사고의 연장선상에서 선택되었다고 보아야 한다.

이런 문제의식은 이승만의 박사논문에 그대로 반영되었다. 논문 원제인 『Neutrality as Influenced by the United States』는 번역하면 '미국의 영향을 받은 중립 혹은 중립론'이다. 즉, '전시에서의 중립해상교역의 발달'에 관한 내용이었다.[3] 논문 내용을 모르는 사람들은 흔히 이 논문의 중립을 '영세 중립론'으로 번역하는데, 이는 잘못된 것이다. 이승만의 논문에서 중립이란 오늘날과 같은 국제정치적 중립국을 말하는 것이 아니라 '해상교역상의 중립 문제'를 다룬 것이기 때문이다. 우선 큰 목차를 중심으로 살펴보자. 제1장은 1776년에 이르기까지 서양에서 중립의 역사를 개관하고 있다. 프랑스,

스페인, 러시아, 프러시아, 영국 등 해상무역의 강국들을 중심으로 중립교역의 역사를 다루고 있다. 특히 전시나 해상봉쇄 시 상선의 법률적 지위를 상세히 다루고 있다. 제2장은 1776년부터 1793년까지의 중립의 역사를 다룬 것으로 영국과 프랑스를 중심으로 유사한 문제를 취급했다. 제3장은 1793년부터 1818년까지 중립의 역사로 크게 유럽과 미국의 사례로 나누어 중립교역에 관한 각국들의 법률적 조처를 정리하고 있다. 제4장은 1818년부터 1831년까지, 제5장은 1861년부터 1872년까지 중립의 역사를 다루었다.[4] 그가 박사논문에서 주장한 요점은 국가 간 전쟁이 일어났을 때 국제교역의 자유가 전혀 보장받지 못하고 전쟁당사국들의 의지에 따라 좌우되는 것이 명백한 현실임에도 불구하고 과거의 학자들은 이와 동떨어진 이상적인 주장만을 하고 있다는 것이다.

그의 논문은 유럽의 주요 해상열강들의 온갖 반대에도 불구하고 미국은 자유주의적 견해를 가진 세력들의 끈질긴 옹호에 힘입어 그 이전까지 어느 나라도 이루지 못했던 중립교역의 성립에 많은 기여를 했다는 것을 역사적으로 논증했다. 이 때문에 그는 미국에서도 한동안 중립교역 전문가로 불렸다. 이승만 대통령의 박사논문은 그 내용의 현재적 가치나 의의와 관계없이 이 땅의 법학 또는 정치학 전공자들에게는 역사적 의미를 지닌 문헌이다. 이는 조선인이 서양의 대학에서 정식 과정을 거쳐 취득한 첫 번째 박사학위 논문이다. 이 논문은 그 후 웨스트 대학원장의 배려로 대학출판부에서 출판되었는데, 조선인을 필자로 하여 미국 대학출판부에서 발간한 첫 번째 학술서이다. 사실 19세기까지 전시 중립법 발전에 관한 한 100년이 넘은 이승만 대통령의 연구 이상 자세한 글이 아직 국내에서는 발표된 바 없다.[5]

그러나 이승만이 박사학위를 받은 직후인 1910년 8월 29일 조국은 경술국치를 당해 사실상 없어져 버린 것이나 다름없었다. 이승만은 졸업식이 자신의 준비단계를 마무리 짓는 날이었는데 기쁨보다 슬픈 감정이 앞섰다고 회고했다.[6] 훗날 미국의 제28대 대통령이 되는 윌슨 총장은 졸업 후 귀국하여 조국의 자주독립을 위해 헌신하겠다는 이승만의 결심을 듣고 많은 위로와 격려를 해 주었다. 이승만의 박사논문은 이론과 학술적으로 매우 우수한 최고의 논문으로 선정되어 프린스턴 대학교 도서관에 보존되어 있다.

그림 15.1. 프린스턴대학교에서 단행본으로 출판한 이승만 박사학위 논문 『Neutrality As Influenced By the United States』 표지

훗날 우드로 윌슨 총장은 미국 제28대 대통령에 당선되어 제1차 세계대전이 일어나자 해양국가로서 유럽 대전 참전을 반대하기 위해 중립주의정책을 상·하의원들에게 설득하고 연설할 때 바로 이승만의 논문과 논리를 활용했다고 회고했다. 1918년 제1차 세계대전이 끝나고 미국의 윌슨 대통령은 《민족자결주의》를 주창하면서 훗날 유엔의 전신인 '국제연맹 The League of Nations'를 제안하였다. 1913년부터 하와이에서 민족교육과 독립운동을 하던 이승만은 대한제국을 국제연맹의 위임통치 하에 둘 것을 요청하는 청원서를 1919년 2월 25일경 윌슨 대통령에게 제출하였다. 장차 완전한 독립을 준다는 보장하에서 국제연맹의 위임통치를 받는 것이 일본의 식민지로부터 벗어날 수 있는 길이라고 주장하였던 것이다. 미국의 제28대 대통령 윌슨은 1918년 1월 미국 의회에서 연두 교서를 통해 새로운 전후 질서의 14개조 원칙을 제안하였다. 그중 가장 유명한 것은 《민족자결주의》였다. 윌슨이 제안한 민족자결주의는 각 민족은 자신의 정치적 운명을 스스로 결정할 권리가 있으며, 이 권리는 다른 민족의 간섭

을 받을 수 없다는 내용을 담고 있었다. 윌슨의 민족자결주의는 당시 식민지나 반식민지 상태에 있던 약소민족들을 크게 고무시켰다. 우리나라 3.1 독립운동도 민족자결주의에 힘입은 바 크다.

이승만은 인생의 여러 상황에서 미국의 대통령 6명과 만났다. 이승만이 독립운동과 학업을 하면서 만난 대통령은 미국의 제26대 시어도어 루스벨트 대통령, 제27대 윌리엄 태프트 대통령, 제28대 토마스 우드로 윌슨 대통령이었고, 이승만이 대통령이 되어서 만난 대통령은 제33대 해리 트루먼 대통령, 제34대 드와이트 아이젠하워 대통령, 그리고 부통령으로 만났지만 훗날 제37대 대통령이 된 리처드 닉슨이었다. 대학총장도 3명을 만났고, 각별한 관계였다. 박사과정에서 만난 토마스 우드로 윌슨 프린스턴대학교 총장, 하버드대학교 석사과정 시 개최된 애국동지대표자대회에서 개회사를 맡은 데이비드 스타 조던 스탠포드대학교 총장, 학사과정에서 만난 찰스 니드햄 조지워싱턴대학교 총장 등이었다. 먼저 이승만이 미국에서 독립운동과 학업을 하면서 대학 총장들을 만나면서 교육에 깊은 관심을 가졌을 것이다. 훗날 이승만 대통령의 가장 큰 업적 중에 하나는 의무교육을 실시하여 1948년 당시 80%에 달했던 문맹률을 재임 막바지인 1959년에는 22% 수준까지 낮춘 것은 그러한 영향 때문일 것이다.

대통령의 임무를 국민의 자유와 연계시켜 네 가지로 축약한다면 ▲무지로부터의 자유 ▲가난으로부터 자유 ▲질병으로부터 자유 ▲외침으로부터 자유일 것이다. 이승만 대통령은 의무교육으로 국민들을 무지로부터 자유롭게 만든 대통령이었다. 이승만 대통령은 공업과 산업의 중요성을 인식하였고, 미국의 MIT대학교를 따라가도록 1954년 인하대학교를 설립하였다. 하와이 교포들의 성금을 기본으로 하고 1백만 달러의 정부보유달러를 기금으로 하여 인하대학교는 탄생했다. '인하'라고 명한 것은 인천과 하와이의 첫 음을 딴 것이었다. 아울러 이승만 대통령은 수산 및 해운조선분야의 고급인력 양성을 위해 부산수산대학교, 한국해양대학교 등 특수목적 대학교를 설립 및 육성하였다.

이승만의 경험과 경륜이 난마와 같이 얽힌 신생국가 대한민국의 국가 전략과 외교 전략에서 강력한 카리스마와 힘을 발휘하였다. 이승만 대통령은 휴전협정을 서두는 미국이 한국을 버릴 수도 있을 것이라고 판단했다. 북진통일론과 작전지휘권 환수란 카드로 견제하면서 자신의 말이 허풍이 아님을 보여주기 위하여 1953년 6월 18일 유엔군이 관할 중이던 반공포로 2만 5,000명을 석방했다. 이 사건으로 휴전협정이 깨질 지경에 이르렀다. 반공포로 석방 직후인 1953년 7월 11일 휴전협상의 원만한 타결을 위해 미국 아이젠하워 대통령의 특사로 방한한 로버트슨에게 이승만은 강력하게 항의하였다. 이승만은 "과거 1905년에 '가쓰라-태프트' 밀약으로 조선을 배반하였고, 1950년 1월에는 딘 애치슨 국무장관이 '애치슨 라인'의 보호 장막에서 한반도를 제외시킴으로써 6.25 전쟁을 초래케 한 미국의 배반행위"에 대해 역사의 정의를 당당히 논리정연하게 일갈했다. 이승만의 강경 외교에 당황한 미국은 1953년 가을 닉슨 미국 부통령이 아이젠하워 대통령의 친서를 갖고 이승만 대통령을 방문했다. 아이젠하워는 한국이 또 다른 전쟁을 시작하는 것을 용납하지 않을 것이며, 이승만이 그렇게 하지 않겠다는 약속을 해줄 것을 요청했다. 이승만 대통령은 협박과 회유의 내용을 담은 아이젠하워 친서에 대한 답을 닉슨에게 전달했다.

"공산주의자들이, 미국은 이승만을 통제할 수 있다고 생각하는 순간, 귀국은 가장 중요한 협상력 하나를 잃는 것이 될 뿐 아니라 우리는 모든 희망을 잃는 것이다. 내가 모종의 행동을 취할 것이라는 두려움이 늘 공산주의자들을 견제하고 있다. 공산주의자들은 미국이 평화를 갈망하므로 그 평화를 얻기 위하여 미국이 어떤 양보도 할 것이라고 생각한다. 나는 그들의 생각이 맞는 것 같아 걱정이다. 그러나 그 공산주의자들은 나는 미국과는 다르다는 것을 잘 알고 있다. 나는 공산주의자들이 가진 그런 불안감을 없애줄 필요가 없다고 생각한다."

리처드 닉슨은 냉전을 서방세계의 승리로 이끈 3대 전략가 중 한 사람이다. 냉전 승리의 틀을 짠 트루먼, 소련을 압박하여 총 한 방 쏘지 않고 내부로부터 무너지게 만든 레이건, 그리고 중국과 화해하여 소련의 힘을 약화시켰던 닉슨이 그들이다. 닉슨은 워터게이트 사건 후 물러난 뒤 여러 권의 책을 썼다. 그는 공산주의자들과 대결함에 있어서 '우리가 무엇을 하지 않는다'는 것을 미리 알려주는 것은 바보짓이라고 강조했다. 이승만의 지혜와 현명함에 깊은 감동을 받은 닉슨의 고백처럼 이승만은 가장 중요한 외교 전략의 하나가 '예측불가능성의 중요성'이라는 점을 일깨워준 것이라 할 수 있다.[7]

이처럼 이승만의 카리스마와 협상력에 막강한 미국의 대통령도 부통령도 이승만을 얕보지 못했다. 1953년 10월 맺어진 『한미상호방위 조약』은 그런 과정에서 만들어진 것이다. 그 후 중국과 북한 측은 이승만의 반공포로 석방을 빌미로 당연히 휴전협상을 깨야 했는데도 참았다. 스탈린이 죽고 나서 소련 지도부는 휴전을 결정하였고, 미국의 폭격에 시달리던 중국군과 북한군도 휴전을 원하고 있었기 때문이다.

한국은 1945년 이전까지는 일방적으로 일본에 어업자원을 수탈당했고, 독립 후에도 항상 방어적 자세를 견지해왔다. 특히 한국전쟁 등으로 수산자원 보존이나 보호정책을 적극적으로 펼치지 못했다. 1952년 당시 한반도는 한국전쟁(1950. 6. 25.~1953. 7. 27.) 중이었다. 북한과 전쟁의 와중에서도 일본과 해양영토 전쟁을 치른 것이다. 해양과 해양자원의 전략적 가치를 아는 이승만이 승부의 시간에 승부수를 던진 것이었다. 부산을 임시 수도로 한 대한민국의 대통령 이승만은 한국의 연안 수역보호를 통해 수산 자원과 광물, 공산주의 국가로부터의 안보와 인근 국가로부터의 영토주권을 주장하기 위해 해양책략을 만들었다. 『인접해양의 주권에 관한 대통령선언』은 1952년 1월 18일 국무원 공고 제14호로 선포되었다. 대한민국과 주변국가간의 수역 구분과 자원 및 주권 보호를 위한 경계선을 설정한 것으로 국제관계상 합법적인 조치였다.

  1952년 2월 8일 이승만 정부는 이 선을 설정한 주목적은 한·일 양국 간의 평화유지에 있다고 발표함으로써 이를 '평화선'으로 부르게 되었다. '평화선 平和線, Peace Line'을 미국, 중국, 일본에서는 '이승만 라인 Syngman Rhee Line'이라고도 했다. 평화선의 설정목적은 해양 분할이 국제적 경향이 됨에 따라 정당방위책으로 해안 어족의 보호와 생물자원의 육성과 광물자원의 보전을 기하고, 특히 앞선 일본 어업활동으로부터 영세적인 한국어민을 보호하려는 데 있었다. 평화선은 해안에서부터 평균 60마일에 달하며, 독도를 대한민국의 영토에 포함하고 있었다. 이는 오늘날 '배타적 경제 수역 EEZ'과 비슷한 개념이다. 국제법과 해양법에 해박했고 국제정세에 밝았기 때문에 이승만은 EEZ와 대륙붕개념을 도입해서 평화선을 선포할 수 있었다. 평화선이 설정된 직접 동기는 맥아더 라인과 밀접한 관계가 있었다. 제2차 세계대전 종전 직후 미국을 중심한 연합국은 일본 어업이 세계어장에 출어하여 남획하는 것을 막기 위해서 1947년 2월 4일 맥아더사령부 명령으로 일본어선의 출어금지선을 책정하였다. 그러나 1951년 9월 8일 샌프란시스코 강화조약이 조인됨으로써 맥아더 라인은 자동적으로 철회될 운명이었고, 샌프란시스코 강화조약은 1952년 4월에 발효할 예정이었다.

  이승만의 평화선 선언은 절묘한 타이밍을 고려한 해양책략이요, 고수의 외교 전략이었다. 따라서 평화선을 선포한 이승만의 해양책략을 네 가지로 요약할 수 있다. 첫째, 샌프란시스코 강화조약이 발효(1951년 9월 서명, 1952년 4월 발효)되면 일본은 패전국 지위에서 벗어나 세계국가로 거듭나는 권리를 회복하게 되는 시점을 고려했다. SCAPIN 677(1946년)에 명시되었고 샌프란시스코 강화조약 최초안에 독도를 한국 소유라고 했던 것이 최종 발표에서는 누락된 것을 중시하여 차제에 독도의 점유와 실효적지배로 영유권을 명확히 하려는 것이었다. 둘째, 어획능력이 월등한 일본어선의 한국 연안 대거출어와 남획에 대비하기 위한 것이었다. 셋째, 세계 각국의 영해 확장 및 배타적 수역 확장 추세에 부응하는 조처였다. 끝으로, '맥아더라인'의 철폐에 따라 북한과 국방차원에 대한 대책으로 평화선을 선포한 것이다. 이승만은 일본이 샌프란시스코 강화조약에서 패전국이면서도 독도의 중요성 때문에 외교적 로비를 통해 독도를 일본 영토로 하려는 치열한 음모를 이승만은 파악했고 평화선에서 못 박았다. 사실 이승만은 독도의 중요성과 논리면에서 탁월했다. 이승만은 프린스턴대학교 박사논문을 준비하면서 독도는 물론 대마도도 우리 영토임을 인식하게 됐다.

이승만은 1941년 6월에 《Japan Inside Out 일본 내막기/일본의 가면을 벗긴다.》라는 책을 출판하였다. 그의 나이 66세 그리고 일본의 '진주만 기습' 꼭 6개월 전이었다. 이승만은 그 책에서 과거 '한·일 간에는 명확한 해양경계가 있다'고 주장했으며, 그것은 대마도와 이키 섬(壱岐島)을 우리 영토로 하는 해양경계선이라고 주장했다. 아울러 그 책에서 그는 일본이 머지않아 미국을 기습 침공할 것이라고 예언했다. 1940년 이후 일본이 미국과의 한판 전쟁을 준비하느라 광분하고 있는데도 미국인들은 친일 분위기에 취해 있었다. 그러나 이승만의 책이 출간되고 나서 다섯 달이 지난 1941년 12월 7일, 하와이의 진주만에 있는 미군 해군기지가 일본군에 폭격 당하자 이승만의 예언이 옳았음을 알게 되었고, 미국의 국무성 관리를 비롯한 싱크탱크, 워싱턴 정가에서는 이 책을 구하느라 난리법석이 벌어졌다.[8]

이승만은 초대 대통령이 되자마자 1948년 8월 18일 일본에 대마도 반환을 요구했고, 1949년 연두기자회견에서 재차 일본의 대마도 반환과 임진왜란 침략에 대한 배상을 요구했다. 일본이 독도를 자기 땅이라고 우기는 진짜 이유를 이승만은 간파했던 것이다. 즉 '독도에서 밀리면 대마도도 위험하다'는 일본의 위기의식을 정확히 읽고 있었다. 참고로 국제법상 영토의 취득권원은 '시원적 취득방법'으로는 첨부 accretion, 선점 occupation이 있고, '파생적 취득방법'은 시효 prescription, 할양 cession, 정복 subjugation이 있다. 또한 주권수립을 위해서는 승인 recognition, 묵인 acquiescence, 금반언 estoppel, 역사적 응고 historical consolidation 등의 요소가 주요한 역할을 한다. 이승만의 평화선 선포에 포함된 독도영유권 주장으로 독도에 대한 선점과 실효적 지배를 위한 법리적 기반을 구축했다. 특히, 선점은 국가의 영유의사라는 주관적 요소와 국가권력에 의한 실효적, 계속적 지배의 객관적 요소를 포함한다. 1952년 평화선 선언 이후 70여 년이 다가오면서 선점과 시효, 실효적 지배와 같은 독도영유권 조건들이 시간이 흐를수록 공고하게 된 것은 이승만의 선견지명과 전략적 의사결정 덕분이다.

『인접해양의 주권에 관한 대통령선언, 1952년 1월 18일』의 내용이다.

① 대한민국 정부는 국가 영토인 한반도 및 도서의 해안에 인접한 해붕의 상하에 이미 알려진 것과 또 장래에 발견될 모든 자연자원, 광물 및 수산물을 국가에 가장 이롭게 보호·보존 및 이용하기 위하여 그 심도 여하를 막론하고 인접해양에 대한 주권을 보존하며 행사한다.

② 평화선 안에 존재하는 모든 자연자원 및 재부를 보유·보호·보존 및 이용하는 데 필요한 다음과 같은 한정된 연장해양에 걸쳐 그 심도 여

하를 불문하고 인접국가에 대한 국가의 주권을 보유하며 또 행사한다. 특히, 어족 같은 감소될 우려가 있는 자원 및 재부가 한국 국민에게 손해가 되도록 개발되거나, 또는 국가에 손상이 되도록 감소 혹은 고갈되지 않게 하기 위하여, 수산업과 어로업을 정부의 감독하에 둔다.

③ 상술한 해양의 상하 및 내에 존재하는 자연자원 및 재부를 감독하며 보호할 수역을 한정할 경계선을 선언하며 또 유지한다. 이 경계선은 장래에 구명될 새로운 발견·연구 또는 권익의 출현으로 인하여 발생하는 새로운 정세에 맞추어 수정할 수 있다.

④ 인접해안에 대한 본 주권의 선언은 공해상의 자유항행권을 방해하지 않는다.

정부는 평화선 선언 제3항 규정에 따라 1952년 12월 12일 『어업자원보호법』을 제정하였다. 해양의 어업자원보호를 위한 관리수역을 명시하고(제1조), 동 수역 안에서 어업활동을 하려는 자는 주무장관의 허가를 받아야 한다고 규정함으로써(제2조), 국적여하를 불문하고 한국 정부의 허가를 받아야 하며, 이를 위반하면 처벌받도록 규정하였다. 1952년 1월 18일 이승만은 동해에 평화선을 선포하였고, 미국도 일본도 공해자유의 원칙을 내세워 이승만의 평화선을 인정할 수 없다고 통보해왔지만 이승만은 이를 묵살하였다. 한국보다 발달된 수산업으로 이 지역에서 당시 연간 23만 톤 이상의 어획고를 올려오던 일본으로서는 경제적 타격과 함께 영토의 위협으로 느끼고 민감하게 반응하였다. 1월 28일에는 일본은 독도를 경계선 안에 넣은 것은 한국의 일방적인 영토 침략이라고 주장하였다.

한국 정부는 전례가 없다는 일본의 주장에 대해 1945년 미국의 트루먼 대통령에 의한 '연안어업에 대한 선언'과 '해저와 지하자원에 관한 선언'은 물론, 아르헨티나(1946년), 파나마(1946년), 칠레(1947년), 코스타리카

(1948년), 엘살바도르(1950년), 온두라스(1951년), 에콰도르(1952년) 등 다른 나라에서 채택한 유사 사례를 들어 강력하게 반박하였다. 평화선 선포 이후 1958년 제네바에서 열린 제1차 유엔해양법회의에서는 '영해 및 접속수역에 관한 협약', '공해에 관한 협약', '어업 및 공해의 생물자원 보존에 관한 협약', '대륙붕에 관한 협약'의 4개 조약이 채택됨으로써 당시 문제되었던 바다에 관한 중요사항인 대륙붕과 초기단계의 배타적 경제수역 개념들이 법제화되었다. 이승만의 평화선은 이러한 새로운 해양체제보다 앞선 조치였다.

평화선 선언은 이후 한국의 수역 내에서 외국 선박의 불법 어로행위를 단속하는 근거가 되었다. 평화선 설정 이후 한국 정부는 동 어로저지선을 침범하는 일본어선을 나포하는 등 강경조치를 취하였다. 1952년 10월 14일 대통령 긴급명령 제12호로 『포획 심판령』을 제정 공포하고 포획심판소 및 고등포획심판소를 개설 하였다. 1953년 해양경찰대 설치계획을 수립하고 이해 말에 180톤급 경비정 6척으로 부산에서 한국해양경찰대를 창설하여 평화선을 침범하는 외국선박과 밀무역을 단속하도록 하였다. 이에 일본은 어로장비의 대 한국 수출금지 등 보복조치를 취하였다. 1952년 2월 4일 일본어선 두 척이 제주도 남쪽 해안의 평화선을 넘어 조업하다가 경찰에 적발되어 나포 도중 총격으로 제1대 방환호의 선장이 숨지는 사고가 일어났다. 이후 대한민국 영해를 넘나드는 일본 선박에 대해서는 체포, 억류 등의 강경대응을 하였다. 1965년 한일국교 정상화로 평화선 선언이 새로운 한일어업협정으로 대체되기 전까지 한국 해경은 328척의 일본 배와 3929명의 선원들을 나포, 억류하였으며, 이 과정에서 44명의 사상자가 발생했다.[9] 나포한 일본배를 해양경비대의 경비정으로 쓰기도 했다.

평화선이 선포된 지 8개월 후인 1952년 9월 당시 유엔군 사령관 마크 웨인 클라크 Mark Wayne Clark(1896~1984)는 북한의 잠입을 막고, 전시 밀수출입품의 해상침투를 봉쇄할 목적으로 한반도 주변에 해상방위수역을 설정하였다. '클라크 라인 Clark Line'으로 불린 이 수역이 평화선과 거의 비슷한 수역이었으므로, 평화선 선언을 간접적으로 그러나 결정적으로 지원한 결과가 되었다. 제1차 및 제2차 세계대전에서 걸출한 영웅이었던 클라크 장군은 서해북방한계선 NLL도 설정하였다. 이후 일본과의 마찰은 줄어들었으나 1965년 한일국교정상화가 이루어지고 동시에 새로운 한일어업협정이 성립되기 전까지 평화선 문제는 한·일 양국 간에 최대의 쟁점사항이었다. 박정희 대통령의 5.16 군사정부는 1961년 10월 해무청을 폐지했다. 한·일국교정상화에 걸림돌인 평화선과 독도 지킴이 정부부처를 스스로 없앤 것이다.

그 후 1965년 대한민국과 일본은 한일기본조약인 『대한민국과 일본국 간의 기본관계에 관한 조약』을 맺고 정식으로 국교를 수립했다. 한일기본조약은 이미 1965년 2월 가조인되었지만 청구권협상으로 난항을 거듭한 끝에 6월 22일 양국은 서명과 함께 정식으로 국교를 수립했다. 한일기본조약에 수반되는 관련 협정으로는 ① 한일어업협정, ② 재일교포의 법적 지위 및 대우 협정, ③ 경제 협력 협정, ④ 문화재 협정으로 4가지 부속협정이 있다. 흔히 청구권이라고 불리는 경제협력협정의 공식 명칭은 『한일 재산 및 청구권문제 해결과 경제협력에 관한 결정』이다. 서문에는 '대한민국과 일본국은 양국 및 양국 국민 간의 청구권에 관한 문제를 해결할 것을 희망하고 양국 간의 경제협력을 증진할 것을 희망하여 같이 합의하였다'라고 명시되었다.

식민지배에 대한 배상으로 알고 있지만 공식 명칭에는 식민지배에 대한 배상보다는 경제협력에 방점을 두었다. 일본의 배상 근거는 1951년 《샌프란시스코 강화조약》이다. 샌프란시스코 강화조약 제14조에서 일본은 연합국에 2차 세계대전에서 입은 물질적인 손해와 정신적인 손해 배상을 지불할 것을 명시했다. 이 협상으로 우리는 일본으로부터 무상 3억 달러, 유상 2억 달러와 상업차관 3억 달러 등 총 8억 달러를 1966년부터 1975년까지 10년간에 걸쳐 받았다. 일본은 어업협력금액으로 한국에 9천만 달러(영세어민용 4천만 달러는 정부차관 형식, 이자는 5%. 그 외 5천만 달러는 민간차관 형식. 이자는 5.75%)를 공여키로 합의했다. 1965년 당시 한국의 연수출액은 1억 7천만 달러였다.

 한일관계정상화에 따른 1965년 『한일어업협정』으로 평화선 선포 이후 13년 동안의 분쟁은 종식되었고, 양국 간 분쟁이 발생했을 때는 국제사법재판소보다는 양국 간 외교교섭을 통해 해결하기로 약속하였다. 1965년의 『한일어업협정』으로 일본에 대하여는 효력이 정지되기는 하였지만, 『어업자원보호법』은 실정법으로서 여전히 유효하다. 우리나라가 『배타적 경제수역법, 1996. 8. 8, 법률 제5151호』와 이를 개정한 『배타적 경제수역 및 대륙붕에 관한 법률, 2017. 3. 21, 법률 제14605호』, 『배타적 경제수역에서의 외국인 어업 등에 대한 주권적 권리의 행사에 관한 법률, 1996. 8. 8, 법률 제5152호』와 이를 개정한 『배타적 경제수역에서의 외국인어업 등에 대한 주권적 권리의 행사에 관한 법률, 2017. 3. 21, 법률 제14605호』를 제정함으로써 기존의 『어업자원보호법』의 대체입법으로 볼 수도 있으나, 독도영유권 문제와 같은 민감한 사안이 개재되어 있는 관계로 각각 별도의 법으로 존치된다.[10]

2. 《해양화 책략》이 만든 한강의 기적

　20세기 이후 한국은 세계 다른 어느 지역보다 현대사를 압축해 보여 주었다. 식민지 지배국에서 독립국가로, 전쟁국가에서 평화국가로, 봉건사회에서 자유민주국가로, 저개발 농경사회에서 선진산업 경제사회로, 원조 받는 나라에서 원조를 주는 나라로 변화하고 성장했다. 또한 고속도로·항만 물류인프라는 후발주자였지만, 인터넷 고속망과 디지털인프라는 선두주자로 성공한 국가다. 한국은 해방 이후 개도국에서 선진국으로 바뀌었다. 한국은 1996년 '선진국 클럽'이라 불리는 경제협력개발기구 OECD에 가입했다. 지난 70년간 개도국에서 선진국으로 진입한 경우는 세계에서 한국이 유일하다.

표 15.1. 1인당 GDP증가율(1990년 미국 구매력평가 기준, 단위 %)

구분	1820~1913년	1913~1950년	1950~2010년
전 세계	0.84	0.84	2.21
서유럽	0.94	0.70	2.59
구 서유럽 식민지	1.51	1.56	1.95
한국	0.40	1.54	5.54
동아시아	0.33	-0.17	2.49
미국	1.47	1.61	1.95
영국	0.93	0.93	2.07
중국	-0.09	-0.56	4.93

　상기 표 15.1은 경제사학자이며 경제발전론 연구자인 매디슨 Angus Maddison이 그의 후학들과 작성한 《매디슨 프로젝트 Maddison Project, 2006》에 수록된 통계를 이제민이 《한국의 경제발전 70년, 2015》에서 편

집한 내용이다. 이 통계에 대해 부정확하다는 주장도 있고 그 후 매디슨 프로젝트에서 한국의 1913~1950년의 통계를 대폭 수정하기도 했지만, 세계경제와 한국의 발전 추세를 살펴볼 수 있다. 표에서 보듯이 한국은 1950년부터 2010년까지 역사적으로 경제성장률이 월등했다. 지난 70여 년은 대단한 성공이면서도 굴곡진 과정으로 초기 20년 동안은 재난과 침체를 겪었고, 고도성장이 시작된 이후 50여 년 동안에도 위기가 빈발했지만, 한국은 경제성장률에서 세계 최고 수준이었다.[11]

뉴욕타임스 기자이자 퓰리처상을 수상한 부부인 '니콜라스 크리스토프와 쉐릴 우 던'의 책 《동양으로부터의 천둥 Thunder from the East, 2000》에 의하면 1950년대 초 서양의 아시아 전문가들이 서양에 대한 개방과 식량자급에서 장래가 유망하다고 꼽은 나라는 일본도 한국도 중국도 아닌 필리핀과 버마였다. 그러나 반세기가 지나 '역사의 완료된 성적표'에서 한국이 아시아의 챔피언이 되었다. 그것은 정부와 민간이 합력하여 추진한 '해양화 Oceanization 전략' 덕분이다. 1945년의 38선과 1953년의 휴전선은 우리에게 민족의 이산과 국토의 분단이라는 아픔을 주었지만, 그 아픔보다 못지 않은 상흔은 우리가 대륙과 단절됐다는 점이다. 그전까지 이 땅은 반도 국가였으나 대륙을 중시한 대륙국가였다. 대륙국가의 관행적 사고는 '해금정책과 쇄국주의'였다. 밖으로는 중국을 대국으로 떠받들었고 안으로는 체제의 안정성을 옹호하는 유교 체제와 문약으로 진취적 기상은 소멸되었다. 진보적이고 외향적이기보다는 보수적이고 내향적 정치세력이 득세했고, 농업 이외의 산업과 상업에 대한 천민사상과 신분사회가 득세했으며, 외국문물과 외국인을 폄하하는 제노포비즘 xenophobism이 사회에 만연했다.

어쩌면 '한반도의 분단'은 '중화中華로 대칭되는 대륙으로부터의 해방'이었다. 해방 이후 남한과 북한의 물리적 단절은 단순히 민족분단의 문제를 넘어 가치체제와 국가생존전략에서 코페르니쿠스적 반전을 만들게 된 전환점이었다. 한국역사를 지배해 온 중화와 중원 구심력은 단절되었고 해양을 향한 원심력의 국가로 변신했다. 20세기 후반의 반세기 동안 해양제도와 해양 거버넌스, 수출입과 산업화를 통한 세계경제와의 해양 통상과 상거래, 해양가치관과 해양문화가 거침없이 유입되면서 한국은 해양국가로 변질되었다. 후발 국가였지만 선진 해양 국가들로부터의 실전과 학습효과를 통해 해양지향적 경제발전모델을 추진했다. 미·소 대결의 냉전체제 최전선, 21세기 세계 유일한 분단국가, 한반도를 둘러싼 해양세력과 대륙세력 간의 '지정학'은 새로운 '지경학 地經學'으로 변모되었다. 이러한 논리적 방향전환은 미국의 전략가인 에드워드 루트워크가 그의 논문《국가의 이익 The National Interest, 1990》에서 주장한 '지경학 geoeconomics' 개념의 실천이었다. 그는 "상업이라는 방식이 군사적 방식을 몰아낼 것이며, 무력 대신 자본으로, 군사기술의 발전 대신 민간 혁신으로, 요새와 진지 대신 시장의 침투로 구체화될 것"이라 주장했다.

한국이 오늘날 세계적 위치로 성공했다는 것은 대부분 '해양화 Oceanization'과 관련된다. 수출과 무역, 조선, 해운, 원양어업, 해양석유 및 천연가스 시추장비, 임해공단, 태평양 심해저 광구, 매립간척 등 이것들은 모두 한국의 경제성장과 후진국에서 중진국으로 발돋움한 경제발전의 핵심요소들이다. 한국 특유의 압축성장이라는 것도 따지고 보면 압축적 해양화이다. 유럽이나 일본의 근대화 거점들이 철저히 과거와의 인연으로부터 출발해서 과거의 점진적·단계적 성장과 난숙을 거친 것이었다면 우리는 바다에 새로운 프로젝트를 대담하고 압축적으로 전개한 것이다.[12] 한국의 해양화 전략은 우리 민족의 자각에 의한 것이 아니라 강제된 선택이었기에 환경이 바뀌면 다시 대륙형 의식구조로 회귀할 위험성이 있다. 대륙형 의식구조로의 회귀를 참아야 하는 의무는 우리에게 해양화 전략에 대해 알아야 할 권리를 준다. 해양화 전략이 한국역사의 올바른 의무이자 권리이다. 오늘의 바다는 과거의 바다가 아니다. 과거의 바다는 단절의 바다요, 두려움의 바다요, 위험의 바다였다. 그러나 오늘의 바다는 소통의 바다요, 희망의 바다요, 도전의 바다로 바뀌었다. 우리나라가 '해양화 전략'을 추진해야 할 논리를 예시해 보자.

첫째, 바다는 풍부한 광물자원과 에너지자원으로 인류의 환경과 복지의 열쇠를 쥐고 있는 '우리 인류 생존의 마지막 개척지'이다. 2012년 유엔지속가능개발회의인 Rio+20회의 보고서《The Future We Want 우리가 원하는 미래, 2012》와 반기문 유엔사무총장이 주도한《The Oceans Compact 해양계약, 2012》는 인류와 세계경제에 대한 해양의 경제적 가치와 해양환경보전 전략의 필요성을 강조했다. 2016년에 발간된 OECD보고서《The Ocean Economy in 2030》에 따르면 전 세계 해양산업의 '총 부가가치 GVP'는 2010년 전 세계총부가가치의 2.5%인 1조 5천억 달러에서 2030년 3조 달러로 두 배 증대할 것으로 전망했다. 해양산업 일자리는 2010년 3천만 개에서 2030년 4천만 개로 증대할 것으로 전망했다. 앞으로 제4차 산업혁명 기술인, IoT, 로봇, AI, 3D기술과 빅 데이터 기술, 드론기술 등이 해양산업과 접목할 경우, 해양산업과 경제규모는 더욱 커질 것으로 전망된다.

둘째, 대륙은 농업과 산업을, 바다는 상업과 무역을 성장시키는 근원이다. 스탠포드대학교의 토마스 로렌 교수는 아시아 지역주의를 국가 단위가 아닌 코스모폴리탄 도시 즉, 무역항 도시 중심으로 한 '지중해 모델'로 접근하고 있다.[13] 1500년경부터 시작된 아시아 무역항의 발달은 바로 중세유럽 지중해 패턴과 같다고 주장했다. 부산, 상하이, 홍콩, 요코하마, 고베, 호치민 등의 예를 들고 있다. 해양은 옛날이나 지금이나 미래나 해상무역의 성공 모델인 장보고의 등장을 허용하는 공간이다.

셋째, 해운은 규모의 경제성에서 대륙보다 훨씬 앞선다. 헤이룽장성에 있는 다칭 大慶유전에서 베이징까지 기차로 실어오는 석유수송비보다 사우디아라비아에서 VLCC로 우리나라 여수항에 들여오는 값이 더 싸다. 컨테이너나 벌크선, VLCC로 물동량은 항공이나 육상과는 비교가 안 된다. 세계물동량의 대부분을 운송하는 컨테이너 선박은 물동량 처리능력이 1960년대 1,000 TEU급에서 출발하여 1980년에 3,000 TEU급, 2000년에 8,000 TEU급, 2015년에는 20,000 TEU 급, 2020년에는 23,000 TEU급으로 불과 60년 만에 23배로 급신장했다. 바로 이 해운의 속도와 수송량에 의한 물류비의 경쟁력이 산업과 상업의 세계화를 일으킨 원인이다.

넷째, 해양수산자원 생산성은 육상농축산업 생산성에 비해 5~7배의 재생산 능력을 갖고 있다. 육상농업은 반드시 노동력과 비료가 주어져야만 재생산이 가능하지만, 해양생물자원은 자연생태계만 유지되면 지속재생산이 가능하다. 한편, 스탠포드대학교의 해양생물학 교수인 스테판 팔럼비 Stephen Palumbi는 "1994년을 정점으로 세계수산물생산은 감퇴하고 있으며, 지속가능한 수산생태계 보호 노력이 없는 경우, 2048년경에는 우리 식탁에서 수산물이 사라질 것"이라고 경고하고 있다. 그는 또한 세계 주요 12개 해역에서 1,000년 동안의 수산자원 조사결과, 1,800년 이래 91% 어종은 어족자원이 절반으로 감소했고, 38% 어종은 사라졌고, 7% 어종은 심각하게 감소 중이라고 보고했다.[14] 수산자원이 풍요롭기 때문에 재생산을 위해 남획과 생태계 파괴에 대한 대응전략이 시급하고 중요하다.

다섯째, 바다와 관련된 역대 대한민국 대통령들의 등장은 한국의 해양화를 촉진시킨 핵심요인이었다. 초대 대통령은 평화선을 선포한 이승만 대통령이며, 해양수산부를 창설한 김영삼 대통령은 거제도 출신이자 부친이 수산업을 했고, 신안군 하의도 출신의 김대중 대통령은 젊은 시절 해운업에 종사했다. 노무현 대통령은 남해 출신이자 해양수산부 장관을 역임했다. 이명박 대통령은 현대그룹의 조선과 해외건설 등 글로벌 해양사업의 최전선 CEO였다. 뿐더러 아시아에서는 최초로 또 세계에서도 드물게 해양수산부가 독립된 중앙행정부서로 존재하고 있는 것은 20세기 후반 본격화된 해양화의 앵커이자, 21세기 해양강국의 출발 엔진이다.

3. '무모한 도전 · 무서운 질주' 세계 1위 조선업

1) 박정희 대통령과 정주영 회장의 《조선강국 책략》

제1차(1962~1966년), 제2차(1967~1971년)에 이어 제3차 경제개발 5개년 계획(1972~1976년)을 추진하던 박정희 대통령(이하 '박정희'로 표기)은 경공업 중심의 노동집약산업으로는 경제성장의 한계를 절감했다. 1973년 1월 연두기자회견에서 중화학공업화 정책을 선언하였다. 중화학공업화의 추진 이유는 크게 세 가지로 첫째, 기존의 수입대체 중심의 중화학공업은 국내시장을 대상으로 했다는 점에서 규모의 경제로는 한계상황이었다. 둘째, 1970년대 주한미군의 부분 철수 등으로 자주국방이 절실히 요구되어 군수산업으로 전환할 수 있는 중화학공업을 적극 육성해야 했다. 셋째, 노동집약적인 경공업 위주의 수출정책은 선진국 보호무역의 강화와 신흥개도국들의 추격으로 레드오션 시장이 되어 변화가 불가피했다. 박정희의 중화학공업화 정책은 석유화학, 철강 등 중간재산업과 조선, 자동차 등 수송산업이 중심이었으며, 그 중 가시적 역동산업으로 조선업을 주목했다. 박정희와 참모들은 조선업이 기계, 전자, 운송, 항만산업과의 전후방 산업 연관효과가 커서 일자리를 많이 창출하고, 국방을 위해서도 필요했다고 판단했다. 특히 일찍이 조선업에 뛰어든 영국이나 일본이 부강한 나라가 됐다는 점을 벤치마킹했다. 그렇게 조선업은 제3차 경제개발 5개년 계획 최대 핵심 사업중 하나였고, 박정희의 숙원사업이었다.

한편 이 기간 중화학공업은 재벌을 중심으로 한 산업과 수출구조의 골격을 갖추게 되었다. 화학은 LG, 철강은 포스코, 조선은 현대중공업과 대우조선해양, 자동차는 현대자동차와 기아자동차, 전자는 LG전자와 삼성전자가 이 기간에 설립되거나 크게 성장하였다. 정부의 중화학공업 지원정책은 크게 관세 및 법인세 감면 등의 조세감면, 재정 투·융자와 은행의 우대금리를 통한 금융지원으로 구성되었다. 무역정책보다 더 중요한 역할을 한 것은 금융지원이었다.[15] 그 시대에 골격이 형성된 중화학공업을 담당하는 소수 재벌 대기업 중심의 산업무역구조는 현재까지 계속되고 있다. 또한 국가가 통제하는 금융기관이 산업정책 수단으로 이용되면서 발생한 관치금융과 금융업의 낙후성은 1998년 금융위기의 원인이 되었고, 조선업과 해운업이 위기를 맞고 있는 현재까지도 문제가 되고 있다. 박정희에 의해 드라이브가 걸린 조선업은 1974년 현대중공업이 600미터 대형도크를 건설하고, 450톤급 골리앗 크레인을 설치하여 세계 최대 규모의 대형 조선소로 등장하면서 조선업의 대형화와 현대화가 추진되었다. 그 뒤 대우중공업, 삼성중공업 및 현대미포조선 등 대형조선소들이 속속 건설되어 본격적으로 해외시장에서 두각을 나타내기 시작했다. 이에 따라 1979년 우리나라 조선능력은 1970년에 비해 15배 증가하였고, 건조가능한 선박의 크기도 10배 이상 증가하였다.[16]

박정희로부터 조선업 창업을 제안받은 현대 정주영 회장(이하 '정주영'으로 표기)은 조선소 건설을 위한 기술제휴와 차관도입을 위해 프랑스와 스위스 은행을 비롯하여 일본, 캐나다, 미국 회사들과 접촉했다. 그러나 그들은 한국과 같은 나라는 조선업 역량이 없으며, 차관을 절대 빌려줄 수 없다고 했다. 정주영은 인력 스카우트를 해가며 조선사업 추진팀까지 구성을 마쳤지만 시작은 낭패였다. 국내 정부 일각에서도 조선업은 기계, 전기, 전자, 터빈 같은 주로 중공업 기술을 요하는 것이지 토목장이인 정주영이 맡아서는 안 된다는 날선 비판도 적지 않았다. 결국 초기 조선업 착수가 너무 어려운 것을 절감한 정주영은 박대통령과 면담 시 조선업을 포기하겠다고 말하자 박정희는 "국가가 절실히 원하고 대통령이 그토록 염원하는 사업인데, 이렇게 쉽게 못하겠다는 말씀이 나오시오? 대통령이 자존심을 걸고 추진하려는데 기업이 무시하는 것은 국가를 경시하는 것이오. 지금 내 앞에 앉아 있는 사람이, 그 반대에도 무릎 쓰고 작열하는 태양 아래서 고속도로를 건설한 정주영 사장이 맞소?"라고 질책하면서 현대가 어떤 사업을 하겠다고 하더라도 정부는 앞으로 현대에게 일체의 도움을 주지 말라는 분노의 말을 토해냈다. 박정희의 조선업에 대한 굳은 결심과 추상같은 질책을 확인한 정주영은 조선업에 대한 포기 대신 도전으로 방향을 급선회했다.

정주영은 미국의 '빨리 빨리 전략'으로 제2차 세계대전 시 대량생산 방식으로 '자유함 Liberty Ship'을 건조하고 미국 조선업의 아버지가 된 헨리 카이저 Henry Kaiser와 일본 경영의 신으로 불리는 마쓰시타 고노스케 松下幸之助를 합친 인물로 평가될 수 있다. 마쓰시타는 가난해서 어릴 때부터 고생해서 살아가는 경험을 얻었으며, 몸이 허약해서 운동에 힘쓴 결과 노년에 건강했을 뿐만 아니라 초등학교도 못나왔지만 세상사람들을 스승 삼아 배웠다는 삶이 감동적이다. 정주영의 인생역정은 마쓰시타와 많은 부분 닮았다. 당시 우리나라는 자본도, 조선소도, 기술도 없었다. 돈이 있어야 조선소를 짓고, 조선소가 있어야 선주에게서 수주를 하고, 수주를 받아야 배를 만들 수 있는 것은 상식이었다. 그러나 정주영의 적극적 도전과 헨리 카이저에 못지않은 '빨리 빨리 전략'은 이 모든 것을 한꺼번에 해내는 놀라운 역사를 만들었다.

정주영이 조선업의 첫발인 조선소 건설을 처음 꿈꾼 것은 1969년부터다. 당시 중화학공업 육성을 추진하던 정부는 일본 측에 컨설팅을 요청했다. 일본 측이 작성한 《아카자와 리포트》는 해운업과 조선업의 열악한 수준에 비춰볼 때 한국은 5만 톤급 선박 건조 능력을 갖춘 조선소면 충분하다고 제안했다. 세계에서 가장 큰, 최신의 조선소를 상정하던 정주영의 생각과는 거리가 먼 컨설팅 보고서였다. 문제는 자금이었다. 해외 차관 도입을 위해 주요 선진국에 문을 두드렸지만 배 한 척 만들어본 적 없는 현대의 무모함에 선뜻 돈을 빌려주는 곳은 없었다. 당시 우리나라 조선업은 최대건조능력이 1만 톤 안팎이었다. 정주영의 현대는 1969년 일본의 미쓰비시중공업이나 이스라엘의 해운회사 팬 마리타임사와 제휴를 위한 협상을 벌였으나 모두 결렬됐다. 그러나 이러한 협상결렬은 역설적이게도 우리나라 조선업의 독자적인 발전을 이룩하게 만들었고, 무에서 유를 창조하는 기업가인 정주영은 선봉장 역할을 성공적으로 해냈다.

맨땅에 헤딩하기식 정주영의 조선업 도전은 말 그대로 한국경제의 가장 드라마틱한 신화였다. 정주영은 1970년 조선소 건설 차관도입을 위해 울산 백사장 사진과 5만분의 1 지도, 외국서 빌린 설계도면, 그리고 이순신 장군과 거북선이 그려진 오백 원짜리 지폐를 들고 영국으로 떠났다. 1971년 정주영은 영국의 A&P 애플도어 엔지니어링사의 찰스 롱바톰 회장 Charles Brooke Longbottom (1930~2013)을 찾아 갔다. 롱바톰 회장은 변호사로 하원의원 출신으로 A&P 애플도어사 회장을 맡고 있는 노련한 CEO인 동시에 롱바톰 회장은 훗날 2012년에는 영국 정부 국가보훈처장으로도 일한 정계와 경제계 거물이다. 그가 한국의 '조선능력'에 의문을 피력하자, 정주영은 오백 원짜리 지폐 한 장을 꺼내 테이블 위에 펴 보였다. 오백 원짜리 지폐에는 이순신 장군과 거북선이 그려져 있었다. "한국은 이미 1500년대에 이런 철갑선을 만든 실적과 잠재력을 갖고 있습니다. 영국의 조선 역사가 본격적으로 시작된 게 1800년대이니 한국은 무려 300년이나 앞선 셈입니다. 이 사람은 당신들이 가장 자랑하는 넬슨 제독도 엎드린다는 이순신 장군입니다. 우리의 잠재력을 믿고 도와주십시오." 이순신 장군은 임진왜란에서 '조선'을 구했고, 300년 후 대한민국의 '조선업'을 탄생시키는 데 결정적 역할을 한 것이다. 정주영 특유의 유머러스한 지식과 배짱에 감동받은 롱바톰 회장은 버클레이 은행에 긍정적인 보고서를 제출해 주었다.

그림 15.2. 정주영 회장이 영국 차관 협상에서 활용한 오백 원 지폐의 거북선

롱바톰 회장의 주선으로 버클레이 은행과 차관 협의가 시작됐다. 물론 노련하고 콧대 높은 버클레이 은행 부총재는 정주영을 만나기 전, 현대의 사업계획서와 사업능력을 검토했다. 그는 그동안 현대건설이 했던 사업이며 한국의 상황까지 모두 점검하고 정 회장을 만났다. 버클레이 은행 부총재

는 "도대체 25만 톤급 배를 본 적이 있기나 합니까?"하고 물었다. 기 싸움으로 정 회장을 꺾으려는 노련한 협상전략이었다. 그러자 정주영은 다시 거북선 그림이 그려진 당시 오백 원짜리 지폐를 꺼내 보이면서 당당하게 말했다. "영국 사람들은 16세기에 철갑선을 본적이 있습니까? 우리는 세계최초로 철갑선을 만든 나라입니다" 물론 영국은 19세기에 이르러서야 철선을 만들었다. 더구나 해양대국이라 불렸던 영국인들은 배 만드는 일에 자부심이 남달랐던 터였다. 그는 정주영의 학력과 경력에 의구심을 나타내면서, "전공이 무엇이냐?"고 물었다. 정주영은 "어제 내가 이 사업계획서를 들고 옥스퍼드대학에 갔더니 한 번 들쳐보고 바로 그 자리에서 박사학위를 주었다."라고 임기응변으로 답변했다. '옥스퍼드 박사' 일화는 여기서 나왔다. 결국 부총재는 "앞으로 당신이 만든 선박을 사겠다는 사람이 나타나면 차관을 주겠습니다."라면서 조선소 건설에 필요한 차관 제공에 긍정적 답을 주었다. 학력이 없다고 해서 지혜도 없는 것은 아니다. 오히려 더 치밀한 전략과 적극적인 용기, 그리고 불굴의 신념으로 뭉친 정주영이 있었기에 한국의 조선업은 탄생하게 되었다.

　어려운 첫 번째 고비와 두 번째 고비를 넘겼지만, 가장 중요한 마케팅에 관한 세 번째 고비가 기다리고 있었다. 영국 수출보증기구가 선박 수주 계획을 먼저 받아오라는 요구를 내 걸었다. 정주영은 울산 미포만의 모래밭 사진 한 장과 5만분의 1 지도 한 장과 영국 '스코트리스고우' 조선소에서 빌린 26만 톤급 유조선 도면을 들고 선주들을 만나 마케팅을 펼쳤다. 말이 마케팅이지 조선소 인프라도 건조실적도 없이 유럽 선주들에게 "선박을 사겠다는 계약을 해주면 그 계약서로 돈을 빌려 조선소를 짓고 배를 만들어 주겠다."는 황당한 이야기로 상담하며 해운시장을 돌았다. 그러던 어느 날 그리스 선박왕 아리스토틀 오나시스에 버금가는 그리스의 거물 해운업자 조지 리바노스 George Livanos 회장이 선단을 확장 중이라는 정보를 입수했다. 정주영은 리바노스 회장에게 "반드시 좋은 배를 만들겠다."고 설득했고, 조지 리바노스 회장은 현대에 26만 톤짜리 유조선 두 척을 주문하는 기적이 일어났다. 훗날 리바노스 회장이 정주영의 제안을 받은 이유를 말했다. "만나서 이야기 해보니까 믿을만한 사람 같았다. 그 뿐이다." 리바노스 회장의 선 엔터프라이즈 Sun Enterprises Ltd.사는 현대중공업과 첫 선박건조 계약을 인연으로 그 후 15척의 원유운반선을 발주했다. 이상은 정주영이 평소에 즐겨 썼던 "이봐, 해봤어", "마지막까지 최선을 다하라"라는 말을 가장 드라마틱하게 보여준 현대중공업의 설립 신화다.

1974년 6월 8일 현대중공업은 리바노스 회장으로부터 수주한 유조선 1, 2호 선박 명명식과 울산조선소 준공식을 동시에 가졌다. 세계 조선업계 사상 유례가 없는 일이었다. 정주영의 현대중공업은 리바노스 회장으로부터 유조선 두 척을 수주한 이후 불과 10여 년 만인 1983년에 세계 1위의 조선업체가 되었고, 그 후 줄곧 세계 1위를 달려왔다. 잘나가던 회사를 망하게 하는 것도 사람이고, 위기의 회사를 구해내는 것도 결국 사람이다. 팍스 로마나 시대의 '역사는 인간'이나 스웨덴 발렌베리 그룹의 '배보다 선장'은 인재가 기업의 흥망을 결정한다는 짧지만 강한 메시지다. 정주영 회장의 신화 창조 뒤안길에는 역대 현대중공업 회장을 역임한 김형벽, 최기선, 민계식 등 기라성 같은 일류 엔지니어들의 투혼과 땀이 있었고, 그들이 설계한 배, 그들이 만든 배는 세계 최첨단의 선박으로 세상에 나타났다. 그리고 바로 그러한 인재들을 무한 아끼고 사랑한 정주영 회장의 리더십이 있었기에 현대의 조선업과 한국의 조선업은 성공할 수 있었다.

박정희의 중화학공업 중심이 핵심인 제3차 경제개발 5개년 계획과 정주영의 담대한 조선업 책략이 영국과 일본에 이어 한국을 세계 최강의 조선

산업 국가로 만들었다. 한국의 조선업 세계 1위는 종합과학기술이 요구되는 조선기술 확보와 창의적 기술개발 전략, 유능한 인재육성 전략이 초기 단계부터 현재까지 있었기에 가능했다. 우리나라 조선업 산실인 '현대중공업 HHI'의 기술개발 전략은 초기 네 가지 형태의 외국기술지원으로 추진되었다.[17] 첫째, 스코틀랜드 해군함 설계사인 A&P 애플도어사로부터 '도크 야드 설계', 둘째, 스코틀랜드 조선업체인 스코트리스고우 Scotlithgow사로부터 '선박설계 및 운영매뉴얼', 셋째, 현대의 사업 초기 3년간 경험 많은 유럽 조선업체 경험자 참여, 넷째, 일본 가와사키 조선업체로부터 생산 노하우 전수 등이다. HHI의 첫 주문은 앞서 언급했듯이 그리스 선주 조지 리바노스로부터 26만 톤 유조선 VLCC를 건조해 달라는 주문이었다. 그것도 영국 조선업체인 '스코트리스고우'사가 건조했던 배를 그대로 복제해 달라는 주문이었다. 결국 스코트리스고우가 설계에서부터 장비에 이르기까지 관여할 수밖에 없었다. 앵글 바는 영국에서, 철강은 일본에서, 그리고 모든 부품과 강판의 두께도 스코트리스고우가 사용한 것을 그대로 사용했다. 현대중공업은 일본의 가와사키중공업에 기술자와 기능공 200여 명을 보내 교육과 훈련을 받았다. HHI는 청사진과 설계도 읽는 법, 인력배치 방법, 기계장비 설치 방법 등을 배웠다.

후발자로서 HHI가 가와사키중공업을 벤치마킹하게 된 것은 하늘이 도왔다고 할 수 있다. 때마침 가와사키중공업이 23만 2천 톤급의 VLCC를 건조했기 때문에 기술접근이 단축될 수 있었다. 가와사키중공업은 훗날 HHI가 기술경쟁자가 될 줄은 상상하지도 못했다. 특히 조선업에서 각종 선박의 설계도면을 확보하는 것은 경쟁력의 핵심이었다. 하늘은 스스로 돕는 자를 돕는다. 각종 선박설계도면 확보에 노심초사하던 HHI에게 희소식이 전해졌다. 영국 조선업체인 '고반 Govan'이 도산하게 된다는 소식을 접하자마자, HHI는 고반사가 보유하고 있던 선박 설계도들을 거의 헐값에 구입하였다. HHI가 한 세대만에 세계 반열에 오를 수 있었던 것은 우수한 엔지니어들의 치열한 노력으로 만들어진 설계능력 덕분이라 할 수 있다. 그 후 HHI는 VLCC에 이어 컨테이너 선박을 건조하게 되었다. 특히 동일한 크기의 선박을 동시에 여러 척 건조함으로써 HHI는 비용경쟁력을 갖게 됐고, 학습효과도 컸다. 때마침 한국의 포항제철이 철강 생산을 시작하면서 조선업과 철강업은 동반성장의 시너지 효과를 이루게 된다.

그 이후 기술경쟁력은 더욱 중요한 문제로 대두되었으며 HHI는 독자기술 개발에 총력을 기울였다. 아무리 큰 외국 기술 지원이 있다 해도, 가장 중요한 관건은 독자적으로 기술 개발을 할 수 있는 능력을 갖춰야 한다. HHI는 한국의 강점인 도크공법에서 육상건조공법, 에어스키딩공법, 스카폴딩 총조공법, 텐덤침수공법 등으로 계속 기술을 발전시켜왔다.[18] 정주영의 현대중공업은 1993년 우리나라 조선업이 사상 최초로 일본을 앞지르고 세계 1위를 기록하는 데 크게 기여했고, 특수선 제작참여(1979년), LNG선(액화천연가스 운반선) 건조(1994년), 세계 최초 10,000 TEU급 컨테이너선 수주(2005년) 등으로 기술 난이도가 높은 선박건조에서 항상 최선두에 섰다. 또한 현대중공업은 1997년 선박건조 5,000만 톤을 돌파, 1974년 첫 선박건조 이후 불과 22년 4개월 만에 세계 조선업 사상 최단기간에 최대의 건조 실적이라는 대기록을 남기기도 했다. 2006년에는 세계 최초로 선박 건조량 1억 톤을 돌파했으며, 이는 100여 년 이상의 오랜 조선업 역사를 보유한 영국·일본 등과 비교할 때 극히 이례적인 업적이다.

이처럼 현대중공업은 조선업을 통해 축적한 기술을 바탕으로 해양·플랜트, 엔진기계 사업에 진출하여 세계적인 종합 중공업기업으로 성장하였다. 사업 분야는 크게 조선과 해양, 전기와 전자, 건설장비, 로봇, 서비스, 그린

에너지 등 6개 부문이다. 그 중 조선과 대형엔진에서는 세계 1위의 실적을 기록하였다. 현대중공업은 2018년 12월 말까지 52개국 324개 선주회사에 2,191척의 선박을 인도하였다.[19] 정주영은 늘 새로운 일을 꿈꾸고 계획하며 행동하는 전략가였다. 현대자동차 사업, 주베일 항만공사, 반도체 사업, 서울올림픽 유치, 금강산 개발 사업, 폐유조선을 활용한 서산매립간척사업 등은 불도저 정신의 정주영만이 실천할 수 있는 업적이었다.

2) 해양플랜트에 사활 달린 세계 최강의 한국조선업

해양강국의 가장 중요한 요소 중 하나는 조선업이다. 해가 지지 않는 나라 영국은 1890년 세계 조선시장의 80%를 점유했고, 1950년 이후부터는 일본이 세계 1위, 2000년부터는 한국이 세계 1위다. 조선업은 엄청난 인력 고용을 창출할 수 있고, 외화가득률이 높은 산업이다. 해운, 철강, 기계 사업과 같은 전후방 산업과 동반성장 효과가 큰 산업이다. 선박은 약 10만 개 부품으로 구성되어 있으며, 선박 엔진만 약 15,000개 부품으로 구성되어 있다. 조선업의 세 가지 실적 지표는 수주량, 건조량, 수주잔량이다. 수주량은 주문받은 양, 건조량은 생산 완료된 양, 수주잔량은 주문받아 대기하고 있는 물량이다. 이 가운데 우리나라가 가장 먼저 세계 1위를 했던 지표는 수주량이다. 수주량은 1993년에 처음으로 일본을 누르고 세계 1위를 했고, 본격적으로는 1999년부터 1위를 했다. 2000년에는 수주량, 건조량 1위, 2003년부터는 모든 지표가 1위였다. 수주잔량은 1998년부터 계속 1위를 하고 있다.

조선업은 수십 년간 한국 경제성장의 원동력이었다. 중국이 물동량에서 추격해오고 있지만, 우리나라는 고부가가치 선박에서 경쟁력을 보유하고 있다. 기술개발 노력을 지속할 경우, 당분간 세계 1위 수성이 가능하다는 것이 조선전문가들의 분석이다. 물론 이 분석은 최근 중국이 로봇혁명과 AR, VR등 제4차 산업혁명 기술을 설계나 작업 기술에 접목시키는 급속한 변화를 경시한 것일 수 있다. 여하튼 전 세계 물류의 70%를 커버하는 선박 중 1만 톤을 넘는 배가 2만 6천여 척이다. 이들의 선령을 25년 정도로 보는데, 이는 매년 1천 척을 새로 건조해야 한다. 그래서 조선업은 지구상에서 사라질 수 없다. 조선업도 강한 자가 살아남는 것이 아니라 살아남는 자가 강한 것이다.

국가도 산업도 기업도 흥망성쇠는 필연이다. 한 때 세계를 호령했던 영국이나 일본의 조선산업도 '정부의 육성→가격경쟁력 우위 확보→후발자 참여 시장경쟁→쇠퇴'의 수순을 겪었다. 조선업계 빅3로 불리는 현대중공업, 대우조선해양, 삼성중공업은 1990년부터 2010년까지 20여 년간 세계 시장의 70%가량을 점유하며 큰 수익을 냈다. 2000년대 초부터 2008년까지는 최전성기였다. 한국의 달러박스였고 시장의 지배자였다. 쉽게 무너지지 않을 것 같던 호황기가 지속되던 2008년 9월 14일, 리먼 브라더스가 파산했다.

미국 발 금융위기가 시작되자 해운선사들은 경기악화로 선박을 발주한 조선사에 선수금 지급을 연기하거나 발주 계약을 취소하는 사태가 발생했다. 경남 창원에 위치한 성동산업 마산조선소의 700톤급 골리앗 크레인 매각은 한국 조선업의 쇠락을 상징한 사건이다. 조선업 활황기의 상투점인 2008년 성동조선이 270억 원을 투자해 세웠던 이 크레인을 2017년 1월 26일 루마니아의 한 조선소에 헐값으로 팔았다. 흥망쇠락의 역사는 반복하는가? 14년 전, 스웨덴에서도 같은 일이 벌어졌었다. 2002년 현대중공업은 스웨덴 말뫼 최대의 조선업체인 코쿰스로부터 1500톤 급 크레인을 단돈 1달러에 인수했다. '2002년 말뫼의 눈물'이 '2016년 마산의 눈물'로 바뀐 것이다.

  2016년 한국 조선업 수주잔량은 2004년 이후 최저점을 찍었다. 영국 조선·해운 분석업체 클락슨은 2016년 한국의 선박 수주량이 222만 CGT로 2011~2015년 연평균 수주량(1056만 CGT)의 21%에 그쳤다고 보고했다.* 2016년 말 현대중공업, 삼성중공업, 대우조선해양 등 이른바 '조선 빅3'은 연초에 세운 수주 목표치의 20%에도 미치지 못했고, 2009년 이후 가장 초라한 성적표를 받았다. 조선 3사의 경영판단 미스, 선박대금 미수, 무리한 해양플랜트 수주경쟁에 따른 경제손실, 정부정책 혼선 등 복합적 원인이 겹쳤다. 우리나라 조선업은 호황기에 국내 조선사의 과잉설비 투자, 국내 선사 간의 과다 경쟁과 함께 중국의 강력한 추격, 세계경제의 장기불황이 맞물려 한계 상황에 직면했다. 그렇지 않아도 한국이 조선업에서 세계 1위를 하는 동안 일본과 유럽 국가들은 한국의 조선업이 공적자금 지원을 받아 경쟁력을 유지해 왔다고 주장하며, WTO 보조금 협정 위반임을 문제 삼아왔다.

  한국 조선업은 일본과 유럽의 WTO 제소와 중국의 급속한 추격으로 넛크래커에 끼인 상황이다. 대한민국이 조선기술에서 세계 1위인데도 경쟁에서 밀리는 이유는 고비용 생산 구조 때문이다. 세계경제의 장기침체에 따른 해운업의 추락, 그로 인해 세계조선업의 경기 하강이 장기 지속되고 있으며, 대형조선사와 글로벌 해운사들 간의 '치킨게임'이 시장을 불투명하게 하고 있다. 신규 수주의 절벽 상황까지 맞자 조선사들은 인원감축과 자산매각 등 구조조정 수술대에 올랐다. 자금력이 약한 중형 및 대형 조선사들의 독자생존 가능성이 희박해지면서 정부는 산업은행 등 채권단이 관리하는

---

* Compensated Gross Tonnage, 환산톤수. 선박의 단순한 무게 GT에 선박의 부가가치, 작업 난이도 등을 고려한 계수를 곱해 산출한 무게 단위이다.

업체들을 통폐합하는 등 생존전략을 찾을 수밖에 없는 상황이다.

한국 경제의 효자였던 조선해양산업이 불과 몇 년 새 이토록 급전직하한 핵심 원인에 대해 많은 전문가들은 해양플랜트 사업 때문이라고 한다. 한국이 1993년 글로벌 수주 1위에 등극한 이후 2008년 금융위기 직전까지만 해도 현대중공업·삼성중공업·대우조선해양 '빅3' 합쳐 수조 원씩 이익 내던 것이 불과 몇 년 만에 수조 원 적자로 둔갑했다. 조선해양산업의 영역을 크게 선박과 해양플랜트로 나눠 볼 때, 선박 건조에서 거둔 성공에 도취되어 생소한 해양플랜트에 깊숙이 뛰어들었다가 수렁에 빠진 셈이다. 오늘날 한국 조선해양산업의 위기는 경영의 다각화를 도모한 긍정적 측면이 있었음에도 불구하고, 두 마리 토끼를 쫓다가 실패한 경우이다. 무엇보다도 선박 수주 일변도에서 벗어나겠다고 해양플랜트 쪽에 무리하게 뛰어들어 저가 수주의 출혈경쟁을 일삼은 '빅3' 조선사의 책임이 크다. '빅3' 경영진의 자만과 전략 실패가 일차적 잘못이라면 조선해양산업에 관한 정부 컨트롤 타워 기능이 제대로 작동하지 못한 점도 위기를 부추겼다. 정부는 지난 10년간 중견·대형 조선사를 살린다는 명분으로 29조 원 이상을 쏟아 부었지만 조선업 생태계만 망가뜨렸다는 비판을 듣고 있다.

해양플랜트는 바다에 매장된 석유나 가스 등 천연자원을 시추해 생산하는 설비를 말한다. 말 그대로 바다에 공장을 짓는 사업이다. 드릴십(Drillship, 해상플랜트 설치가 불가능한 심해 지역에서 원유를 찾아내는 선박 형태의 시추설비)이나 FPSO(Floating Production Storage Offloading, 부유식 원유 생산·저장·하역 설비), 반잠수 시추선 등이 대표적이다. 국내 '빅3' 조선사가 해양플랜트 수주 경쟁에 본격적으로 뛰어든 건 2010년경이다. 동기는 국제 유가와 깊은 관계가 있다. 2008년 글로벌 금융위기 직후 국제 유가는 수직 상승했다가 2009년 곤두박질쳤다. 2010년부터 유가가 다시 고공행진을 시작해 배럴당 100달러까지 치솟았다. 고유가 행진이 이어지자 전 세계적으로 심해석유 시추가 논의되기 시작했다. 심해석유 시추 원가는 배럴당 60~80달러 수준이기 때문이었다. 유가가 고공행진을 하는 동안은 해저석유를 퍼 올리는 작업이 수익성을 기대할 수 있다는 계산이었다. 석유 메이저들 사이에서 그동안 실험적으로만 접근했던 심해용 드릴 십 제작과 FPSO 건설 붐이 현장에서 벌어지기 시작했다. 심해용 대형 해양플랜트를 건조할 수 있는 조선소는 전 세계에 한국밖에 없었다. 그 정도 선박을 건조할 수 있는 대형 도크를 가진 곳도 한국과 중국밖에 없었다. 그러나 발주처는 중국의 기술을 신뢰하지 않았다. 유럽과 미국 조선업체는 도크가 작아서 소형 해양플랜트밖에 만들 수 없었다.

해양플랜트 수주 계약은 대부분 '턴키방식'이다. 턴키방식은 총액을 정한 뒤 수주를 다낸 사업자가 해당 금액 안에서 설계와 구매·시공을 모두 책임지는 시스템이다. 사업 진행이 별 무리 없으면 큰 이익을 남길 수 있지만 문제가 생기면 그 부담은 발주처가 아닌 사업자가 전부 떠안아야 한다. 기존에 컨테이너선이나 LNG, LPG 선박 등 상선에 주력했던 한국의 빅3에게 해양플랜트 사업은 엄청난 도전이었다. 해양플랜트는 기초설계를 대부분 유럽이나 미국 엔지니어링 회사가 맡고 있다. 여기서 1차적인 문제가 발생했다. 설계에 하자가 있어도 설계회사들은 책임지지 않는 계약조건이었다. 설상 실제 건조작업에 들어가면서 현장 설계가 문제 있더라도 이에 대한 페널티를 우리 조선사가 선주한테 물어야 했다.[20]

해양플랜트는 국제원유가격이 배럴당 100달러 이상일 때 수익성이 높았지만, 2014년 이후 유가가 급락하자 재앙으로 돌변했다. 애초 예상했던 작업일수보다 많은 시간이 걸려 납기일을 맞추지 못하기 일쑤였다. 발주처의 플랜트 인수 취소나 지연 사례가 빈발했다. 게다가 빅3의 과당경쟁에 따른 제 살 깎아먹기 저가 수주, 설계 엔지니어링 능력 부족으로 인한 클레임도 수익성을 급격히 악화시켰다. 덩치 큰 해양플랜트가 도크를 차지하고 빠져나가지 않으니 뒤에 수주한 선박 제작도 밀리게 됐다. 수조 원 손실이 이렇게 났으며, 현재 한국 조선업의 위기를 초래한 원인이다. 천재일우의 기회로 여겼던 해양플랜트 사업은 재앙이 되었다. 조선산업과 해양플랜트산업분야는 근본적 차이가 있다. 조선산업의 경기는 10여 년 간격으로 경기 부침이 있음에 비해 해양플랜트산업은 사이클이 짧다. 해양플랜트는 배 한 척 수주하는 것보다 값이 5~10배에 이른다. 해양플랜트산업은 규모가 커 전형적인 '고위험·고수익' 사업이다. 조선업의 수요처는 선주나 선급회사이다. 해양플랜트산업은 부가가치를 만들어내는 '가치사슬 Value Chain'의 단계가 복잡하다. 탐사·시추·저장·생산 등 다양한 업체와 함께 일해야 한다. '빅3' 조선사는 2010년 무렵부터 이런 일을 혼자 다 하겠다고 용감하게 나섰지만, 2015년 빅3의 8조 5천억 원 적자 가운데 7조 원이 해양플랜트 적자였다.[21]

　조선업계 전문가들은 여전히 한국 조선업이 강력한 경쟁력을 가지고 있고, 공급 과잉이 부른 '치킨게임'이 끝나는 시점까지 몸집을 줄여 버티면 경쟁력이 회복될 수 있다고 전망한다. 조선 산업계의 후발주자인 중국과 과거 세계를 장악했던 일본에 대한 전문가들의 분석이다. 중국 조선업은 정부의 산업장려와 막대한 금융지원에 힘입어 급성장했다. 중국은 2000년대 초반 자국에서 필요한 선박은 자국에서 건조한다는 정책으로 질적 성장보다는 양적으로 팽창했다. 중국이 2012년 한국을 제치고 수주량 1위 국가가 됐지만 벌크선·탱커 등 중저가 선박 비중이 70%에 달한다. 한국의 배 만드는 기술은 세계 최고 수준이며, 그중에서도 대형 컨테이너와 LNG 운반선, 초대형 유조선 등 고부가가치 선박 기술이 뛰어나다. 고부가가치 선박이나 해양플랜트 비중이 절반 이상으로 선진형 포트폴리오다.

최근 일본 조선업은 엔저를 무기로 부활하고 있지만, 조선업의 경쟁력은 핵심 인력 보유에서 문제점을 안고 있다. 일본은 대대적인 구조조정을 겪으면서 조선 산업계 현장에서 숙련된 기술 인력이 떠났고, 도쿄대학 등 유수 대학의 조선공학 관련 학과가 사라졌다. 최근 2등급 조선소로 전락한 일본의 조선업체는 표준선박과 가격경쟁력으로 한국이 아닌 중국의 조선업 시장을 잠식하고 있다. 한국 조선업에서 지금 필요한 것은 GM의 부활을 이끌었던 밥 쿠츠 부회장의 말처럼 숫자 놀음하는 '재무전문가 Bean Counters'보다 실력과 열정을 가진 '핵심설계인력과 숙련된 생산인력'을 보강하는 것이 중요하다.[22]

한국 조선업은 여전히 다른 나라보다 인적·물적 자원이 더 우수하고 기술경쟁력을 가진 산업분야라 할 수 있다. 조선업은 막대한 시설 자금이 필요한 기간산업이다. 시장 진입 자체가 쉽지 않다. 특히 국제해사기구 IMO가 2020년부터 적용할 선박 연료 규제가 국내 조선사에겐 절호의 기회가 될 수도 있다. 국제해사기구는 2020년부터 선박연료유의 황 함량 기준을 기존 3.5%에서 0.5%로 낮추는 규제를 시행하는데 선박회사들은 크게 3가지 방법으로 규제에 대처할 가능성이 높다. ▲기존 선박을 LNG 추진선박으로 교체하는 것 ▲선박연료유로 황 함량이 낮은 저유황유를 사용하는 것 ▲황산화물 저감 장치인 '스크러버'를 선박에 설치하는 것 등이다. 환경 규제 여파로 노후 선박을 LNG 운반선과 친환경 선박으로 바꾸려는 교체 수요가 급증할 수 있다. 비싼 수업료를 지불했지만, 20~30% 연료 효율비율이 높으면서도 친환경적인 선박을 가장 잘 만들 수 있는 곳은 한국이다.

전문가들은 해양플랜트는 지금은 '화근'이지만 언제든 '축포'가 될 잠재력을 지녔다고 주장한다. 포에니 전쟁에서 격돌한 카르타고 장군 한니발의

'기동성전략'과 로마 장군 파비우스 막시무스의 '지연전략' 선택에 대한 논쟁에 비유될 수 있다. '기동성전략'은 시장에 맞게 구조조정을 서두르는 것이고, '지연전략'은 호황이 도래할 때까지 최대한 버티는 전략이다. 중국은 가격 경쟁력을 무기로 전 세계 벌크선·탱커 발주를 휩쓸면서도 해양플랜트는 엄두도 못 내고 있다. 그만큼 리스크가 큰 시장이기 때문이다. 해양플랜트의 핵심 용도는 석유자원 개발이다. 글로벌 경기 침체로 에너지 수요가 감소하고 셰일가스 생산량 증가로 유가 하락이 이어지면서 석유 메이저들은 대형 개발 프로젝트를 축소 또는 유보하고 있다. 그러나 유가가 상승하면 해양플랜트 발주량이 늘어난다. 이 경우 발주회사인 석유 메이저 입장에선 경험 많은 업체를 선택할 가능성이 크다. 다만, 수익성 악화의 근본적 원인인 설계 능력을 한국 조선업체가 연구·개발로 해법을 찾는 노력이 필요하다. 일반적인 구조조정 논리로 인력감축, 생산량 감소에만 골몰하다보면 향후 호황기가 도래했을 경우 중국에 패권을 빼앗길 수 있다. 그래서 해양플랜트 생존전략에 대한 정책 선택은 어렵지만 중요하다.

4. 국가 해양력과 수출입국의 기본 인프라 해운업

1) 압축성장의 해운정책과 '적기조례'에 묶인 해운업

우리나라 해운업과 조선업 앞에 꼭 붙어 다니는 말이 있다. 해운업과 조선업은 수출을 통해 외화를 벌어들이는 효자산업이며, 방위산업이자 국력신장의 상징산업이다. 조선업이 노동집약적 제조산업임에 비해 해운업은 규모의 경제가 요구되는 서비스산업이다. 해운업과 조선업은 양면의 동전이다. 조선업과 해운업 경쟁력 강화전략 수립 시 빨리 가려면 혼자 가야 하지만, 오러 가려면 둘이 같이 함께 가야 한다. 우리나라는 무역으로 먹고사는 대표적인 나라다. 국가 부의 70% 이상이 수출에서 나오는 수출중심 국가다. 우리나라 대외무역 의존도는 약 70%(2018년의 경우 수출의존도 37.5%, 수입의존도 31.3%로 G20국가 중 수출의존도 3위, 수입의존도 4위로 높음)에 달하며 수출입 화물의 99.7%가 선박을 통해 운송되고 있다. 특히 원유와 철광석, 연료탄 등의 원자재는 100% 해상으로 수송되고 있다. 해운산업은 연간 수입이 약 346억 달러(2014년)로 우리나라 4대 외화가득원이다. 더구나 우리나라는 아직 분단국가다. 전쟁이나 유사시에는 군함이 아닌 해운사의 배를 가지고 물자를 이동시켜야 한다. 그래서 해운업을 제4군이라 한다. 그래왔던 해운업과 조선업이 최근 대규모 적자를 내며 부채비율이 높아지고, 구조조정 1순위 산업이 됐다.

역사적으로 해운업과 조선업을 겸비한 국가는 경제 강국이었다. 영국, 네덜란드, 미국에 이어 일본이 그랬고, 다음이 한국이고, 다음다음으로 중국이 뒤따르고 있다. 한 국가의 해운력을 대표하는 중요한 지표는 '지배선대'이다. '지배선대'란 선박의 국적을 기준으로 동 선사가 직접 운영하는 등 실질적으로 지배하는 국적선 및 편의치적선(실제로 한국 선주가 운영하는 선박이나 외국에 선박 등록 후 외국 국기를 게양한 선박)을 포함하여 모든 선박의 규모를 나타내는 지표이다. 다만, 편의치적선의 경우 정부관리 대상에서 벗어난 선박으로 정확한 통계를 산출할 수 없어 ISL, Clarkson 및 Lloyd's Register 자료를 이용하고 있다.

한국은 해양수산부 발족 이후 지배선대 확대를 위해 다양한 전략을 추진해왔다. 첫째, 해외등록 선박의 국적 복귀 flagging-back를 위하여 《국제선박등록제도, 1998》 및 《제주선박등록 특구제도, 2002》를 도입했다. 둘째, 해운기업의 소득에 대한 과세를 영업이익이 아닌 운항선박의 순톤수와 선박의 운항 실적을 기준으로 법인세를 부과하는 조세제도인 《톤 세제》를 새롭게 추진했다. 《톤 세제》는 영국, 네덜란드, 노르웨이 등에서 해외치적으로 감소된 자국선대 회복을 위해 1996년부터 도입하여 시행 중이며, 우리나라는 2005년 1월 1일 부터 톤 세제 추진으로 보유선대를 2003년 420척에서 2018년 1614척으로 4배 확대했다. 셋째, 국적외항 선사의 선박확보를 위하여 기존의 금융기관의 차입금 이외의 방식인 주식발행을 통한 《선박투자회사제도》를 도입하여 2004년에서 2017년 기간에 총 222개의 펀드를 조성하였다. 그 결과 한국 지배선대 규모는 1974년 불과 100만 톤에서 2019년 1억 톤으로 세계 5위 해운국으로 도약하였다.

영국 해운조사기관인 '베셀즈밸류 Vessels Value'에 따르면 2019년 1월 기준 우리나라는 지배선대 1억 100만 DWT을 보유, 그리스, 중국, 일본, 싱가포르에 이어 5위이다.[23] 지난 2010년부터 2015년까지 세계 5위를 유지하던 우리나라는 한진해운 파산과 함께 2017년엔 7위로 내려앉았다. 그 후 우리나라 지배선대는 2년 연속 두 자릿수의 성장률을 기록하며 2년 만에 8500만 DWT에서 1억 DWT으로 상승했다. 2018년 우리나라 선사 중 현대상선과 장금상선, 대한해운 등이 선박 신조 발주 또는 중고선 도입을 추진했고, 특히 20척에 이르는 현대상선의 초대형 컨테이너선 신조 발주가 우리나라의 지배선대 강화에 기여했다. 선종별로 보면 일반화물선을 포함한 우리나라 벌크선대는 세계 4위이며, LNG선단 역시 빅4를 형성하고 있는 반면 유조선은 7위, 컨테이너선은 8위이다. 국가별 주력 선종을 보면, 그리스는 벌크선과 탱크선에서 각각 1위를 차지했고, 컨테이너선 보유량 1위는 독일이며, 일본은 LNG선에서 1위다. 지배선대 가치를 기준으로 한 순위에서 그리스, 일본, 중국이 부동의 빅 3이며, 우리나라의 지배선대 가격은 300억 달러(약 33조 8,400억 원)로, 314억 달러의 독일에 이어 8위에 랭

크댔다.[24]

  우리나라 해운업의 역사는 과거 반세기 동안 선진 해양강국들에 비해 압축 성장을 이루었지만, 압축된 우여곡절을 겪었다. 특히 경제발전 중기단계인 1983년 국내 해운업체들은 물동량 감소, 유가 폭등, 운임 급락 등의 이유로 생존의 기로에 있었다. 이에 정부는 1983년 12월 23일 산업정책심의회에서 국적선사 간의 과당경쟁방지와 경쟁력제고를 목표로 하는《해운합리화계획》을 의결하고 발표했다. 그 기본방향은 첫째, 업계의 자율적인 합리화계획 참여 유도, 둘째, 참여선사에 대한 금융 및 세제지원, 셋째, 부실선사는 정비하고 담보선박은 제3자에게 매각하거나 합리화선사에 위탁 또는 출자함으로써 선박은 계속 운항시킨다는 것이었다. 이에 선사들은 합리화 기준을 충족시킬 수 있는 통합파트너 물색과 선사 간의 협의를 거쳐 1984년 3월 합리화계획과 함께 자구계획과 경영계획을 제출했다. 해운항만청은 제출된 선사들의 합리화계획을 심의한 후 1984년 5월 12일 제13차 산업정책심의회에《해운합리화조치》를 안건으로 상정하고 의결했다. 그러나 해운업계 재편작업이 개시되기는 하였으나, 선사 간 합병작업이 지연되고 해운불황은 장기화되면서 선사의 재무구조 및 경영수지가 더욱 악화되는 문제점이 발생하였다. 이에 정부는 해운선사의 합병을 당초 1986년 5월까지에서 1985년 말까지 앞당기도록 하는 등 보완대책을 의결했고, 1985년 말까지 합리화 전 115개 선사에서 20개 그룹의 34개 업체로 대폭 정비되었다.

  이 같은 정부의 조치에도 불구하고 한국 해운업계는 1986년 말까지 구조조정 성과가 나타나지 않았다. 1984년 말 해운통폐합을 시작할 때 해운업계의 총부채는 2조 7천억 원이던 것이 1986년 말에는 4조 원까지 불어났다. 이에 정부는 1987년 4월 4일 제2차 해운산업합리화 보완대책에서 해운산업의 정비보다 경영개선에 중점을 두고 장기적으로 선사들의 경쟁력을 배양하는 것을 목표로 구조조정전략을 수정했다. 제2차 보완대책의 주요내용은 ▲적정선복량 유지 ▲노후 비경제선의 과감한 처분 ▲추가 자구계획을 전제로 한 금융지원 ▲국적선사의 수입증대방안 강구 ▲대한선주의 경영정상화 방안 ▲국적선사 간 공동운항 추진 등이었다. 계획조선 자금조건을 개선하고 노후 비경제선 처분으로 강력한 외항선대 구조개선정책이 취해졌다. 보완대책의 핵심사항인 금융지원은 그 시행이 계속 유보되었고, 은행 간의 협의 결렬 등으로 이행되지 못했다. 결국 정부의 해운산업 합리화조치는 실패로 끝날 것이고, 국적선사의 재기도 불가능할 것이라는 비관여론이 우세했다.

시절의 운이 따르면 정책은 성공한다. 악전고투하던《해운합리화조치》는 격랑의 바다에서 순풍의 바다로 전환되었다. 1987년 하반기 들어 운임이 반등하기 시작하며 부실 해운업계의 경영수지도 큰 폭으로 개선되기 시작했다. 당시 소련의 흉작과 중국의 축산진흥책으로 곡물수요가 크게 증가한 점, 페르시아 만의 긴장으로 인한 유조선 운임상승, 1985년 이후 신조선박 감소 및 폐선 증가 등이 영향을 미쳤다. 1988년 들어 해운경기에도 봄이 찾아오기 시작한 것이다. 물동량과 운임수입이 모두 증가하며 적자에 허덕이던 해운업체들이 6년 만에 흑자를 기록했다. 그렇게 해운 합리화 정책도 1988년 11월 마무리됐다. 정부는 기업들이 불황기를 버틸 수 있는 기초체력과 국제경쟁력을 만들어줬고, 시황이 회복되면서 국내 해운업체들이 글로벌 선사로 거듭날 수 있는 발판이 열렸다. 1983년에 시작되어 1984년 5월에 수정된《해운산업 합리화 조치》는 정부와 산업계와 금융권이 합심해 이룬 성공 스토리였다. 어쩌면 노력의 바탕 위에서 '천시와 지리의 도움'이 긍정적으로 작용한 해운전략이기도 했다.

조선업과 해운업은 동전의 양면이자 시소게임 같은 명운을 갖는다. 해운업과 조선업은 '우산장수 아들과 짚신장수 아들을 둔 어머니 이야기'와 같다. 비가 오면 짚신장수 아들이 걱정이고, 해가 쨍쨍하면 우산장수 아들을 걱정하는 어머니 마음과 유사하다. 선사의 수요에 따라 조선 수요는 춤을 추게 마련이다. 조선업이 흥하면, 해운업은 과당 경쟁하게 되고, 조선업이 침체되어 선박이 부족하면, 해운업은 흥한다. 물론 경기선행지표가 서로의 경기를 예측할 수 있다는 점에서 상호 보완적인 관계라 할 수 있다. 해운산업의 특성은 경영위험이 매우 클 뿐만 아니라 장치산업 및 전방산업으로서 연관 산업인 후방 산업에의 파급효과가 매우 크다. 단순한 하나의 업종이 아니라, 국가 산업 경쟁력 전체측면과 연관되어 있다.

그러나 실제적으로는 현실과 동떨어진 지원제도와 규제 등으로 산업이 발전하기 어려운 측면이 내재하고 있다. 대표적으로 현재 금융지원 제도는 현실과 동떨어진 것으로 지적된다. 가령 1만 톤이 넘는 대형 선박을 새로 구매 하려고 하면 초기 금액의 40%를 자기부담으로 구매해야 한다. 그럴 경우 유동성 확보가 어려운 중소기업은 물론 대기업도 그림의 떡이다. 해운물류는 제조업 같은 공장에서 물건을 만드는 것이 아닌 물류 네트워크다. 따라서 '저운임·고유가·용선료 부담'의 '3중고'는 물론 세계 시황에 따라 경기의 등락폭이 매우 크다.

세계 제1의 조선강국이 세계 5위의 해운업 경쟁력에 필요한 선박공급을 제한하고, 타국의 경쟁선사 선박공급에 일등공신이 된다는 것은 앞서 영국편에서 언급했듯이 마치 영국의 『자동차 속도규제법 Locomotive Act 또는 적기 조례법 Red Flag Act, 1861~1896』을 연상케 한다. 당시 산업혁명의 선두국가였던 영국은 기계혁명, 동력혁명에 이어 속도혁명을 추진하면서 증기자동차 개발의 선두주자였다. 그러나 세계 최초로 증기자동차를 개발하고도 기득권 세력들의 교통수단인 마차세력 보호, 그리고 과도한 증기자동차 안전요구 등으로 증기자동차 속도제한을 내용으로 한 '적기조례 규제'를 만들어 스스로 손발을 묶었다. 그 후 35년간 세계 최초의 도로교통법인 동시에 시대착오적 규제인 『적기조례』 운용으로 영국은 자동차 2류 생산국가로 밀렸고, 대신 산업혁명에 뒤졌던 독일과 프랑스, 그리고 후발자였던 미국은 자동차산업 선두주자가 되었다. 영국은 앞선 기술력을 가졌음에도 불구하고 적기조례법 때문에 '선두주자의 벌금'을 겪게 되었고, 독일과 미국은 자동차 기술을 혁신시켜 나가며 '후발자의 이익'을 누리게 되었다. 오늘날 적기조례는 어리석은 규제로 유망한 산업을 죽인 대표적인 사례로 자주 인용된다. 한국의 해운업은 21세기 대표적인 적기조례의 사례이다.

세계 최대의 해운회사인 덴마크의 '몰러-머스크 A.P.Moller-Maersk 라인'은 세계해운시장의 15%를 점유한다. 머스크 라인을 세계 최고의 해운기업으로 등극하게 만든 일등 공신은 대우조선해양이다. 대우조선해양은 2011년부터 세계최대의 해운사인 덴마크 머스크사의 1만 8천 TEU 규모의 'Triple E Class' 선박 20척 건조를 시작했고, 2015년 6월 말 선박명명식을 가졌다. 'Triple E(Economy of Scale, Energy Efficiency, Environment Friendly)'의 의미처럼 규모의 경제와 에너지 효율성, 그리고 환경 친화를 실현할 수 있는 극초대형 최신 선박들이다. 배 한 척의 가격은 2천억 원, 전체 20척 수주액은 4조 원에 달한다. 돈줄인 자금 융자를 한 것은 한국의 수출입은행이다. 마침 정부조직에 해양수산부가 없던 시절 우리 해운업계가 그렇게 목말라했던 신조선 건조에는 냉담했던 정부가 우리 돈으로, 우리 기술로 경쟁선사에게 핵무기를 쥐어준 꼴이다. 정부가 상선 분야 단일 계약으로는 사상 최대금액이라고 자랑했던 머스크 선박들이 우리 해운업계에 부메랑으로 돌아왔다. 반면 국적선사인 한진해운이나 현대상선에는 신조선 건조 대신

용선을 권장했다. 수박 헤아리는 경쟁에서 콩 헤아리는 경쟁을 한 것이고, 장치산업인 해운업의 성격은 눈 감은 채 부채비율만 낮추라고 매질한 격이다. 자가가 아니라 월세로 살라는 정책인데, 조선업 세계 1위 국가에서 수출품을 실어 나르는 우리 해운선사의 배가 주로 외국 선박이 된 이유다. 용선료 협상은 세입자가 월세를 면제해 달라는 궁색한 탄원이다. 조선업 살리자고 해운업 죽인 꼴이다. 정주영의 조선업 창업의 일등공신이자 친한파인 그리스 해운왕 조지 리바노스 회장에게 한국의 조선업과 해운업에 대해 정책 컨설팅을 그한다면 어떤 답을 줄지 궁금하다.

2) 박근혜 정부의 조선·해운업 구조조정 방안과 그 후

박근혜 정부는 대통령 탄핵(2016년 12월 9일 국회 가결)을 목전에 두고 2016년 10월 31일 '산업경쟁력강화 관계 장관회의'에서 《조선·해운업 경쟁력 강화방안》을 확정 발표했다. 정부방안의 주 내용은 조선업의 경우 다운사이징 후 인수·합병 M&A하는 것이고, 해운업은 업종 경계를 넘는 협력 체제를 구축하는 것으로 요약된다. 조선업은 민관 협력을 통해 인력과 설비를 절반 이상 감축해서 감산에 성공한 '일본의 구조조정 방식'을, 해운업은 중소 해운사 연합군과 현대상선 양대 체제의 '팀 코리아' 구축 방식을 따른 셈이다. 박근혜 정부의 《조선·해운업 경쟁력 강화방안》은 '해운업 살리기'보다 '조선업 살리기'에 중심을 두었다. 하지만 해운업계에서는 "이번 정부의 방안이 너무 뒤늦었고, 새로운 내용 없이 시간만 끌었다. 외국선사에는 선박 금융혜택을 그렇게 퍼주더니 한진해운을 망하게 하고 그 책임을 차기 정부에 넘겼다."고 비판했다.[25] 해운업을 지원하기 위해서 선박펀드를 비롯해 총 6조 5천억 원 규모의 금융 지원 방안을 제시했다. 다만 세계무역기구 WTO 협정 위반 논란을 피하기 위해 채권단과 민간 기업이 주도하도록 하겠다는 복안이다.

해운업 구조조정의 큰 틀은 한진해운 법정관리로 저하된 글로벌 경쟁력을 강화하기 위해 '팀 코리아(해운·조선·화주 간 협력체제)'를 구축한다는 것이다. '국내 기업들의 국적선사 화물 선적(화주)→선박 수요 증가(해운)→선박 발주(조선)'로 이어지는 선순환 구조로 글로벌 장기 불황에 대응한다는 전략이다. 해운업 지원방안을 좀 더 살펴보면, ① 우선 선사들의 원가절감 및 재무개선을 위해 자본금 1조 원 규모의 가칭 '한국선박회사'를 신설하기로 했다. ② 한국자산관리공사(KAMCO) 선박펀드를 당초 1조 원에서 2019년까지 1조 9,000억 원으로 확대하여 국적 해운사가 보유한 저효율 중고 선박을 사들일 수 있도록 했다. ③ 선사들의 신규 선박 발주를 지원하기 위해 '선박 신조 지원프로그램' 규모를 24억 달러(2조 7,000억 원)로 늘리고, 지원 대상도 초대형 컨테이너선뿐만 아니라 벌크선, 탱커선까지 확대키로 했다. ④ 아울러 기존 '글로벌 해양펀드'를 개편해 선사들의 항만터미널 매입 등 국내외 인프라 투자도 지원키로 했다.

그 외의 정책은 ▲민간 주도 '해운·조선 협력네트워크'를 신설해 조선소-선사 간 수급에 대한 정보 공유 ▲기존 국제선박등록제도 및 제주 선박등록특구 제도에 대한 재산세, 지방세 감면 혜택 일몰 연장 ▲LNG, 석탄 등 국가전략 물자의 장기 운송계약체결 비중을 확대 ▲해운경기 변동에 따른 리스크 관리를 위해 해운기업의 경영 상황 모니터링 체계 강화 ▲운임 변동 리스크를 관리하기 위해 기존 운임 공표 제도 내실화 및 아시아 중심의 운임지수 개발 ▲환적 물동량 유치와 물류 거점 확보 등 항만경쟁력 강화를 지원키로 했다. 어느 정책 하나 해양강국의 모습은 없고, 처량한 채무자의 반성문에 불과했다. 해운업 구조조정 방안은 숨넘어간 환자에게 사후약방문을 제시한 꼴이다. 더더욱 큰 문제는 다음 정부에서도 획기적이고도 각고의 노력 없이는 한국해운업 살리는 데 30년이 더 걸릴지도 모른다는 점이다. 금융논리만 중시하고 산업논리를 고려하지 않은 역사적 전략결정의 후유증은 이처럼 침체되고 무섭다.

박근혜 정부는 2016년부터 2020년까지 한국 조선사들의 주력 선종 발주량이 과거 5년의 34~50% 수준에 그칠 수주절벽의 위기를 맞을 것으로 전망했다. 국내 조선업을 살리기 위한 방안은 "공공선박 조기발주와 선박 펀드 활용 등을 통해 2020년까지 250척 이상 발주하겠다."는 것이 핵심 내용이다. 우선 군함, 경비정, 관공선 등 63척 이상 7조 5천억 원 규모의 공공선박을 2018년까지 조기 발주하기로 했다. 3조 7천억 원 규모의 선박펀드를 활용해 2020년까지 해운 선사들이 75척 이상을 발주하도록 지원하기로 했다. 중소형 선박 115척 이상을 발주하기 위한 금융 지원을 포함하면 재정 지원 규모가 11조 2천억 원이 넘는다. 정부가 경비정이나 군함을 국내 조선소에 예정보다 미리 발주해 일감을 주겠다는 것이다. 계획조선정책은 70년대 말부터 위기 시 정부가 조선업 및 해운업 발전을 위해 사용해 온 전가의 보도이다. 또 국책금융기관과 해운기업 등이 참여하는 펀드에서 선박을 발주해서, 조선소는 일감을 받고 해운기업은 상대적으로 싼 값에 배를 이용하도록 한다는 구상이다. 조선업 구조조정의 큰 틀은 '설비·인력 축소 및 비핵심 자산 매각→유동성 위기 극복→사업 포트폴리오 조정→대우조선해양 민영화 및 M&A'를 추진하는 것이었다. 이는 과거 1950~1970년대 세계 조선업을 이끈 일본이 1970년대 후반부터 다운사이징과 M&A를 통해 살아남은 전략과 유사하다. 조선 산업 경쟁력을 끌어올리기 위해 건조설비와 인력을 크게 줄이는게 핵심이다. 조선 3사는 2018년까지 도크 수를 31개에서 24개로 23%가량 줄이고, 직영 인력도 6만 2천 명에서 4만 2천

명으로 32%가량 감축하기로 했다. 회사별로 비핵심사업과 비생산 자산을 매각 또는 분사하고, 유상증자 등을 통해 자본 확충도 추진한다. 물론 공공발주, 선박펀드는 수주가뭄에 허덕이는 조선사들에게 당연히 도움이 되기는 하겠지만 기사회생의 묘수라기보다는 잠시나마 버틸 수 있는 수준이란 점이다.[26]

박근혜 정부는 조선업계 구조조정과 관련해서 사실상 '빅2' 체제를 주장한 2016년의 『맥킨지 컨설팅보고서』와 달리 대우조선해양을 살려 현대·삼성·대우 '빅3' 체제를 유지하는 쪽으로 결론을 냈다. 결국 '빅3' 중 대우조선의 독자생존이 어렵다는 내용을 담았던 『매킨지 컨설팅보고서』는 참고자료에 불과했다. 다만 정부는 맥킨지의 '국내 조선 3사 매출 전망'을 인용해 2011~2015년 3사 평균 100조 원에 달했던 매출이 2018~2020년에는 각각 46조 원, 38조 원, 41조 원에 그칠 것으로 전망했다. 또 맥킨지가 한국 주력 선종의 2016~2020년 발주량(163억 달러)은 과거 5년(476억 달러) 평균의 34% 수준에 불과할 것이라는 전망도 인용했다. 그러면서 정부는 조선 3사가 회사별로 사업 포트폴리오 조정을 통해 경쟁력 있는 분야에 핵심 역량을 집중하고, 유망 신산업을 발굴하겠다는 방안을 제시했다. 정부는 이날 발표에서 "채권단 관리하에 있는 대우조선해양은 상선 등 경쟁력 있는 부문을 중심으로 효율화할 계획"이라며 "경영 정상화 이후 민영화와 인수·합병을 통해 전문성 있고 능력 있는 대주주의 책임경영을 유도할 방침"이라고 발표했다. 정부는 완전자본잠식 상태에 빠진 대우조선해양을 살려 민간에 매각하겠다는 원칙만 재차 밝혔을 뿐 구체적인 회생 방안을 제시하지 못했다. 구조조정은 결국 다음 정부의 몫으로 돌아간 것이다.

2017년 5월 10일 문재인 정부가 들어서도 박근혜 정부가 2016년 10월 발표한 《조선·해운업 경쟁력 강화 방안》의 기본 기조는 유지하되, 몇 가지

차별화를 도모하고 있다. 문재인 정부는 2018년 4월 '제15차 산업경쟁력 강화 관계 장관회의'에서 《해운재건 5개년 (2018~2022년) 계획》을 확정·발표하였다. 주요내용은 ▲2016년 29조 원이던 해운매출액을 2022년까지 51조 원으로 끌어 올리고, ▲지배선대는 1억 DWT으로 확충하고 ▲원양컨테이너 100만 TEU를 달성해 세계 5위 수준의 글로벌 경쟁력을 회복하고 ▲특히 향후 3년간 국적선사 선박 200척의 발주 투자를 지원하는 것이다. 이번 계획에서 3대 추진방향은 첫째, 경쟁력 있는 서비스 운임을 기반으로 안정적 화물확보, 둘째, 저비용 고효율 선박 확충을 통한 해운경쟁력 복원, 셋째, 선사 간 협력강화 등 지속적 해운혁신을 통한 경영안정 등이다. 해운산업 내부적으로는 '화물 확보→저비용 고효율 선박 확충→경영안정 및 재투자', 외부적으로는 '안정적 수출입 화물 운송→해운산업 재건→조선 수주 확대'로 해운업 재건이 조선업 발전으로 이어지는 '해운업과 조선업의 이중 선순환 체계' 구축을 목표로 하였다.

첫 번째 방향인 안정적 화물확보 지원을 위해서는 상생펀드 조성, 우수 선주와 화주에 대한 인센티브 제도, '컨테이너' 장기운송계약 모델 개발 및 시범사업, 한국형 화물우선적취 방안 마련 도입, 종합심사 낙찰제도 전환 등 다섯 가지 세부과제를 추진할 계획이다. 두 번째 방향인 경쟁력 있는 선박확충을 위한 세부과제로는 한국해양진흥공사 설립, 신조발주 보증 조건 개선 및 지원확대, 친환경 선박 교체 폐선보조금을 추진할 계획이다. 마지막 방향으로 선사의 경영안정지원을 위해서 한국해운연합 항로조정, 신항로 개설 등 협력확대, K-GTO(복수 국가에서 컨테이너 터미널을 운영하는 기업) 항만터미널 확보 운영, 국적선사 재무구조 개선지원, 해운거래 모니터링 컨설팅이 추진된다. 이외에도 상생펀드에 참여하는 화주에게 운임 우대, 선복량 우선 배정, 선적 시간 연장 등의 인센티브를 위한 법제도를 개선

할 계획이다. 선사들의 재무 상태를 개선하는 방안으로는 해양진흥공사와 자산관리공사가 중고선박을 매입한 뒤 재용선하는 '세일즈 & 리스백 Sales & Lease Back' 프로그램을 활용하여 선사의 부채비율을 낮추는 방안도 고려중이다. '세일즈 & 리스백'이란 자산을 매각한 후에 임대 계약으로 사용 권리를 획득하는 방식이다. 한국해양진흥공사의 투자 보증 등을 활용하여 저비용 고효율 선박 신조 지원하는 금융지원프로그램, 노후선박을 국제경쟁력을 갖춘 친환경 선박으로 교체하는 경우 보조금을 지급(신조선가의 10% 수준)하여 2022년까지 50척의 선박건조를 지원할 계획이다. 문재인 정부의 해운정책이 획기적이기 위해서는 획기적 정책 내용보다 획기적 실천이 중요하다. 무엇보다도 해운선사들에 대한 정부의 금융지원과 장기경쟁력 배양을 위한 구조조정 등 특별조치가 이행되어야 할 것이다.

문재인 정부의 조선업 경쟁력 제고 정책의 핵심은 '빅3' 체제에서 '빅2' 체제로 전환하려는 것이다.『맥킨지 컨설팅보고서, 2016년』를 비롯하여 업계와 학계에서는 조선업 경쟁력 제고를 위해서는 공멸행진곡인 '빅3' 체제에서 과감한 인수합병을 통해 '빅2' 체제로 재편해야 한다는 지적이 꾸준히 제기돼 왔다. 박근혜 정부가 2016년 10월 발표한 《조선·해운업 경쟁력 강화 방안》에서 '빅3' 체제로 결론 냈지만, 문재인 정부는 공급과잉과 중복투자, 저가수주 경쟁 등 국내 조선업의 문제점을 해결하기 위해서는 '빅2' 재편이 불가피하다고 결론 내렸다. 2019년 3월 현대중공업은 산업은행과 함께 대우조선해양㈜ 민영화를 위한 본 계약 체결을 완료하였다. 대우조선의 방위산업부문을 감안할 때 국가안보 차원에서 해외매각은 거의 불가능하다는 현실적 제약이 있지만, 정부와 주채권자인 산업은행은 대우조선이 경영정상화의 기반을 마련한 상황에서 마침 글로벌 조선 시황도 살아나고 있어 2019년이 '새 주인 찾기'의 적기라고 판단한 것이다. 현대중공업그룹이

2019년 3월 8일 조건부 양해각서 체결로 대우조선해양 인수를 확정짓고 독보적인 세계 1위의 '매머드급' 조선사 탄생이 본격적으로 추진된다. 수년간 출혈 경쟁을 겪으며 어려운 시기를 보내온 한국 조선업은 '1강 1중' 체제를 통해 생존과 재도약의 기틀을 마련하려는 것이다. 산은 회장은 "중국, 싱가포르 등 해외 후발주자들의 위협이 거센 상황에서 대우조선의 근원적 경쟁력 제고를 위해서는 '민간 주인 찾기'와 함께 현재 빅3 체제하의 과당경쟁, 중복 투자 등의 비효율을 제거하고 빅2 체제로의 조선업 재편 추진병행이 필요했다. 지금의 적기를 놓치면 우리 조선업도 일본처럼 쇠락의 길을 걸을 수밖에 없다는 절박함이 있었다."고 말했다.[27]

현대중공업그룹과 대우조선 통합이 완전히 마무리되려면 앞으로 풀어야 할 난제가 많다. 난제 중 하나인 '기업결합심사'는 실사 이후 국내외적으로 공정거래기관의 승인이 필요하다. 국제적으로는 경쟁상대국인 중국, 일본, 미국, EU 등 보수적 보호무역주의 경향이 확대되고 있는 해외시장에서의 결합심사는 그 결과의 예측 자체가 어렵다. 국제 표준이 없고 각국의 법률해석에 좌우되기 때문이다. 기업결합 심사 자체가 통상적으로 수개월이 걸리는 데다 LNG 운반선과 VLCC의 시장점유율이 50%에 이르는 초거대 조선사의 탄생이 독점 체제 논란을 불러와 여러 국가 중 한 곳이라도 반대한다면 합병 자체가 무산될 수도 있다. 실사조차 진행되지 않았으므로 현재는 총 몇 개 국가에서 승인을 받아야 하는지 가늠할 수 없는 상황이다. 한일 관계가 경색된 가운데 일본의 반대가 걸림돌이 될 수 있다. 과거 머스크 라인은 총 23개국에서 기업결합 승인을 받은 후에야 함부르크 슈드 인수를 완료할 수 있었다. 현대중공업-대우조선해양 합병은 이보다 더 많을 수 있다. 사업 영역이 거의 유사한 두 회사 간 결합에 따른 인력 구조조정을 우려하는 노조의 합병 반대도 해결해야 할 난제다.

한편 영국의 클락슨 리서치에 따르면 세계 조선업계는 잠시 호황기에 접어드는 모양새다. 2007년 5,252척에 달했던 세계 선박 발주량은 금융위기로 2009년 1,258척까지 하락했고, 2016년 629척에 그쳤다. 2018년 1천 16척이던 전 세계 총 선박 발주량이 2021년에는 2천 3척까지 증가할 것으로 예상했다. 한국은 2018년 세계 선박수주 발주량인 2860만 CGT(1017척) 중 1263만 CGT(263척)를 수주해 44.2% 점유율로 세계 1위를 차지했다. 한국의 2011~2015년 연평균 수주량은 1056만 CGT로 수주량 1000만 CGT를 넘어선 것은 2015년 이후 처음이다. 최저점인 2016년의 216만 CGT과 비교하면 6배가량 늘어났다. 조선업 경기를 가늠할 수 있는 3대 지표로 꼽히는 ▲신조선가 ▲해운회사 운임 ▲선박 발주량이 동반 상승하고 있다. '해운회사 운임 상승→선박 발주량 증가→신조선가 상승'이라는 선순환 구조가 형성되면 조선업 시장 회복 속도가 한층 빨라질 것이란 분석도 나온다. 수출입 화물을 나르는 주력선인 컨테이너선 수요도 늘고 있다.

덴마크의 머스크 라인과 스위스의 MSC, 그리고 프랑스의 CMA·CGM 등 글로벌 해운사가 초대형 컨테이너선을 발주하며 몸집 불리기 경쟁에 나선 결과다. IMO와 주요 선진국들의 환경 규제 여파로 세계적으로 소비가 늘고 있는 LNG 운반선 수요도 조선업 경기를 끌어올리는 요인으로 꼽힌다. 클락슨 리서치는 2020~2023년 기간에는 매년 평균 65척, 2024~2027년 기간에는 매년 평균 57척의 LNG 운반선이 발주될 것으로 전망한다. 하지만 미·중 무역 분쟁에 따른 교역량 감소 우려와 후판 등 원자재 가격 인상, OPEC국가의 석유생산 불안정에 따른 유가의 상승과 하락, 불안정한 노사 관계 등은 여전히 시장불안 요인으로 꼽힌다.

3) 무지·무능·무책임이 만든 해운업 붕괴

한국의 2016년 해운업 붕괴는 대외적으로는 세계경기불황, 메이저 선사들 간의 인수합병을 통한 제로섬게임, 대내적으로는 정부 관료와 금융권의 무지와 무책임, 해운선사의 무능이 동시다발적으로 작용하여 초래한 3무 無정책의 비극이다. 대한민국이 반세기 동안 이룩한 세계 해운 강국의 붕괴를 방어하지 못한 것은 역사적 치욕이다. 세계시장 독과점을 위한 '치킨게임' 해전에서 한진해운과 대한민국 해운업이 침몰한 것은 머스크 라인을 위시한 거대 해운선사들에게 기대보다 큰 승리였다. 한진해운은 대한민국 창업 1세대인 조중훈 회장이 국내유일의 육·해·공 종합수송 기업으로서 수송보국의 웅지를 품고 1977년 설립했다. 2004년 2세대인 조수호 회장의 '고객에게 신뢰받는 최고의 종합물류기업'이라는 경영비전과 리더십으로 세계 7위의 글로벌 선사로 성장했다.

한진해운은 1988년 ㈜대한상선과 합병을 거쳐 사세를 확장한 후, 1997년 외환위기, 2007년 서브프라임 금융위기, 2008년 10월 리먼 브러더스 파산 등 그 험난했던 시기들을 잘 견뎌냈지만 40년 만의 최대 위기를 결국 극복하지 못했다. 2016년 파산 전까지 한진해운은 북미, 유럽, 대서양 등 세계 3대 기간항로를 포함해 116개 항로, 3600여 항구에 컨테이너 및 벌크화물을 운송해 왔다. 한진해운은 보유 컨테이너선 98척, 연 61만 TEU 컨테이너 운송으로 세계 점유율 2.95%, 컨테이너 120만 개로 세계 7위, 국내 1위의 자랑스러운 대한민국 국적선사였다. 전 세계 바다를 누비던 대형 컨테이너선의 한진 마크, 해외의 한진해운 전용터미널, 세계 주요 국가들의 고속도로를 달렸던 한진 컨테이너는 우리의 자랑이었다.

한진해운의 모태는 두 개의 뿌리로 하나는 1949년 12월 반관반민의 최초 국책회사로 세워진 대한해운공사이고, 다른 하나는 1977년 5월 국내 최초의 컨테이너 전용 선사로 설립된 ㈜한진해운이다. 대한해운공사는 1957년 12월 법인으로 전환한 뒤, 1968년 11월 완전 민영화 체제로 전환했다. 대한해운공사는 1980년 ㈜대한선주로 사명을 바꾸었고 1983년부터 시작된 정부의 해운산업합리화 조치에 의거 1984년 ㈜선주상선을 흡수합병하고, 1988년에는 ㈜대한상선으로 사명을 바꾼 뒤, 같은 해 12월 한진해운과 합병되면서 지금의 '한진해운'으로 재출범했다. 오늘날의 한진해운은 1983년에 시작해서 1988년 말 마무리 된 정부의 《해운산업합리화 조치》의 결과물이라 할 수 있다. 한진해운은 2009년 12월 한진해운을 분할하여 '한진 해운홀딩스(현재 유수홀딩스)'를 지주회사로 세우고 한진해운은 신설법인으로 출발했다. 이후 2014년 6월 1일 한진해운은 ㈜유수홀딩스로부터 해운지주 사업부문과 상표권 관리 사업부문을 인적분할 후 흡수 합병하였다.

2016년 4월 해운업계의 운임 경쟁이 본격화되는 과정에서 한진해운과 현대상선은 영업실적이 악화되고 유동성 부족이 심화되고 있었다. 두 해운선사들은 주 채권은행인 한국산업은행에 자율협약절차를 신청하였고, 채권단 공동 관리에 들어가면서 채권단이 제시한 경영 정상화를 위한 전제 조건을 충족하기 위해 최종 순간까지 사재출연 등 자구책을 강구하면서 사투를 벌였다. 결국 산업은행 등 채권단으로부터 추가 자금 지원을 받을 수 없게 된 한진해운 측은 7월 30일 채권단의 '신규 지원 불가' 결정이 나자 바로 다음 날 이사회를 열어 법정관리 신청을 결정해버렸다. 최종 시한인 8월 4일까지 극적 타결을 바라던 해운업계의 간절한 바람은 무산됐다. 더욱 문제는 채권단의 입장이었다. 국내 1위선사의 붕괴에 따른 파장을 걱정하기보다는 끝까지 구조조정 원칙만을 고집했다. 대우조선해양과 STX조선해양의 조선업 살리기에 실패한 산업은행의 원칙을 가장한 책임 회피가 아닐 수 없다.

　한진해운은 심각한 유동성 부족으로 2016년 8월 31일 법정관리 신청과 함께 기업회생절차 개시를 신청했다. 9월 1일 정부는 피해를 최소화하자는 방침으로 한진해운의 우량자산을 현대상선이 인수하도록 추진하겠다는 방안을 내놓았고, 한진해운은 회생절차 개시결정을 받았다. 2016년 12월 13일 서울중앙지법 파산부에 따르면 금융위원회와 삼일회계법인은 이날 한진해운의 청산가치가 존속가치의 2배에 이른다는 내용의 실사결과를 보고했다. 2017년 2월 3일 법원은 한진해운이 주요 영업을 양도함에 따라 계속기업가치의 산정이 사실상 불가능하고, 청산가치가 계속기업가치보다 높게 인정됨에 따라 회생절차 폐지결정을 내렸다. 이후 2주의 항고기간 동안 적법한 항고가 제기되지 않아 2017년 2월 17일 법원(서울중앙지법 파산 6부)은 한진해운에 파산선고를 하였다. 이에 따라 한진해운은 창립 40년 만에 역사 속으로 사라졌다.

　한 나라의 생명선인 해운업 붕괴 저지의 임무를 마지막까지 떠맡는 것은 정부 관료의 몫이다. 한진해운 사태의 마지막 단계에서 산업은행과 금융위원회는 금융논리와 보신주의로 국가 기간산업인 해운업을 포기했다. 280년 역사를 지닌 영국 해운산업 전문지 로이즈리스트는 2016년 12월 18일 올해 해운업계 '가장 영향력 있는 100인' 목록에서 산업은행·한진해운 '주식회사 대한민국'을 공동 2위로 선정했다. 산업은행과 대한민국 정부가 한진해운에 대한 지원을 끊어 법정관리로 보낸 것이 전 세계 물류대란으로 이어졌기 때문이다. "한국 정부는 해운업 구조조정 과정에서 브랜드 파워와 자산 가치가 상대적으로 떨어지는 현대상선에 자금을 지원해주고, 경쟁력이 더 뛰어난 한진해운에는 자금 지원을 중단하는 혼란스러운 정책 결정을 했다. 한국 정부가 허둥대며 헛발질했다." 로이즈리스트가 내린 박근혜 정

부의 해운업 구조조정에 대한 총평이다.[28]

　한국해운업의 흑역사인《2016년 8월 31일의 한진해운 법정관리 결정》을 뒤돌아보고, 왜 그러한 결론에 도달했는지 전략적 판단을 복기해보기로 한다.

　첫째, 해운업 구조조정은 금융논리만 앞세운 정부의 패착이었다. 2015년 즈음 정부는 산업별 구조조정의 전반적인 가이드라인을 제시했고 해운업을 구조조정 최우선 순위로 지목하며 적극적인 지원 의지를 밝히기도 했다. 그러나 금융지원이 없는 정부의 해운업 지원은 구두탄에 불과했다. 쓰나미가 집 앞마당에 닥쳤는데도 해묵은 금융논리만 되풀이했다. 금융당국은 '주주와 경영진, 채권단 등이 책임을 분담해 도덕적 해이를 막는다', '소유주가 있는 기업은 유동성을 스스로 조달한다'는 기본원칙만을 금과옥조처럼 되뇌었다. 이 원칙은 산업은행 등 채권단이 2015년부터 2016년 8월 하순 법정관리 결정 때까지 한진해운에 대한 추가 자금 지원을 거부한 난공불락의 근거였다. 그러나 채권단들은 기업별 채무 조정에만 집착했지 구조조정의 핵심목표인 '금융지원'과 '산업 경쟁력 강화'와 같은 한국 해운업 전체에 대한 밑그림은 전혀 없었다. 소뿔 고치려다 소 잡아 죽인 교각살우 矯角殺牛의 큰 잘못을 저지른 것이다. 중국·스웨덴·독일·일본 등 해운강국은 국가기간산업을 지탱하는 자국해운사가 어려울 때 어떻게든 회생시켰다. 금융논리로 보면 머스크 라인이나 MSC같은 세계 1, 2위 해운사도 이미 세계시장에서 퇴출됐어야 했다. 하지만 그들은 정부가 나서서 해운펀드를 조성했으며, 지급보증을 섰다. 정부와 금융기관들은 금융논리보다 중요한 국가 기간산업 생존논리를 해운업에 적용하고 있다.

　둘째, 정부의 해운선사 금융지원의 가이드라인으로 설정한 부채비율 400%는 '프로크루스테스의 침대'였다. 2015년 정부는 '해운업 살리기'의 일환으로 총 1조 4천억 원 규모의 선박펀드를 조성해 향후 신규 선박 건조에 나용선 방식으로 지원할 방침을 밝혔다. 하지만 이 같은 정부 방침은 각 해운선사들이 '자구 노력'을 통해 부채비율 400% 이하를 달성할 경우에 한한다는 조건 때문에 그림의 떡이었다. 정부가 '부채비율 400%'를 내세우는 이유로는 회사채 발행 마지노선(부채비율 500%)과 글로벌 선사(머스크, CMA-CGM 등)의 부채비율(200~300%)을 감안했을 때 안정적인 회사채 발행이 가능한 일정기준이라는 판단 때문이다. 그러나 국내 양대 선사인 한진해운과 현대상선의 부채 비율(2015년 3분기 기준)이 각각 687%, 979%로 나타나 정부가 내건 부채비율 400%와는 거리가 너무 커서 달성 불가능했다. 정부 금융지원 혜택 또한 금리가 10%에 달하여 해운선사들의 부담은 가중될 수 밖에 없었다. 또한 자구노력의 핵심인 유동성 확보가 쉽지 않았다. 선박펀드 지원을 받기 위해서 한진해운과 현대상선 각각 6,000억 원, 8,000억 원 수준의 현금 유동성이 확보돼야 했지만 당시 금융권에 지급해야 할 이자비용조차 부담되는 상황이었다.

유럽 글로벌 선사들인 덴마크의 머스크, 프랑스의 CMA·CGM, 독일의 하파크로이트는 물론 중국과 타이완의 해운선사들에 대한 정부보조가 있었기에 유동성이 확보됐고 부채비율도 낮은 것은 참고하려 들지도 않았다. '프로크루스테스의 침대 논리' (Procrustean Bed, 강제로 또는 너무 가혹한 방법으로 어떤 기준이나 규율에 따르게 함)를 적용한 정부와 금융당국이었다. 한편 동종업계인 조선업에 대한 막대한 지원 사례와 비교할 때 해운업계가 받는 상대적 박탈감도 큰 문제였다. 2015년 정부는 대우조선해양에 대해 4조 원에 달하는 금융지원 조건과 해운산업 금융지원 조건을 비교해 보면 부당하다는 불만의 이유를 알 수 있다. 당시 해운업에 4조 원을 투입했다면, 아니 1조 원이라도 투입했다면, 우리나라 해운업 붕괴는 없었을 것이다. 대우조선해양의 대주주인 산업은행이 대우조선해양은 살려내면서 대주주가 유동성 확보를 위해 사재까지 출연한 한진해운의 법정관리 문제를 무지하게 처리했다.

셋째, 정부 부처인 금융위원회와 해양수산부 간의 양대 선사 합병에 대한 '갈지(之)자' 행보도 문제였다. 2016년 6월 13일 금융위원장이 양대 선사인 한진해운과 현대상선 합병설을 언급했지만 해양수산부 장관은 '시기상조'라며 번복하는 모습을 보여 정부부처 간 구조조정 방향에 엇박자가 났다. 나라의 정책은 믿음이 없으면 설 수 없다. 금융위원장의 제안과는 반대로 해운전문가들은 글로벌 해운 시장에서 경쟁력을 발휘하려면 하나의 회사보다 두 회사가 경쟁하는 것이 국익을 위해서라도 효율적이라는 의견을 제시했다. 두 회사 중 한 곳이라도 법정관리행이 확정되거나 합병에 불가피한 사유가 발생하지도 않았을 뿐만 아니라 양사 모두 자구노력을 충실히 이행 중인 가운데 경영 정상화에 바짝 다가섰다는 평가를 받고 있었다.

넷째, 정부 당국은 한진해운이 40년간 쌓은 세계적 브랜드 가치인 컨테이너 운송 세계 점유율 2.95%, 세계 7위, 국내 1위의의 해체에 따른 국제적 파급효과에 무지했다. 해운선사들은 세계를 대상으로 마케팅을 펼치고, 세계 항만들과 물류망을 구축하고, 항만 인프라 건설에 투자하고, 외국 해운사와의 합종연횡을 거치면서 새 노선을 개척한다. 비용도 비용이지만 무엇보다 시간과 노력이 엄청 오래 걸린다. 법정관리 결정 이후 한진해운 선박들이 세계 주요 항구에서 올 스톱되면서 벌어진 글로벌 물류대란으로 수출기업들은 곤욕을 겪었고 앞으로도 상당기간 지속될 것이다. 전문가들은 또다시 한진해운만한 글로벌 선사를 다시금 키우는 건 적어도 30년 이내엔 불가능할 것으로 전망한다. 글로벌 해운업계가 치르고 있는 치킨게임의 속성상 전쟁에 참여해야 상대방의 전술도 전략도 알 수 있는 법이다. 영국의 해운전문지인 로이즈리스트는 산업은행 등 채권단이 한진해운에 대한 자금 지원을 중단하고, 이로 인해 물류 대란이 발생한 상황에 대해 "이런 움직임은 정책적으로 고도로 계획된 것이 아니었다. 수년간 계속된 해운·조선업 불황에도 정부가 제대로 대비하지 못한 것" 이라고 평가했다. 또 결과적으로 해운업 순위가 떨어지는 현대상선만 살린 것에 대해서도 "시장 논리에 입각한 대처가 아니었다."고 지적했다.[29]

    다섯째, 국가 기간산업인 해운업의 쇠퇴와 지역경제, 특히 부산항의 파급효과를 충분히 고려하지 못했다. 한진해운 파산으로 8조 원의 운임 매출이 사라지고, 국내 수출 기업의 운임이 상승하는 등 큰 국가적인 손실을 보았고 향후 더욱 피해가 커질 것으로 우려된다. 이번 사태로 한진해운은 그동안 자구노력으로 쏟아 넣은 약 2조 원 외에 보유 선박, 터미널, 해외영업망 등을 모두 날릴 상황이다. 국적선사의 붕괴로 인한 컨테이너 화물의 화주와 화물운송업체들의 피해문제와 아울러 나라 밖에서는 한진해운 선박들의 입항 거부나 압류 외에 장비임차료나 하역·운반비 등의 체납으로 후속조치에 곤혹을 치르게 될 것이다. 한진해운 법정관리로 직격탄을 맞은 부산항의 한진해운 물량 취소와 작업 거부 사태가 잇따르고 수천 개의 일자리 상실이 예상된다. 게다가 한진해운의 해운동맹 이탈로 환적 화물량이 격감하면 세계 3위 환적항만의 위상마저 위협받을 처지다. 1995년 일본 고베 지진으로 아직도 옛 명성을 회복하지 못한 고베 항의 비극이 연상된다. 잃은 건 수출국가의 손발과 미래 그 자체다. 이번 망국적 사태는 정부나 금융권이 조선업과 해운업의 종업원 수를 우선 고려한 정치적 판단이라거나 민심을 의식한 재벌 길들이기 차원에서 결정을 내렸다는 관측도 있다. 이것이 사실이라면, 한진해운 사태는 기업의 무능보다 정부나 금융권의 무지와 무개념에 더 큰 책임이 있다.

여섯째, 한진해운이나 현대상선 모두 해운전문경영인들이 부족했고, 그나마 최고 CEO들이 소신껏 의사결정을 할 수 있는 거버넌스 체제가 아니었다. 어느 곳이나 전문성이 필요하다는 점에서 예외가 없지만, 해운업은 그 중요성이 더욱 높다고 할 수 있다. 글로벌 해운서비스 경쟁을 위한 시장 전문가보다 정부 당국의 금융논리 압박에 대응하는 재무전문가가 경영상층부를 점유한 것도 문제였다. 해운업에서 경기 변동에 따른 물동량 변화와 용선료 책정 등 경영 변수가 고등 수학처럼 복잡하기 그지없다. 그래서 풍부한 경험과 탁월한 능력이 겸비된 수장 首長이 아니면 회사 전체를 바다에 수장 水葬하고야 만다는 게 전문가들의 전언이다. 유럽 선진국의 경우처럼 유동성 위기에서 정부나 금융당국과 협상하고 설득할 수 있는 최고경영자가 부족했다. 결국 정부나 기업이나 서로 무능을 탓하고, 생산적인 의사결정을 도출하지 못했다.

해군참모총장을 역임했으며, 전역 후 '해운입국'의 기치 아래 대한해운을 설립하여 선사규모 세계 11위로 성장시킨 탁월한 경영인 이맹기 회장의 철학의 요체는 '상식경영'이다. "상식은 곧 인격이다. 세상을 움직이는 것은 인격이다. 인격의 기본은 윤리의식이다. 윤리란 '무리 倫'과 '도리 理'로 구성되어 있다. 그 뜻은 사람이란 로빈슨 크루소처럼 혼자 사는 것이 아니다. 두 사람 이상 무리를 지어 살기 때문에 모두가 지켜야 모두에게 행복을 가져올 수 있는 도리 道理가 있다는 말이다. 법의 잣대가 아니라 상식과 양심의 잣대다."[30] 이회장의 말대로 해운업이 어려운 상황일수록 정부의 고위 정책결정자들과 해운업 CEO와 최고경영층의 '윤리경영'이 중요하다.

실패로부터 배우지 못하는 민족은 다시 번영하지 못한다. 2010년경 부터 2016년 한국해운업 몰락의 '흑역사'로부터 우리는 배워야한다. 실패의 자산화에 힘을 모아야 한다. 정부와 전문가들은 흑역사의 10년에 대한 개관적이고 엄정한 징비록이나 해운업 흥망의 백서를 작성해야 할 것이다. 해운업을 붕괴시켰던 구조조정의 관료적 잣대인 금융논리, 정부지원의 전제조건인 부채비율 400% 문제, 금융위와 해양수산부의 컨트롤타워 혼선 등을 해결해야 할 것이다. 세우지 못할 달걀을 깨뜨려서 세운 콜럼버스나 풀지 못해 고민하는 엉킨 실타래를 칼로 잘라버린 알렉산더 대왕의 '고디언의 매듭 Gordian's Knot' 처럼 발상의 전환 없이 세계 해운강국은 요원하다. 문재인 정부의 《해운재건 5개년 (2018~2022년) 계획》은 급한 불을 끄는 해운정책일 수 있다. 가장 중요한 것은 붕괴된 해운업의 내부수리보다 재건축을 위한 새로운 해운업 청사진을 '사즉생 정신'으로 마련해야 할 것이다.

   정부와 해운업계는 위기대응정책에 대한 전략적 분석은 물론 향후 어떻게 해야 해운업을 부흥시킬 수 있는지에 대한 정부와 산업계의 아픔과 희망을 동시에 제시해야 한다. 글로벌 수준의 선·화주 협력체제, 선박금융활성화, 조선과 해운의 연계정책, 구조조정은 치밀하게 검토하고 치열하게 추진해야 한다. 1985년의 해운합리화정책, 그리고 1998년 외환위기 당시 대규모 산업체 구조조정 정책을 벤치마킹할 필요가 있다. 주요 해운강국의 전략적 변곡점에 대한 해운전략을 벤치마킹해야 한다. 가장 중요한 것은 해운업과 조선업을 연계한 전략을 만들되 해운업을 먼저 살리고, 다음으로 조선업 살리는 방책을 구해야 할 것이다. 규모의 이익에서도, 국가경제의 혈맥인 점에서도 해운업 살리기가 먼저다. 세계 제1의 조선강국이 자국의 해운업 경쟁력에 필수적인 선박을 공급하는 대신 우리와 경쟁선사이자 세계 제1위의 머스크 라인에 특별 우대조건으로 공급하는 19세기 영국의 《적기조례》와 같은 정책은 재고되어야 할 것이다.

4) 글로벌 해운강국과 기업들의 《해운업 생존·성장책략》

 해운업은 좋은 물건을 만들어 남에게 파는 경쟁을 하는 제조업과는 달리 남의 물건을 남에게 나르기 위해 경쟁하는 서비스산업이다. 21세기 초반의 해운업계는 세계적인 경기불황 여파로 최근 적자로 전환되거나 이익 급감 현상에 시달리고 있다. 특히 세계적인 선박공급 과잉과 무역둔화에 따른 컨테이너선 운임 하락이 이를 가속화하고 있다. 이에 따라 글로벌 선사들은 생존을 위한 구조조정에 돌입하고 있다. 해운기업이 세계경기 상황에 따라 변화무쌍하게 출렁이는 물동량과 운임, 그리고 유가의 등락을 정확히 예측하고 대응하는 데에는 한계가 있다. 덴마크, 프랑스, 독일 등 글로벌 해운업계 강국들은 자국 해운사가 경영위기에 몰리자 정부와 지방자치단체까지도 해운기업을 살리기 위해 수억 달러에서 수십억 달러의 재정지원을 하고 있다. 국가경제에서 차지하는 해운업의 중요성뿐만 아니라 위기에 처한 글로벌 해운사가 자력으로만 난국을 극복하기가 불가능함을 잘 알고 있기 때문이다. 현대 국가의 의무는 군사적 방어뿐만 아니라 경제적 방어를 잘 해야 하는 것이다.

 해운업 살리기를 위한 각국 기업과 정부들의 생존과 성장을 위한 책략은 크게 두 가지이다.

 첫째, 해운업의 특성인 '규모의 경제'와 '규모의 이익'을 추구하기 위해 메이저 기업 간 합병과 동맹체제 개편으로 덩치를 키우고 있다. 선박의 잉여로 시황이 침체하는 가운데 규모의 경제로 시너지 효과를 노리려는 의도이다. 현재 글로벌 10위권 내 해운선사 중 다섯 곳 이상이 인수·합병으로 규모를 키워왔다. 먼저 덴마크의 머스크 라인은 1999년 사프마린 Safmarine을 시작으로 미국의 시랜드 SeaLand, 2005년 당시 세계 3위 컨테이너 선사였던 네덜란드 P&O 네들로이드 Nedlloyd를 흡수하면서 세계 정상의 자리를 차지했다. 이어 인수합병전략으로 성장한 프랑스 CMA · CGM은 1998년 호주의 ANL을 시작으로 2007년 타이완의 CNC, 2016년 싱가포르의 NOL 등을 20여 년간 계속 인수합병하면서 세계 3위로 등극했다. 독일의 하파크로이트 Hapag-Lloyd는 2014년 칠레 CSAV를 인수했고, 2016년 중동 최대 해운업체인 아랍에미리트 해운 UASC를 합병하면서 화물적재량 기준 세계 5위의 컨테이너 선사로 거듭났다. 세계해운동맹은 2000년 1월 5개 동맹체제(Grand, Maersk-Sealand, New World, CKY, United)에서 2015년 12월 4개 동맹체제(2M, G6, Ocean 3, CKYHE)로, 2018년 6월에는 다시 3개 동맹(2M, Ocean, The)체제로 재편됐다.

글로벌 컨테이너시장에서 세계 1위 머스크 라인(407만 TEU), 세계 2위 MSC(332단 TEU), 가장 빠른 속도로 선대를 키워가고 있는 세계 3위 코스코(268만 TEU) 등 세 선사의 선복량을 모두 합치면, 1,000만 TEU를 넘는다. 세 선사가 글로벌 컨테이너선시장에서 절반에 육박하는 44.7%의 점유율을 차지하고 있다. 프랑스 해운분석기관인 알파라이너에 따르면 2018년 말 현재 전 세계 컨테이너 선사들의 보유 선복량은 2,273만 TEU를 기록했고, '글로벌 톱 5 선사(머스크 라인, MSC, 코스코, CMA-CGM 267만 TEU, 하파크로이트 164만 TEU)'의 점유율은 63.7%다. 20대 컨테이너 선사들의 보유 선복량은 2021만 1,000TEU(점유율 88.8%)로 집계됐다. 경제학자 파레토가 말하는 부의 쏠림현상인 《20대 80의 법칙》이 세계해운업계에도 적용된다. 올해 초까지만 해도 1,900만TEU를 밑돌았던 상위 20대 컨테이너 선사들의 선복량은 90% 돌파를 눈앞에 두고 있다. 21년 만에 '톱 10'에 진입한 현대상선은 41만 3,000TEU의 선복량을 기록, 10위에 자리하고 있다. 1위 해운선사 머스크와는 거의 10배, 중국 일본 대표 선사와는 각각 233만 TEU, 110만 TEU 가량 차이가 난다. 한진해운이 법정관리 들어가기 직전 선복량은 102만 TEU였다.

'해운동맹'은 세계 각국의 주요 선사들이 운임을 비롯해 운송 조건에 관한 협정을 맺고 선박과 노선 등을 공유해 마치 하나의 회사처럼 영업한다. 선사들은 이를 통해 과당 경쟁을 억제하고 경영 효율을 높이고 있다.

> 해운 얼라이언스 재편 과정

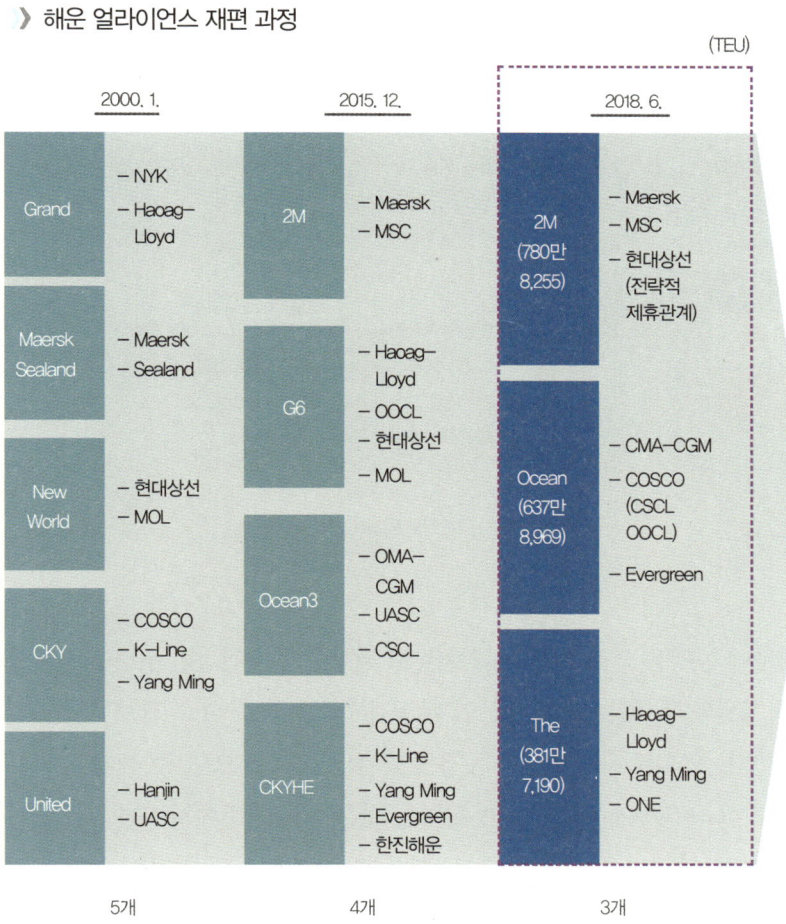

> 글로벌 해운사 M&A 동향

그림 15.3. 세계해운 얼라이언스 재편

    때문에 동맹은 오랜 시간 신뢰를 쌓고 재무상태가 건강한 선사를 중심으로 형성된다. 특히 무형의 자산인 네트워크와 노선을 다수 확보한 선사를 선호한다. 오래된 시장경험도 동맹을 맺는데 중요한 요인 중 하나다. 때문에 이러한 해운동맹에 속하지 못한다는 것은 이미 시장에서 도태되고 있다는 증거다. 글로벌 해운 시장에서 우리나라 국적선사의 입지가 위축된 것은 선복량과 밀접하다. 낮은 선복량 때문에 한진해운의 주력 영업망이었던 미주노선 대부분은 머스크와 MSC에 60% 이상 내줬다. 우리나라 채권단은 3대 전제 조건인 채무 조정, 용선료 조정, 해운동맹 가입을 모두 만족했다는 근거로 출자 전환을 결의해 현대상선을 살렸다. 글로벌 시장에서 현대상선이 '규모의 이익'과 '규모의 경제'를 확보하기 위해서는 선복량을 100만 TEU로 늘려야 하는 것이 당면한 과제다. 현대상선이 2M과 정식 멤버가 아닌 전략적 제휴 관계의 준회원으로 계약(2017년 4월~2020년 3월)을 맺었지만 결속력이 낮은 형태다. 2018년 하반기부터 세계 1·2위 선사인 머스크 라인과 MSC가 소속된 '2M'를 비롯해 프랑스 CMA·CGM과 중국 COSCO가 주축이 된 '오션 얼라이언스', 독일 하파크로이트와 일본 원 ONE, 타이완 양밍 Yang Ming이 소속된 '디 얼라이언스' 등 3대 해운동맹과 협상을 진행했다. 2019년 7월 1일 해양수산부와 현대상선은 현대상선에게 가장 좋은 조건을 제시한 '디 얼라이언스 The Alliance'에 가입하기로 결정했다. 현대상선의 디 얼라이언스와의 협력은 현행 2M과의 협력이 종료되는 2020년 4월부터 시작되며 디 얼라이언스 회원사들은 현대상선의 가입으로 해운동맹 협력기간을 향후 10년간인 2030년 3월까지 연장했다. 현대상선의 디 얼라이언스 가입은 선박 공유 등 모든 조건에서 기존 회원사들과 동등한 대우를 보장받는 정회원사 자격이다. 이번 해운동맹 가입으로 현대상선은 글로벌 해운시장에서 신뢰를 회복하고 비용구조 개선, 서비스 항로 다변화 등이 가능할 것으로 보인다.

현재 글로벌 해운업은 심각한 공급 초과 상황임에도 불구하고 대형 해운기업들이 공급량 확대를 줄이지 않고 있다. 그 이유는 복합적이지만 머스크 라인의 치킨게임 전략으로 유추해 볼 수 있다. 머스크 라인은 아시아계 중소형 선사를 마켓에서 퇴출시키기 위하여 선복 경쟁을 출발했다. 이제는 마켓 주도권을 잡기 위해 전략적으로 선박 초대형화를 통하여 단위당 운송원가를 낮추는 규모의 이익 Scale Merit를 위한 투자 단계이며, 마지막으로 얼라이언스 내 선사 간 균형 Space Balancing을 위한 확대 전략을 추진 중이다. 여하튼 마켓은 심각한 공급 전쟁 중이며, 이로 인한 공급 과다 현상이 단기간 내 해소되기 어려운 상황에서 운임 하락과 그에 따른 경영수지 악화로 인한 선사 간의 M&A는 진행형으로 향후에도 어떤 형태로든 이합집산이 지속될 것으로 예측되고 있다.[31] 여러 가지 경우의 수가 발생할 수 있다. 예를 들어, 머스크 라인의 2M 탈퇴 후 독자운영, 하파크로이트의 Ocean Alliance로 재편, 에버그린과 양밍 Yangming이나 Wanhai 간 M&A, 현대상선의 2M 탈퇴와 The Alliance 참여, MSC의 Ocean Alliance 참여 등의 변화가 발생하는 경우 공급 시장은 다시 소용돌이치게 될 것으로 예상된다.

둘째, 글로벌 선사들에 대한 국가정부와 지방자치단체의 금융지원이 전폭적으로 이뤄지고 있다. 덴마크, 독일, 프랑스 등 유럽 국가뿐 아니라 한진해운 파산으로 한국의 해운업이 타격을 입는 과정을 가까이서 지켜본 중국, 일본, 타이완 등 아시아 국가들도 해운전쟁에서 지지 않기 위해 막대한 자금을 자국 선사에 쏟아 붓고 있다. 해운 강국 덴마크의 수출신용기금은 세계 1위 해운업체 '머스크 라인'에 5억 2천만 달러를 대출했고, 정책금융기관 또한 62억 달러를 대출했다. 프랑스는 국적선사 'CMA·CGM'에 채권은행을 통해 5억 달러를 지원한 데 이어 국부펀드를 통해 1억 5천만 달러를 지원했다. 또 2013년 이후 금융권을 통해 2억 8천만 유로를 추가 지원했다. 또 독일 하파크로이트는 2008년 금융위기 직후에 실적 악화로 가장 큰 생사의 위기를 겪었다. 당시 하파크로이트는 주력이었던 유럽 아시아 노선 운임이 1 TEU당 2,000달러에서 500달러로 4분의 1 수준이 되면서 직격탄을 맞았다. 고가로 장기계약을 맺은 용선료도 발목을 잡았다. 하파크로이트가 위기에 놓이자 독일 정부는 지원책을 내놓았다. 독일 정부는 직접적인 재정 지원 대신 주정부와 채권단을 설득해 지급보증 형태로 12억 유로(1조 5,000억 원) 규모의 긴급 유동성 자금을 지원했다. 함부르크 주정부도 전폭적인 지원에 나섰다. 하파크로이트의 모기업 **TUI**가 지분 매각에 나서자 함부르크 주정부는 '알버트 발린' 컨소시엄을 꾸려 인수전에 참여했다. 함부르크 시정부는 2012년 하파크로이트 지분 20.2%를 7억 5,000만 유로(9,500억 원)에 인수했다. 함부르크는 함부르크 전체 면적의 10분의 1이 항만이고, 해운 항만 물류업 종사자만 25만 명인 항만도시로 해운업 관련 세수 비중이 높은 만큼 하파크로이트 지분 인수에 적극 참여한 것이다. 위기를 겪고 하파크로이트는 2014년 칠레 **CSAV**에 이어 중동 **UASC** 등을 합병하면서 수송능력이 두 배 늘었고, 선박 보유 대수 총 237척, 선복량 160만 **TEU**를 가진 글로벌 선사가 되었다.

월스트리트저널 **WSJ**는 두 회사의 합병으로 기업가치가 약 90억 달러(약 10조 5천억 원)에 이를 것이라고 보도했다. 해운업이 하나의 도시, 나아가 무역에 의존하는 나라 경제를 고려할 때 취할 수 있는 생존전략을 하파크로이트사와 함부르크 시가 보여주었다. 세계 3위 프랑스 선사 **CMA · CGM**과 세계 5위 독일 선사 하파크로이트의 인수합병 여부는 해운업계 **M&A** 시장에서 최대이슈이다. 두 회사의 합병이 성사되면 1위 자리를 지키고 있는 덴마크 머스크 라인을 위협할 초대형 선사(424만 **TEU**의 선복량 보유 예상)가 탄생하기 때문이다. 세계적 해운선사 간 치킨게임이 한참인 2017년 여름 합병설 직후 한때 **CMA · CGM** 주가는 10% 상승했다. 하지만 두 선사의 합병은 결국 흐지부지됐다. 독일 기업과 프랑스 기업의 문화 차이로 융화되기 어려울 뿐 아니라 한 때 위기에 빠진 두 국적 선사를 살리기 위해 수조 원을 쏟아 부은 양국 정부가 이를 허용하지 않기 때문이라는 분석이다.

중국은 2008년부터 중국공상은행, 중국수출입은행, 국가개발은행 등을 통해 신용 대출, 채권 발행 방법을 통해 '코스코 COSCO'에 108억 달러(13조 원)를 신용 지원했고, 2014년 8월에는 중국초상은행이 대출 49억 달러를 추가 제공했다. 중국 컨테이너선사 코스코는 중국 정부의 지원하에 최근 홍콩 선사인 OOCL을 63억 달러에 인수했다. 이를 통해 코스코의 선복량은 268만 TEU로 늘어 세계 3위 선사로 몸집을 키웠다. 중국은 코스코와 CSCL 두 회사 합병에 그치지 않고 국가개발은행 CDB를 통해 2021년까지 270억 달러(30조 원) 규모의 유동성을 지원하겠다는 내용을 발표했다. 중국은 해운항만기업 코스코를 '일대일로' 사업의 첨병으로 삼고 있으며, 중국은 해운업을 세계 무역지위 확대의 중심축으로 우대하고 있다.

일본 3대 선사인 NYK, MOL, K-Line도 정부의 도움 아래 지난달 7일 컨테이너선 사업 통합법인인 '오션 네트워크 익스프레스 Ocean Network Express, ONE'를 출범했다. 이를 통해 선복량은 143만 TEU로 세계 6위에 올랐다. 또 일본은 해운업계에 이자율 1%로 10년 만기 회사채 발행을 가능하게 하는 시스템을 구축해 안정적인 금융지원을 추진했다. 타이완은 세계 7위 선사인 에버그린과 8위 선사인 양밍을 보유하고 있다. 에버그린은 안정적인 실적을 거두고 있는 반면 양밍은 대규모 적자를 내면서 유동성 위기를 겪고 있었다. 타이완 정부는 2016년 11월 에버그린, 양밍 등 국적선사 유동성 확보를 위해 19억 달러(2조 2,000억 원)를 2.9% 수준의 저금리로 대출을 실행했다. 양밍의 유동성 위기가 지속되자 2017년 2월에는 국부펀드를 포함한 민관 유상증자를 통해 5,400만 달러(600억 원)를 지원했다. 타이완 정부가 보유한 양밍사의 지분은 33.3%에서 36.6% 늘었다. 한국이 한진해운과 현대상선의 합병여부를 공염불할 때, 타이완은 두 국적선사 살리기를 위해 신속하게 긴급처방을 한 것이다. 한국해양수산개발원 KMI는 《산업정책적 관점에서의 주요국 해운정책 분석 및 정책방향 연구, 2018》

보고서를 통해 "세계 주요 해운 경쟁국은 해운산업이 수출입 물류 기간산업이라는 인식 아래 산업정책을 시행하고 있다. 2008년 이후 선진국 개발도상국 모두 금융지원을 포함한 적극적인 해운 산업정책을 추진하고 있다."고 보고했다. 현재 각국의 보조금 지급은 해운업계에 빼놓을 수 없는 부분이 됐고, 시장을 왜곡하는 차원을 넘어 시장을 새로 정의하고 있다.

가끔 모든 것을 바꾸는 뭔가 어마어마한 일이 벌어지는 때가 있다. 고대 그리스인들은 그런 순간을 카이로스적 순간이라 한다. 인텔의 CEO인 앤드류 그루브 회장은 그런 순간을 '전략적 변곡점 strategic inflection point' 이라고 하면서, "기업의 생존과 번영을 결정짓는 근본적인 변화가 일어나는 시점"이라고 했다. 정부나 기업으로 하여금 어려운 의사 결정을 내리고, 필요한 강력한 조치를 취하도록 만드는 극적인 사건을 의미한다. 거대한 변화가 일어나는 순간은 알아차리기 힘들기 때문에 경영자나 전략가는 항상 전체적인 시야로 사방을 살펴야 한다. 《종의 기원》을 쓴 찰스 다윈은 "최후까지 살아남는 종은 힘이 세거나 영리한 종이 아니라 변화에 가장 민감하게 반응하는 종"이라고 하였다. 예를 들면 1990년 후반 세계 굴지의 항만이었던 싱가포르 항은 2000년 8월 머스크 라인의 싱가포르 항 이탈을 계기로 전략적 변곡점을 맞이하게 되었다. 머스크 라인이 싱가포르 항 이탈을 반성의 기회로 삼아, 싱가포르 항만청은 글로벌 역량을 지닌 CEO를 영입했고 마케팅 부문을 강화하고 고객지향적인 경영을 대폭 강화하였다. 그 결과 싱가포르는 2001년의 일시적인 물동량 감소를 제외하고는 그 후 폭발적인 물동량 증가세를 보였다. 현재 싱가포르는 국제해운회계제도, 해양금융 인센티브제도, 국제 해운 및 물류기업 제도 등과 같이 해운업과 관련된 분야별 인센티브 제도를 대폭 개선함으로써 또 다른 전략적 변곡점을 넘어서고 있다.

5. 원양어업에서 재계의 타이쿤이 된 김재철 회장

원양어선 선장으로 성공신화의 문을 연 사람은 김재철 동원그룹 회장(이하 본서에서는 '김재철'로 표기)이다. 무급선원에서 선장이 되고 원양기업 사장을 거쳐 동원그룹 회장으로 성장했다. 한국무역협회장과 여수세계엑스포 유치위원장은 그가 성공적으로 수행한 공적 임무였다. 1996년 8월 해양수산부의 발족은 김재철의 집념과 끈기의 결실이다. 후진교육과 양성이 평생 신조인 김재철은 국립 부경대의 명예총장이다. 그는 지휘자이자 전략가이며 일선사령관이다. 그는 혁신적 기업인이며 치밀한 경영자이다. 그는 명쾌한 논리를 선호하며, 탁월한 문장가이자 독서광이다. 그가 쓴 '거센 파도를 헤치며', '남태평양에서', '바다의 보고'는 초·중·고교 교과서에 실리기도 했다. 그의 저서인 《지도를 거꾸로 보면 한국인의 미래가 보인다. 김영사, 2000》는 베스트셀러였다. 세상은 그를 장보고의 환생이라고도 하고 바다 대통령으로 일컫기도 한다. 그가 바다에서 산 삶과 이룬 업적 때문이다.

1958년 1월 22일 김재철은 지남호를 타고 남태평양 서사모아로 참치잡이를 떠났다.* 그는 1년간의 실습항해사라는 무급 임시직에 끈질기게 자원하여 우리나라 최초의 상업용 참치잡이 선박에 동승했다. 김재철의 서사모아 참치잡이 동승은 어떻게든 기회를 찾고, 일단 기회를 잡으면 놓치지 않는 김재철의 인생 승부수였다. 그 후 대한민국 원양어업 60년사는 동원그룹 김재철의 60년 삶과 겹친다. 그의 삶은 미개척의 장인 우리나라 원양어업 도전사의 '1막 1장'을 기록했다. 원양어업이라고 해도 그가 탄 배는 100

---

* 지남호는 미국 시애틀의 수산시험연구소가 1946년 건조한 230t급 규모의 종합시험조사선으로 한국 정부는 원조자금으로 1949년 이 배를 도입했다. 이승만 대통령은 "남쪽으로 뱃머리를 돌려 부 富를 건져 올려라"는 뜻으로 '지남호 指南號'라고 명명했다.

톤 남짓, 심지어 한때 그가 지휘하던 배는 조업 중 침몰해버렸다. 그는 자세를 겸손하게 낮추어 험한 선원들의 마음을 잡고, 어로에 지식을 적용해서 효과적인 방법을 귀신같이 찾아냈다. 단 1년 만에 유급 정식 항해사가 되고, 지적 호기심과 직업적 필요충분조건을 실전과 전공서적으로 채우면서 만선을 가져오는 캡틴 킴으로 명성을 떨치게 되었다.

그의 원양어업의 초기성공에는 일본의 산업변화와 시장구조가 큰 역할을 했다. 일본은 때마침 원양어업이 사양화되면서 중고 선박들을 싸게 매각하던 때에 김재철의 원양어업 창업은 선박 확보로 시작되었다. 김재철이 원양에서 어획한 참치는 일본 어시장에서 고가로 매각됐다. 초기 원양어업 개척자들이 성공하자 많은 사람들이 사업에 뛰어들었다. 그중에서도 김재철의 성실성과 정직한 신용을 관찰한 일본 파트너는 적극적인 후원자가 됐으며, 이들의 도움에 의해 원양어업 창업에 성공했다. 1969년 자신의 신용만을 담보로 도입한 참치어선 두 척으로 시작한 회사를 30개의 계열사 그룹으로 키워낸 원동력은 신용, 혁신과 도전이었다.

뛰어난 참치연승 조업 실력을 자랑하던 '캡틴 킴'의 원양 도전의 기본은 항상 현장경험이었다. 그는 어업 현장에서 실제 벌어지는 일을 꼼꼼히 관찰하고 연구하면서 경험에서 비롯된 혁신적인 조업법을 잇달아 선보였다. 그가 참치잡이에서 이룬 최대의 혁신은 '참치잡이의 꽃'으로 불리던 '선망어업' 개척이다. 미국에서 시작된 참치 선망어업은 큰 모선에 3내지 5척의 소형 모터보트와 어군 탐지용 헬리콥터를 싣고 다니다가 참치 떼가 나타나면 모터보트가 그물로 고기 떼를 둘러싼 다음 모선이 끌어올리는 방식이다. 거대한 참치 떼를 일시에 포획해야하기 때문에 군사작전에 버금가는 전략과 시스템이 필요하고 상당한 자본과 고난도의 기술이 요구된다. 연승어업의 경우 25명 정도가 승선해 1년에 200~300톤가량을 잡는다면 선망어업은 같은 인원을 투여해 1만 2천~1만 5천 톤을 잡는다. 선망어업은 연승어업에 비해 50배 내지 60배로 생산성이 우월하다. 이처럼 참치선망어업이 노다지를 약속하는 방식임에도 불구하고 1970년대까지 미국의 독무대였다. 일본도 노동집약적인 연승어업을 탈피하기 위해 1960년부터 10년 이상 4대 수산회사가 공동으로 선망어업 시범 조업을 했지만 미국의 조업비밀을 얻지 못해 실패하였다.

김재철이 여기에 필생의 승부를 걸었다. 당시 그는 동원산업 1년 매출에 해당하는 400만 달러 이상을 선망어업에 투입했고 몇 번의 실패를 거듭했다. 자칫하면 10년간 일군 회사가 도산할 판이었다. 하지만 그는 외국인 선원을 전부 한국 선원으로 교체하고, 직접 배에 올라 30일간 선원들과 동고동락한 끝에 기어코 참치 선망어업 기술개발에 성공했다. 김재철의 선망어업 개척으로 원양어업 분야에서 산업혁명을 이룬 것이다. 김재철의 선망어업은 원양어업을 중소기업형 어업에서 대기업형 어업으로, 노동집약적 어업을 자본집약적 내지 기술집약적 어업으로, 저부가가치 어업을 고부가가치 어업으로 혁신시켰다. 무엇보다도 참치산업 시장의 일본과 미국의 독과점 구조에서 한국이 한몫을 하는 구조로 바꾼 것이다.[32]

김재철은 새로운 시장, 새로운 생산방식 외에 새로운 어장도 끊임없이 찾아 나섰다. 남태평양의 참치조업이 잇달아 성공을 거두는 와중에도 그는 원양어장의 포트폴리오를 유념했다. 그는 남획에 시달리던 남태평양 대신 창업과 동시에 인도양 참치 어장을 개척했고, 북태평양으로도 눈을 돌려 명태 트롤어업을 시작했다. "본업을 버리는 자는 망하고 본업만 하는 자도 망한다. 또 평균 풍속보다 순간 풍속은 훨씬 빠르다. 1톤을 견뎌야 한다면 5톤을 견딜 수 있게 배를 만들어야 한다. 회사 역시 미리 위기를 준비해야지, 위기가 왔을 때는 이미 늦다."

김재철의 사장학은 '선장론'에 다름 아니다. 가장 고기를 잘 잡는 선장은 기술이 좋고 늘 노력하는 사람이다. 그 다음은 그런 선장하고 친한 사람이다. 세 번째는 기술은 없지만 부단히 노력하는 사람이다. 제일 고기를 못 잡는 사람은 '어디가 잘 잡힌다'는 소문만 쫓아 다니는 선장이다. 사장의 그릇과 능력만큼 회사가 성장한다. 그는 자신의 경영철학대로 1, 2차 오일쇼크, 200해리 배타적 경제수역 선포, 외환위기, 금융위기 등 여러 번의 위기를 넘기며 회사를 키워냈다. 김재철이 자신과 임직원들에게 반복적으로 당부하는 세 가지 행동규범은 평범하지만, 삶의 과정에서 솔선수범하기가 쉽지 않다. 원칙을 철두철미하게 지키기, 작은 것도 소중하게 여기기, 새로운 것에 과감하게 도전하기 등 이다. 김재철의 원칙 지키기 하나의 예는 주중 골프를 안 하는 것이다. 그는 76세에 75타를 쳐서 에이지 브레이크를 기록할 정도로 골프애호가이고, 그룹회장이라 사업상 가능한데도 주중 골프를 안 한다.

　한국원양어업 60년, 파도를 헤쳐 온 김재철에게 바다는 인생의 고향이요 스승이다. 그에게 바다가 선물한 인생경영철학을 공병호는 여덟 가지로 요약했다.[33] 바다의 험한 풍파를 거치면서 삶과 죽음, 실패와 성공을 통해 전진해온 개척자의 인생철학적 아우라가 느껴진다. ▲자신이 어쩔 수 없는 절대자가 존재한다. 바다는 겸손과 절대자의 존재를 가르쳐 준다. ▲명확한 생사관을 갖고 반듯하게 살아야 한다. 배의 선장이 지녀야 할 세 가지 철칙은 현재 좌표가 무엇인지, 배의 목적지가 어디인지, 항로를 제대로 잡고 있는지 알아야 한다. ▲살아서 활동할 수 있는 것은 축복이다. 일은 사명을 위한 수단이요 특권이다. ▲세상에 자랑할 것은 별로 없다. 바다는 평등을 가르쳐 준다. 초심을 잃지 말자. ▲삶 그 자체는 전쟁과 다름없다. 사업은 언제든 망할 수 있다. 실력이 있어야 산다. ▲부지런한 도전자에게만 생존과 성장의 월계관이 주어진다. ▲세상에 작고 사소한 일은 없다. 큰 배라도 철판의 작은 구멍 하나로 침몰할 수 있다. ▲사람을 움직이는 힘은 솔선수범과 희생에서 나온다.

김재철이 이룩한 경제·경영사적 의의는 크고 넓다.[34] 경제사적 의의는 '수출입국의 주역, 새로운 단백질 공급원의 제공자, 기업가 정신의 표본, 적자를 남기지 않는 기업인상 정립, 1세대 벤처기업가의 대표, 해양개척의 중요성을 널리 알린 계몽가' 등 이다. 경영사적 의의는 참치 선망업 개척의 선구자, 경영의 체계화로 원양업체에서 종합식품업체로 도약, 새로운 성장축인 금융업을 일으킴, 지주회사제도 도입과 선진적 지배구조의 모범, 스타키스트 인수로 글로벌 시장 진출, 인재육성, 정도경영' 등이다. 김 회장은 1982년 시작한 참치 캔 사업은 참치라는 새로운 단백질 공급원을 대중화하였다. 동원참치는 출시 이후 현재까지 62억 캔 이상 판매돼 국민식품 중 하나로 자리매김했다. 한 줄로 늘어놓으면 지구 12바퀴 반을 돌 수 있는 양이다. 더욱이 그는 선장 시절 자신이 잡은 참치를 납품했던 미국의 참치 캔 1위 업체 스타키스트를 2008년에 인수하며 단숨에 글로벌 시장에 진출하는 쾌거도 이뤘다.

김재철은 1969년 4월 회사를 연 뒤 50년 만에 동원그룹을 수산·식품·물류 등으로 외연을 확장해 국내외에서 연간 약 7조 2000억 원의 연매출을 올리는 글로벌 기업으로 키웠다. 김재철은 주력사업의 심화와 비관련 사업의 다각화를 통해 건실한 그룹을 일구어냈다. 기존 원양어업의 안정된 수익원을 바탕으로 계열사 간 시너지에 초점을 맞추고 식품, 포장재, 물류까지 모두 공급 사슬망으로 해결할 수 있는 자급 시스템을 갖추게 됐다. 원양어업으로 대기업을 일군 것도 그렇지만, 가공업으로 확장하고 또 경영다각화를 통해 금융에서도 성공을 이룬 것이다.

해양수산부의 탄생은 김재철과 분리될 수 없다. 해양수산부는 1996년 8월 8일 출범하였다. 해양수산부가 지향하는 통합해양행정은 유엔해양법협약 발효로 새로운 세계질서에 부응하고, 해양화만이 살 길인 우리나라의 현실행정 체제를 반영한 것이었다. 우리나라가 산업화와 해양화를 추진하는 과정에서 중앙부처가 탄생됐을만한데도 집행부서인 해운항만청과 수산청만 설립되었다. 정부조직에서 '청'단위 조직은 집행 기능 위주이고 정책기획 기능은 '부' 단위 조직이 주로 담당한다. 해양수산부(초기 명칭은 '해양부', '해양산업부' 등이었지만, 최종적으로 '해양수산부'로 귀착되었기에 본서에서는 '해양수산부'로 표기) 신설을 위한 집념은 1980년대 초 수산업계의 거목인 김재철 회장과 해운업계의 거목인 이맹기 회장이 의기투합하여 해양수산부 설립의 포석을 시작하면서부터였다. 학계와 산업계의 여러 의견이 나왔지만, 그 중 김재철이 중심이 되어 정치계·산업계·학계·언론계의 리더들로 구성된 '해양개발연구회'는 주목받은 비공식 싱크탱크였다.

1987년부터 활동을 시작한 이들은 정부와 정치권을 상대로 '통합해양행정과 이를 실현하기 위한 해양수산부 설립'의 필요성을 역설해 나갔다. 해양수산부를 만들 때 고위층과 정치권의 질문은 두 가지로 집약되었다. 하나는 '외국에도 해양수산부가 있는가? 또 하나는 해양수산 기능이 정부 중앙부처로서의 정체성이 있는가? 육지부·하늘부·바다부를 만들면 되겠는가?'하는 질문이었다. 해양수산부 탄생 과정에서 수많은 어려움과 전략이 있었지만 그 중에서도 핵심은 ① 대통령이나 대통령 당선자의 인식과 대선공약 ② 거버넌스와 관련된 논리적 합리성 ③ 정치권과 언론계의 강한 지지 ④ 해양산업계의 긴급하고 필요한 국가적 현안과 해결능력 ⑤ 헌신적인 오피니언 리더와 유능한 팔로워들의 전략과 추진력 등이다.

그 첫 과실은 1987년 10월 『해양개발기본법』 제정이었다. 국가가 기본법으로 해양을 정책 어젠다로 갖는 것은 행정부서 정책수립에 심대한 영향을 미칠 기반을 마련한 것이었다. 국무총리가 주관하는 '해양개발위원회'에서 범부처의 해양관련 정책을 심의하고 보고하기 때문이다. 해양개발기본법 제정이 계기가 되면서 김재철을 중심한 '해양개발연구회'는 해양수산부 설립을 위해 정부와 정치권, 그리고 여론에 보다 적극적으로 접근하였다. 최각규 경제부총리에게 통합해양행정의 필요성과 시급성을 설득했고, 1991년 8월에는 노재봉 국무총리가 주재하는 '관계부처 장관회의'에서 최각규 경제부총리가 제안한 '해양행정 통합' 문제를 정부차원에서 적극 검토하기로 합의했다. 1991년 12월 경제기획원이 중심인 해양행정개선 실무위원회는 『해양의 개발·이용·보존을 위한 정책보고서』를 국무회의에 보고했고 '해양행정 통합' 문제는 공식적으로 정부의 중요한 국정과제가 되었다.

그 후속 조치로 1992년 7월 국무총리가 주재한 관계부처 장관회의에서 국무총리실 내에 '해양행정개선 종합대책반'이 가동되었고, 동년 8월에는 총리 훈령으로 '해양정책조정위원회 규정'이 제정되었다. 이렇게 해양수산부 창설을 위한 설립 작업이 구체적이고 과감하게 진행되었지만, 노태우 정부 말기의 레임덕과 행정력 이완, 그리고 통합해양행정으로 부처 기능이 축소되고 일부 행정부처의 반발로 성사되지 못했고, 결국 차기 정부의 과제로 넘겨졌다. 노태우 정부가 끝나면서 통합해양행정과 해양수산부 신설문제는 여야의 대선캠프로 접근했고, 유력한 당선후보자인 김영삼과 김대중의 선거공약으로 채택되었다.

결국 해양수산부를 탄생시킨 것은 김영삼 정부였다. 김영삼 대통령의 문민정부가 1993년 들어선 다음에도 공약은 무산되는 듯 했다. 반전은 1994년 11월 아시아태평양경제협력회의 APEC 참석 후 김영삼 정부는 세계화를 국정과제로 삼았다. 세계화에 대한 개념조차 생소해 "국제화를 세게 하면 세계화가 된다."는 우스갯소리가 나오던 때였다. 1995년 3월 김영삼 대통령 주재로 열린 '세계화추진위원회'(위원장 김진현)에서 통합해양행정과 해양수산부 신설문제를 안건으로 다뤘다. 김진현 위원장은 그 동안 해양개발연구회와 경제기획원, 총리실에서 작성한 내용을 바탕으로『21세기에 대비한 신 해양정책방향』을 설명했다. 김영삼 대통령은 세계화추진위원회 개최 직전 해외 순방 시 싱가포르의 해운항만산업 허브전략과 캐나다 총리의 "중앙부처 중 해양수산부가 핵심부처"라는 충고에 크게 고무되었다.

마침내 1996년 5월 31일 제1회 바다의 날 기념식에서 김영삼 대통령은 '해양수산부 신설'을 추진하겠다고 전격 선언했고, 동년 8월 6일 국무회의에서『해양수산부 직제』가 확정됨으로써 해양수산부가 탄생되었다. 이처럼 해양수산부 탄생 과정에서 대통령과 측근, 여야를 넘나들며 국회와 정치권을 설득하는 데 김재철의 활약이 무척 컸다. 역사의 가정이지만, 김재철이 해양수산부 장관을 맡았다면 어땠을까? 김영삼 대통령도 초대 해양수산부 장관으로 김재철 카드를 고민했던 것 같고, 김대중 대통령도 해양수산부 장관 임명을 고려했던 것 같다. 더욱이 김대중 정부에서는『한·일 어업협정』과『한·중 어업협정』을 타결했던 시기이기에 바둑처럼 복기해 본다면 수산문제와 일본문제의 해결사로서 김재철 카드는 충분히 설득력을 갖는다. 문제는 그러한 카드를 김재철이 받아들일 수 있었을까 하는 점이다. 그는 이미 장관을 맡기엔 너무 큰 재계의 타이쿤이었기 때문이다.

'국제해양법재판소 ITLOS'는 1982년 유엔해양법협약에 의해 '국제해저기구 ISA' 및 '대륙붕한계위원회 CLCS'와 함께 설립된 독립적인 사법기구이다. 국제해양법재판소는 1995년 8월 발족되었고, 재판소는 독일의 함부르크에 있다. 재판소장의 책임하에 운영되는 기구이기 때문에 독립적인 성격이 강하며 재판관은 당사국 총회에서 21명을 선출하고, 임기는 9년이며, 연임이 가능하다. 국제해양법재판소는 해양 대륙붕 경계, 어업권, 해양 환경보호. 선박 나포 문제 등을 주로 다루며 EEZ 분규가 가장 큰 현안이다. ITLOS 설립 이전에는 1945년 설립된 국제사법재판소 ICJ가 해양 분쟁과 관련한 문제들을 다루어 왔다. 해양 분쟁은 ICJ의 단골 메뉴로 1969년의 북해대륙붕사건 이후 40년 동안 다룬 사건의 절반 이상을 차지해왔다. 유엔 해양법협약이 정교한 분쟁해결절차와 함께 국제해양법재판소를 설립하기로 한 것도 바로 이렇게 빈발하는 해양 분쟁을 전담할 수 있는 재판소의 필요성을 절감했기 때문이다.

1996년 각국의 로비가 치열한 가운데 투표방식에 의해 ITLOS 초대 재판관에 한국인으로 박춘호 고려대 교수가 선출되었다. 21명의 초대 해양법재판관 선출은 해양법협약 당사국 간에 큰 전쟁이었다. 재판관이 비록 독립적 위치에서 중립적 판결을 해야 하는 의무가 있다 해도 우리나라 재판관이 있고 없고는 천양지차이기 때문이었다. 우리나라 해운업계 대표인 이맹기 회장과 수산업계 대표인 김재철 회장을 중심으로 구성된 후원회는 박춘호 재판관 선출에 전력을 다했다. 일본과 중국도 재판관 선출에 성공했다. 박춘호 교수가 사망한 직후 2009년도에 서울대 백진현 교수가 보궐선거에서 선출되었고 현재까지 그 직을 지속하고 있다.

김재철의 동원그룹 학습문화는 바이탈 사인이며, 학습문화는 조직 내 의사소통과 의사결정의 인프라이다. 김재철의 학습문화를 통한 인간관계관리는 넓이에서나 깊이에서 단아하지만, 치열하다. 상대방에 대한 배려와 편안함이 장기 지속적 관계를 이끈다. 그에 대해 인복이 많다고 하지만, 그가 평생 저축한 인덕 덕분일 것이다. 그의 탁월한 통찰력과 예견력은 정치외교·경제·문화·교육 등 다방면의 인간관계 교류를 통해서 축적된 학습내공 덕분이라고 할 수 있다. 김재철은 젊은이들에게 '문·사·철 文史哲 600 독서'를 권장한다. 문학책 3백 권, 역사책 2백 권, 철학책 1백 권을 읽어야 인생을 살아갈 지력이 생긴다는 것이 그의 지론이다. 김재철은 '사무 보는 방'이라는 뜻의 사무실 事務室'대신 '생각하는 방을 뜻하는 사무실 思務室'로 부른다. '전략을 생각하는 자'라야 일상이나 위험과 불확실 상황에서 승리할 수 있다는 뜻이다. 김재철은 언젠가 '해양수산분야 노벨상' 같은 제도 마련에 대한 꿈을 피력했다. 그는 바다에서 일군 그의 꿈이 세계적으로 이어지기를 희망하고 있다.

6. 1998년 한·일 어업협정

우리가 살고 있는 이 세계는 선택의 시기요, 전략의 시기이기도 하지만, 협상의 시기이다. 국가건 개인이건 운명은 우리 스스로 만드는 것이며, 운명은 협상이다. 협상은 '타결의사를 가진 둘 또는 그 이상의 당사자 사이에 양방향 의사소통을 통하여 상호 만족할만한 수준으로 합의에 이르는 과정'이라 정의할 수 있다. 협상은 거미줄처럼 얽혀있는 긴장과 대립 속에서 자신에게 유리한 결과를 얻기 위해 정보와 시간과 힘을 사용하는 것이다. 이 중 국가 간 협상에서 중요한 시간요소가 중요한데, 그 이유는 조직의 압력, 시간의 제약, 최종마감기한 등이 결국 시간과의 싸움이기 때문이다. 가장 중요한 양보행위나 해결움직임은 협상종료시간 직전 또는 그 시간이 지나서 이뤄지기 때문에 인내를 가져야 한다.

어업협상은 물론 해운통상협상에서도 '소비에트 협상스타일'이 종종 활용되고 있어 알아둘 필요가 있다. 소비에트 협상은 여섯 단계로 구성되어 있다.[35] ① 극단적인 초기입장(그들은 항상 상대의 기대치를 무너뜨릴 만한 어처구니없는 요구로 협상을 시작한다.)→② 제한된 권한(협상은 하지만 그들에게 협정에 허가할 권한이 거의 없다.)→③ 감정전술(그들은 얼굴이 벌개져서 목소리를 높이며, 분노한 듯 행동한다. 때로는 그들은 분개한 듯 회담장 밖으로 나간다.)→④ 상대방의 양보는 약함의 표시로 인정한다(교착상태를 타개하기 위해 무엇인가를 양보해도 그들은 거의 답례하지 않는다.)→⑤ 양보에서 인색함(그들은 어떠한 양보도 미루며, 양보 한다 해도 그때는 그들의 입장이 약간 변했을 때다.) ⑥ 최종기한 무시(시간은 전혀 문제가 안 된다는 듯 행동하고 끈질기다.)

협상가는 오랜 실전을 통해 훈련되고 경험을 얻은 노련한 전략가여야 한다. 어느 시대든 외교협상은 늘 어렵다. 중국과 일본 사이에 낀 우리의 국제지정학은 예측이 어렵고, 영원한 적도 영원한 우방도 없으며, 국민감정과 실물경제의 이해가 요동친다. 외교관들은 소리 없는 협상전쟁을 치른 뒤 문서에 국가의지를 담는다. 국가 간 문서는 천금의 무게를 지니기에 신중에 신중을 거듭한다. 사이러스 밴스 Cyrus Roberts Vance는 미국의 지미 카터 정부에서 국무장관(재임 1977~1980년)을 지낸 인물로, 30년 이상 정부와 의회, 유엔에서 '평화를 위한 조용한 협상가'로 활약했다. 1968년 푸에블로호 납치사건을 해결하는 등 협상의 귀재인 사이러스 밴스도 재임 중 가장 어려웠던 외교협상은 1977년 미국의 EEZ를 선포하면서 이웃국가인 멕시코와 맺은 어업협정이었다고 회고했다. 이처럼 이웃국가 간 어업협정은 애당초 어려운 문제이다.

한국과 일본은 바다 EEZ 경계와 어업협상을 놓고 싫든 좋든 협상테이블에 앉을 수 밖에 없다. 한국과 일본은 과거역사문제와 독도문제로 더욱 어렵다. 한국과 일본은 양국 간 국교정상화의 일환으로 1965년 6월 22일 한일어업협정을 체결하고 양국의 어업질서를 유지해 왔으나, 1998년 1월 23

일 일본 측에 의해 일방적으로 파기되었다. 한국은 당시 경제적으로는 IMF 구제 금융을 받는 외환위기 상태였고, 정치적으로는 36년 만에 처음으로 여야 정권교체를 통해 김대중 정권이 막 출범하던 시점이었다. 1998년 2월 25일 김대중 정부가 들어서면서 한·일 두 나라 정상은 새로운 바다헌장에 맞게 EEZ 협정에 앞서 어업협정을 먼저 체결하기로 했다. 톱다운 방식의 어업협상이 시작되었고, 17차례에 걸친 실무자회의와 고위급 회담을 거쳐 1998년 9월 25일 『신新 한일어업협정』이 타결됐다. 동년 10월 9일 어업협정이 가서명되었고, 동년 11월 28일 양국의 서명과 체결을 거친 후 1999년 1월 23일 발효되었다. 김대중 대통령은 재임 중 『1998년 한·일 어업협정』과 『2001년 한·중 어업협정』 둘 다를 체결한 대통령이다. 훗날 역사의 평가를 받아봐야 하겠지만, 가깝고도 먼 두 나라와 어렵고도 미묘한 어업협정을 타결한 대통령이다.

『1965년 한·일 어업협정』(이하 본서에서는 『65 한·일 어협』으로 표기)을 편의상 구舊 한일어업협정으로 부르기도 한다. 1965년 6월 체결된 『65 한·일 어협』은 한일 국교 정상화를 추진하는 과정에서 행해진 협정으로, 전문 10조와 부속문서로 이루어져 있는데, 주요 내용은 다음과 같다. ① 자국 연안의 기선으로부터 12해리 이내의 수역을 자국이 어업에 관하여 배타적 관할권을 행사하는 어업전관수역 설정, ② 한국 측 어업전관수역의 외측에 띠 모양의 공동규제수역을 설정하고, 어업자원보호를 위한 규제조치를 강구, ③ 어업수역 바깥쪽에서의 단속 및 재판 관할권에 대해서는 어선이 속하는 국가만이 행사하는 기국주의 채택, ④ 협정의 목적을 달성하기 위하여 양국어업공동위원회를 설치하고 필요한 임무 수행, ⑤ 공동자원조사수역의 설정, ⑥ 분쟁해결 방법에 관한 규정 등이다.

『65 한·일 어협』은 200해리 EEZ 제도가 도입된 제3차 유엔해양법회의

(1973~1982) 이전에 체결된 협정이었다. 1965년 당시 어족자원은 한국 해역이 일본해역보다 풍부했고, 조업기술 또한 일본 어민들이 한국 어민보다 월등했다. 1965년 한·일 양국의 어업현황을 비교해 보면 어민 수는 비슷한 수준(한국 546천 명/일본 612천 명)이나, 연근해 수산물 생산량은 일본이 한국의 8.6배(일본 4778천 톤/한국 554천 톤), 어선척수는 7.5배(일본 381천 척/한국 51천 척), 어선의 동력비율은 3.8배(일본57%/ 한국 15%)로 일본 어업이 대략 10배 정도의 우위를 차지하고 있었다.[36] 『65 한·일 어협』은 조업능력이 월등한 일본에 유리하게 영해 폭인 12해리를 어업전관수역으로 설정하여 관할수역을 최소화했고, 한국연안에만 어업공동규제수역을 설정하였다. 당시 협상과정에서 동 수역에서의 단속 및 법 적용에 대해 기국주의를 채택함으로써 연안국인 한국의 강력한 단속보다 일본국적선에 대해 일본의 법을 적용하는 기국제도가 수립된 것이다. 일본의 어선을 강력히 단속하던 우리나라 주무관청인 해무청은 1961년에 이미 폐지된 상태에서 『65 한·일 어협』은 평화선 체제를 무너뜨렸다. 한편, 독도에 대한 입장은 팽팽했다. 일본의 입장은 "독도문제의 해결 없이 국교정상화는 없다."라는 입장임에 반해, 한국은 "독도문제는 국교정상화 후 논의"라는 입장으로 해결의 실마리를 찾지 못하다가 협상체결 7일 전에 양국은 "독도문제는 국교정상화 후에 다시 토의"하기로 합의되었다. 결과적으로 독도문제의 해결이 보류된 채 『65 한·일 어협』이 체결되었다.

그러나 1970년대 중반을 지나면서 한국 어선의 증가, 동력화율 확대 및 한국연안의 수산자원 고갈 등 문제가 겹치면서 한국 어선이 일본 연안에서 조업하는 횟수가 많아졌다. 1977년 미국과 소련이 200해리 어업전관수역을 선포하자, 우리 원양어선들은 소련의 캄차카 근해와 미국의 베링 해에서 명태 조업을 못하게 되었고, 일본 홋카이도(北海島) 근해해역으로 대거 몰렸다. 한국 어선들이 일본의 어업전관수역 12해리 외측의 일본해역에서 조업하게 되자, 일본 어민, 특히 홋카이도 어민들의 불만이 증대되면서 한·일 어업협정 개정을 요구하기 시작하였다. 일본도 미국과 소련에 이어 1977년 5월 자국 연안으로부터 200해리까지의 모든 자원에 대해 독점적 권리를 행사할 수 있는 EEZ를 선포하였다.

이에 따라 일본은 일방적으로 '트롤어선 조업금지선'을 설정하고, 1979년 홋카이도 주변수역에서 화염병과 돌로 무장한 일본 어선 160여 척이 한국 어선 9척을 공격했던 이른바 '무로랑 사건'이 터지면서 양국 어민들의 갈등은 최고조에 달했다. 일본 정부는 명태 자원의 감소와 자국 어민들의 피해 등을 들어 한국 어선에게 일본이 일방적으로 정한 조업금지선 밖으로 전면 철수할 것을 요구했다. 한국 정부는 이에 대해 홋카이도 조업은 『65 한·일 어협』에 위배되지 않는 어로행위라고 맞서면서도 관계 악화를 우려하여, ▲홋카이도 주변 12해리 외측 3~5해리 이원에서 조업 ▲야간조업 금지 ▲최대 어장인 무로랑 어장에서는 산란기(12월~1월) 어로행위 금지 ▲조업 중인 24척 중 1,500톤 이상급 대형어선 3척 철수 등을 골자로 하는 '자율규제안'을 일본 측에 제시했다. 당시 우리나라는 국내 명태 수요량의 60%인 15만 톤 가량이 홋카이도 인근 해역에 의존하고 있어 전면 철수는 불가하다는 입장도 함께 전달했다. 양측은 결국 한국 측이 제시한 자율규제안을 토대로 1980년 10월 자율적 규제라는 일종의 신사협정을 맺었다. 그러다 1982년 유엔해양법협약이 채택되고, 1994년 11월 16일부터 발효되면서 『65 한·일 어협』도 새로운 국면을 맞게 되었다.

유엔해양법협약은 2018년 4월 현재 우리나라를 포함한 168개국이 가입하여 보편적인 바다헌장으로 시행되고 있다. 바다헌장에 따르면 연안국의 EEZ 내 해양생물자원의 보존·관리는 연안국의 권리이자 의무이다. 문제는 마주보거나 인접한 나라가 각각 200해리 EEZ를 선포하는 경우 두 나라의 EEZ가 중첩될 수 있다는 점이다. 3개 이상의 나라의 EEZ가 중첩되는 경우도 있다. 서해에서는 우리나라와 중국의 EEZ가 중첩되고, 동해와 남해에서는 우리나라와 일본의 EEZ가 중첩되며, 동중국해에서는 한·중·일 3국의 EEZ가 중첩된다. 해양법협약은 이러한 경우 합의에 의하여 경계를 획정하되 '공평한 해결 equitable solution'에 이르도록 해야 한다고만 규정하고 있다.* 그러나 마주보거나 이웃국가 사이에서 어떻게 EEZ의 경계선을 긋는 것이 공평한 해결이 되는 것인지는 법리적으로나 외교적으로 대단히 어려운 문제다. 특히 경계획정을 할 때 크고 작은 섬들이 양국 사이에 있으면 더욱 상황이 복잡해진다. 이처럼 EEZ 경계획정을 위한 국제법상 명확한 기준이 없고, 각 해역마다 지형이 독특하고 여러 가지 고려해야 할 특수사정들이 있기 때문에 EEZ 경계협상은 일반적으로 많은 시간이 소요된다. EEZ 경계획정에 많은 시간이 소요되는 또 하나의 이유는 EEZ에 걸린 국익이 지대하고, 해양경계선은 일단 한번 획정되면 영구히 지속되므로 어느 나라 경계획정협상에는 지극히 신중을 기하기 때문이다.

우리나라는 1996년부터 중국 및 일본과 EEZ 경계획정을 교섭하여 오고 있다. 경계획정에 관한 합의가 이루어 질 때까지는 우리나라의 EEZ가 어디까지인지를 분명히 알 수 없어 우리나라의 법을 적용하기가 곤란하다. 일본도 중국도 사정은 마찬가지이다. 이런 상태에서는 어업질서를 확립할 수가 없다. 몇 년이 걸릴지도 모르는 EEZ 경계획정을 기다리면서 무질서한 상태에서 무한정으로 자국 어민들의 조업에 지장이 오도록 내버려 두는 것은 국가의 의무를 방치하는 것이다. 유엔해양법협약도 이러한 상황을 충분히 예

---

* 《유엔해양법협약 제74조 1항》

상하여 EEZ 경계획정이 장기화되는 경우, 경계획정에 이르는 동안 실제적 성격의 '잠정약정 provisional arrangement' 체결을 권장하고 있고, 그러한 잠정약정은 최종적인 해양경계획정에 영향을 미치지 않는다고 규정하고 있다.* 1999년 1월 발효된 일본과의 어업협정과 마찬가지로 2001년 6월 발효된 중국과의 새 어업협정은 바로 이러한 시대적 상황과 바다헌장이 정한 '잠정약정'의 틀에서 체결된 것이다.

1982유엔해양법협약에 의한 새로운 EEZ 시대의 대두와 함께 한 · 일 간에는 『65 한 · 일 어협』 체결 당시와 다른 어업환경의 변화가 중요한 변수가 되었다. 일본 해역은 관리어업을 장기간 한 탓에 한국 해역보다 어족자원이 풍요한 상황으로 변했다. 『65 한 · 일 어협』은 가능한 연안국의 어족자원 관리 해역을 연안으로부터 가깝게 했던 것에 반해, 일본 어민들은 연안국의 어족자원관리해역을 훨씬 넓히는 새로운 어업체제를 요구했다. 트롤어업 등 한국 측의 조업능력이 30여 년간 비약적으로 발전한 것도 일본 측에 위협 요소로 부각됐다. 더욱이 한국과 일본은 새로운 유엔해양법협약 발효에 따라 1996년 200해리 EEZ 제도를 선포했다. 『65 한 · 일 어협』 체제에서 일본에 유리했던 12해리 어업전관수역의 폭과 기국주의의 적용 규정은 10년 경과된 1970년대 후반에는 오히려 한국 유리, 일본 불리의 상황으로 역전된 것이다. 이에 따라 양국은 국내법의 시행이라는 측면에서도 새로운 해양법체제에 맞는 어업협정으로 개정해야 할 의무가 발생하였다.

한 · 일 양국 정상은 1996년 3월 방콕에서 EEZ 경계획정을 조속히 협의하기로 하고, 이어 4월 말에는 양국 외무장관 간에 어업협정 개정을 위한 실무회의를 추진키로 합의했다. 이러한 양국의 고위급 간 합의에 따라

---

* 《유엔해양법협약 제74조 3항》

1997년 말까지 10차에 걸친 협의로 상당 부분 합의에 이르렀다. 그러다 마지막 단계에서 경제수역의 폭과 동해 중간수역의 동쪽한계선, 그리고 전통적 조업실적의 인정기간 등 핵심 쟁점에서 의견접근을 보지 못하고 결렬되었다.『65 한·일 어협』종료 직전인 1996년과 1997년 한·일 간 해양 분쟁은 치열했다. 한국과 일본은 영해법 개정과 EEZ 법 제정을 긴박하게 추진하였다. 일본 정부는 1996년 5월에 한국 영토인 '독도'를 일본 EEZ의 기점으로 취해 발표했고, 김영삼 정부는 울릉도와 일본 오키시마의 중간부분을 EEZ의 경계로 설정하고 독도를 우리 측 수역에 포함시킨다는 성명을 발표했다. 한국 정부는 한국 EEZ의 기점을 '독도'가 아닌 '울릉도'로 취한 것이다. 그러나 일본은 한국 측 방안을 따를 경우 독도가 한국 수역 내에 포함된다는 이유를 들어 이를 수용할 수 없다는 입장을 밝혔다.

그런 긴박한 과정에서 일본은 새로운 한일 어업협정 협상 개시 이전에 향후 협정에서 가장 단초가 될 영해기선을 개정했다. 영해기선의 확장은 EEZ 해역의 확장과 연계된다. 일본은 1996년 6월 14일 기존의 영해법을『영해 및 접속수역에 관한 법률』로 개정하고 12해리의 접속수역을 도입함과 동시에, 일본 열도 전 해안에 165개의 직선기선을 설정하였다. 유엔해양법 제5조는 연안국이 영해의 폭을 설정하는 경우 자연적인 해안의 저조선으로부터 측정하는 '통상기선 normal base line' 방식을 굴곡이 심하고 해안에 근접하여 일연의 도서가 있는 곳에서는 적절한 지점을 직선으로 연결한 선으로부터 영해의 폭을 설정할 수 있는 '직선기선 straight line' 방식을 채택할 수 있도록 하였다.『65 한·일 어협』제1조 1항은 영해기선을 변경할 때, 특히 직선기선을 적용하고자 할 때 상대국의 동의를 구할 것을 명문화하고 있다.

이에 따라 한국 정부는 일본의 직선기선 165개 중에서 20여 개가 유엔해양법협약의 직선기선 관련규정을 위반한 것에 대해 강력하게 이의를 제기하였다. 1997년에 6월과 7월 일본은 자신들의 영해 직선기선을 넘어왔다며 오대호 등 한국 어선들을 나포하였다. 일본은 총리까지 나서서 어선나포를 비호했고, 일본은 한국 정부에 "직선기선을 인정하지 않으면 어업협정을 파기하겠다."며 협박했다. 그 후 나포된 한국 어선에 대해 일본 사법부의 재판이 진행되었고, 일본 사법부 내에서도 일본의 1996년 새로운 영해법과 『65 한·일 어협』적용에 대해 법적 해석이 엇갈렸다. 동년 7월 8일 양국 외무장관은 어선나포 재발방지에 합의하고, 7월 28일 제1차 직선기선전문가회의를 동경에서 개최하였다.

당시 일본의 줄기찬 『65한·일 어협』폐기와 한국 어선 나포 위협은 새로운 일본의 직선기선을 설정한 1996년 『영해 및 접속수역에 관한 법률』을 한국 측이 사실상 인정하도록 한 '성동격서 전략'이자 '속전속결 전략'이었다. 일본 정부의 전략은 영해법 개정으로 해안으로부터 영해를 넓게 확보하고, 이를 바탕으로 새로운 한일어업협정을 서둘러 자국 어민을 보호하겠다는 전략이 깔려 있었다. 1997년 10월 22일, 일본 측은 독도 주변수역을 제외하고 신 어업협정을 타결하자는 의견을 한국 측에 보냈다. 그러나 동년 10월 29일 한국 어선 개림호가 다시 일본에 나포되었고, 한국 정부는 1997년 11월 7일 독도에 접안시설을 건립하여 독도에 대한 입지를 확고히 표명했다. 이렇게 되자 한국과 일본 간에 외교관계는 경색되었고, 진행 중이던 한·일 어업협상은 1997년 12월 말까지 결론을 내지 못했다.

그러자 일본은 일방적으로 1998년 1월 23일 한국에 구 어업협정을 종료한다는 외무성 구상서를 통보함으로써 구협정은 1999년 1월 22일 종료하게 되었다. 이에 대해 한국 정부는 일본 정부가 『65 한·일 어협』종료의사를 전달한 당일 1980년 이후 유지되어 온 홋카이도 연안 수역에서의 '자율규제조치'의 중단을 일본에 통보하여 맞대응하였다. 한국의 대형트롤어선 11척은 '자율규제조치'에 의하여 조업하지 못했던 홋카이도 연안 수역에서의 명태조업을 강행하였다. 한국의 그러한 조치는 일본 홋카이도 어민들과 일본 정치권에 화를 더한 격이 됐다. 당시 일본 정부가 『65 한·일 어협』을 파기한다는 경고음에 대해서 정권 말기의 김영삼 정부는 독도문제로 한·일 관계가 경색된 상태였고, 정권교체와 IMF 외환위기라는 정치·경제 혼란상황에서 어업협상에 치밀하게 대응할 상황이 아니었다. 반면 이것은 국내 정치경제상황이 어수선한 한국에 대해 협상시한을 설정하여 어업협상에서 유리한 위치를 차지하고, 『65 한·일 어협』의 신속한 개정을 압박하기 위한 일본의 협상전략으로 볼 수 있다.

격동의 1997년이 지나고, 1998년 2월 25일 김대중 정부가 들어섰고 일본은 오부치 게이조 총리(재임 1998. 7.~2000. 4.)가 들어섰다. 오부치 총리는 1998년 한국을 방문해 김대중 대통령과 한일정상회담을 가졌다. 이 방문에서 오부치 총리는 일본의 과거 식민지배에 대해 "일본이 과거 식민지 지배로 한국 국민에게 커다란 피해와 고통을 안겨준 역사적 사실을 겸허히 받아들이고 통절한 반성과 마음에서의 사죄한다."고 발언했다. 가해자가 일본이고 피해자가 한국이라는 점을 명백히 하고 사죄라는 보다 직접적이고 분명한 표현으로 사과를 했다. 김대중 대통령과 오부치 게이조 총리의 '한·일 파트너십 공동선언'은 양국 간 전면적 교류·협력의 장전으로 정치·경제·안보·문화가 망라됐다. 한·일 두 나라 정상은 새로운 상황에 맞게 EEZ 협정에 앞서 어업협정을 우선 체결하기로 했다. 톱다운 방식의 어업협상이 시작되었고, 17차례에 걸친 실무자회의와 고위급 회담을 거쳐 1998년 9월 25일 새로운 한·일 어업협정을 타결했다. 동년 10월 9일 어업협정이 가서명되었고, 동년 11월 28일 서명과 체결을 거친 후 1999년 1월 23일 발효되었다. 외교문서인 '어업협정'과 패키지로 '입어조건 협상'이 타결되어야 한·일 간 어업협정은 마무리된다.

1998년 10월 23일부터 시작된 상대국 EEZ 해역에서의 입어조건을 다루는 어업실무협상이 협정 발효일인 1999년 1월 23일까지도 타결되지 않아 양국어선은 상대국의 EEZ에서 전면 철수하였다. 다시 위기가 닥쳤다. 그 후 상대국 EEZ 해역에서의 입어조건에 대해서도 1999년 2월 5일 양국 수산당국자 간 합의로 사실상 완전 타결된 듯했다. 그러나 이 과정에서 한국 측이 쌍끌이 어선에 대한 누락문제를 제기하였고, 1999년 3월 8일부터 10일간 일본 도쿄에서 양국 수산당국자 간 추가협상이 진행되었고, 1999년 3월 18일 쌍끌이 어업문제를 비롯한 입어조건 협상이 완전 타결되었다. 《김·오히라 메모》파동을 거친 후 『65 한·일 어협』을 포함하여 한·일 협정으로 불리는 『대한민국과 일본국 간의 기본 관계에 관한 조약』을 막후 협상한 박정희 정권의 실세였고, 『1998년 신 한·일 어업협정』에서는 DJP정권의 국무총리였던 김종필은 두 차례의 한·일 어업협정과 기막힌 인연이다.

『1998년 신 한·일 어업협정』(이하 본서에서는 『98 한·일 어협』으로 표기)의 주요 내용은 EEZ의 설정, 동해 중간수역 설정, 제주도 남부수역 설정, 전통적 어업실적 보장 및 불법조업 단속, 어업공동위원회 설치 등이다. 정부는 협정의 발효에 따라 피해를 입게 되는 어민들에 대하여 어선감축 보상, 기르는 어업 투자 지원 등 여러 가지 대책을 마련하여 협정 발효에 따른 후유증을 없애기 위하여 노력했다. 그러나 『98 한·일 어협』에 대해 중간수역 내 독도 위치, 쌍끌이조업 누락문제, 어선감축 등에 대한 비판이 적지 않았다. 한국의 협상전략이 담긴 주요내용과 쟁점을 정리하면 다음과 같다.[37]

첫째, 연안국의 잠정적 EEZ를 설정하였다. 『98 한·일 어협』은 양국이 각각 연안으로부터 35해리까지 EEZ를 갖는다. 한국은 34해리를, 일본은 35해리를 주장하다가 35해리로 타결되었다. 조업단속권은 65년 구 어업협정이 '기국주의'임에 반해, 98년 신 어업협정은 '연안국주의'를 채택하였다.

둘째, 동해와 제주도 남부수역에 중간수역을 설정하였다. 어업협상과 EEZ 경계획정협상이 동시에 시작되었으나, 독도에 대한 입장 차이로 EEZ 경계가 확정될 때 까지 잠정적인 조치로 양국 주변수역의 일정거리까지 EEZ를 갖고, 그 외측은 공해와 유사한 성격의 중간수역을 갖는 잠정적인 조치의 어업협정을 체결하였다. 중간수역의 동쪽한계선 설정은 팽팽히 대립되었으나 양국의 입장(한국 동경 136도, 일본 동경 135도) 중간선인 135도 30분으로 타결되었다. 동해 최고의 황금어장인 대화퇴 大和堆의 경우 동경 134~136도에 걸쳐 있는데, 일본 측의 강력한 반대에도 불구하고 0.5도를 양보 받아 대화퇴어장의 50%를 중간수역에 포함시켰다. 제주도 남부의 중간수역은 한·중·일 3국의 권원이 중복되는 한편, 한·일 양국이 주장하는 EEZ 권원이 각기 달라 중간수역을 좌표로 표시하지 않고 특정한 점을 통과하는 5개의 직선과 한국 EEZ 최남단 위도선으로 둘러싸인 수역을 중간수역으로 합의하였다. 한국은 일본이 중국과 구축한 어업관계를, 일본은 한국의 입장을 상호 인정하고, 서로 다른 수역에서의 한국 어선의 조업활동이 가능하도록 협력하며, 3국이 각각 양국 간 운영될 공동위원회를 통해 동중국해에서의 어업질서를 위한 구체적인 방안을 협의하기로 했다.

셋째, 상대국 EEZ에서의 전통적 조업실적을 상호인정하고, 『98 한·일 어협』 발효 이후 3년간 등량으로 조정하기로 했다. 한·일 어업협정의 주무부처는 해양수산부이지만, 영유권 문제, 특히 독도를 EEZ 수역과 중간수역에 위치하는 것을 결정하는 주무부처는 외교부이다. 외교부가 영해나 EEZ의 경계를 협상하고 나면, 해양수산부는 해당해역에서 업종별 어획량과 업종별 어선 허가척수에 관한 입어조건을 협상하는 것이다. 1999년도 일본 어선의 한국 EEZ 입어 내용은 어선 1601척에 어획할당량은 93,733톤이며, 한국 어선의 일본 수역 내 입어내용은 어선 1704척에 어획할당량은 149,218톤이다.

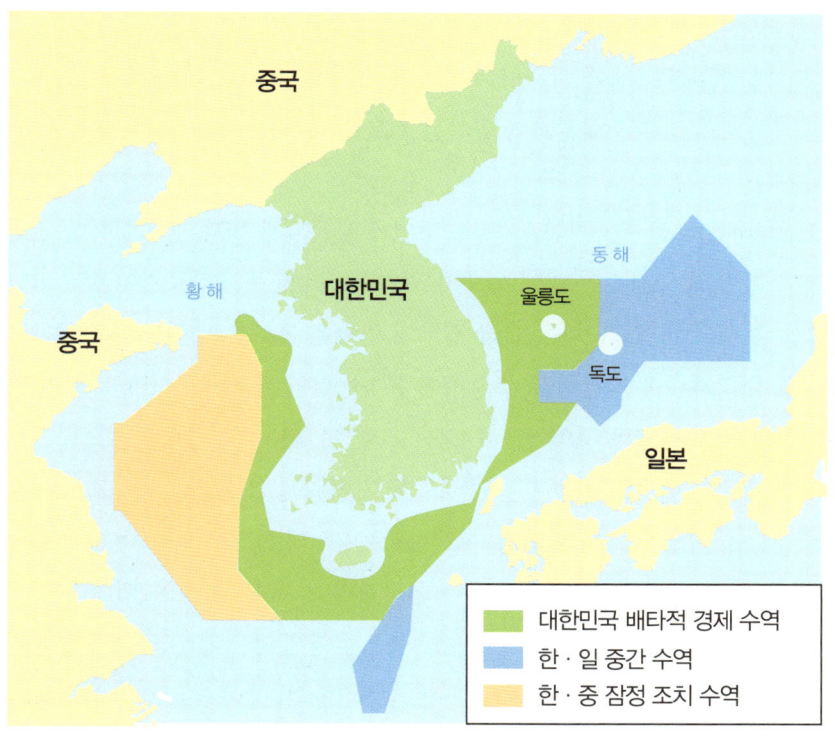

그림 15.4. 1998년 한·일 어업협정 및 2000년 한·중 어업협정 수역도

넷째, 독도의 영유권 문제는 현상유지를 목표하였다. 한·일 양국은 이 문제를 놓고 격론을 벌인 끝에 영유권 문제를 명시적으로 언급하지 않았다. 즉 영유권 문제는 차후 해결하기로 하고, 협정문에 독도를 지명으로 표기하지 않는 대신 좌표로만 표기하였다. 『98 한·일 어협』에서 독도는 울릉도와

달리 35해리의 EEZ를 갖지 못하는 것으로 합의하였다. 다시 말해 한국 정부는 독도를 유엔해양법 제121조 3항의 암석으로 보고 어업협정의 목적상 독도는 영해만 갖고 EEZ를 갖지 않는 것으로 합의했다. 한국 정부는 '신 어업협정은 국제법상 영해를 설정하는 협정이 아니라 어업에 관한 협정'이기 때문에 영유권 문제에 대해서는 언급할 필요가 없고, 이에 대한 언급은 오히려 독도의 영유권에 문제가 있다는 것을 표출하는 결과만 낳는다고 발표하였다.

그러나 『98 한·일 어협』은 독도의 영유권 문제를 명쾌하게 해결하지 못했고, 동해의 중간수역 내에 독도가 위치함으로써 독도영유권이 훼손되었다는 주장이 개진되었다.[38] 한국 정부의 입장은 독도를 무인도로 정의하고 12해리 영해만을 갖는다고 주장하여 온 반면, 일본은 다케시마(독도의 일본명칭)를 유인도로 정의하고, EEZ를 가질 수 있다고 주장해 왔다. 비판논리에 따르면, 이 협정이 한·일 양국의 EEZ 범위에 관한 구체적이고 중대한 합의로서, 어업에 관한 합의라기보다는 200해리 EEZ의 적용 범위에 관한 합의라는 것이다. 따라서 협정에서 한국 영토인 독도에 EEZ 35해리를 적용하지 않았는데, 한국 정부가 독도를 중간수역에 넣은 것은 외교적 실패라고 비난했다. 또한 유엔해양법협약 121조 3항의 '암석 Rocks'을 해석하는 현대적 추세와 맞지 않고, 독도에 부두시설과 어민 숙소 등을 축조하고 등대를 운용하고 있는 현실적 상황을 무시한 것이기 때문에 결국 주권적 관할권의 포기로 볼 수밖에 없다고 비판했다. 아울러 국제법적으로 영유권은 당사국과 관계없는 별도의 권위 주체가 확정적으로 이를 보장해 주지 않기 때문에 중간수역 설정은 독도에 대한 영유권의 배타성을 훼손하게 되었다는 것이다. 결국 한국 영토의 일부인 독도를 기선으로 한 EEZ를 확보하지 못하고, 독도가 한국 전관수역에서 배제된 채 중간수역에 포함시킴으로써 막대한 국가적 손실을 초래하였기 때문에 이『98 한·일 어협』을 파기하고 재협상에 임해야 한다고 비판했다. 한편 2006년 노무현 정부의 외교부는 유엔해양법 제287조에 따라 일본이 독도 문제를 국제해양법재판소로 가져 갈 수 없게 '강제관할권 배제'를 선언하였다.[39] 또한 2001년과 2009년 두 차례에 걸쳐서 한국의 헌법재판소는『98 한·일 어협』의 영토조항 위반을 이유로 제기된 헌법소원에 대하여 어업협정은 영토나 독도 영유권 문제와 관련이 없다는 이유로 기각 판결을 내렸다.

다섯째, 쌍끌이파동으로 굴욕적인 추가 협상을 겪었다. 1999년 1월 23일 신 한·일 어업협정이 발효된 후 실무협상이 타결되는 1999년 2월 5일까지 서로 상대국 수역에서 조업이 중단됨으로써 어업인의 불만이 고조되어 있었다. 그러던 차에 합의된 실무협상 결과가 어민들에게 전해진 2월 10일경 부산의 대형기선저인망 수협에서 쌍끌이 어선이 일본수역에서 조업할 수 없다는 사실에 이의를 제기하였다. 쌍끌이 어선이 협상에서 누락된 경위는 정부의 통계자료와 실제적인 쌍끌이 조업실적과의 차이에서 비롯됐다. 쌍끌이 어업은 구 협정과 국내법으로 동경 128도 이동수역은 조업이 제한되고 있기 때문에 일본 수역에서 조업했더라도 어획량과 조업위치 등을 정확히 보고하지 않는 경우가 많았다. 정부 또한 실태를 정확히 파악하지 않고 어획물 위판 시 선장과의 면담과 표본조사로 통계 처리함으로써 조업실태를 협상자료에 정확히 반영하지 못하였다.

결과적으로 쌍끌이 어업은 일본 수역에서의 조업허용대상 어업에서 제외되었다. 어업중심지인 부산지역의 경기침체와 일본과의 어업협정에 대한 반대, 정부의 치밀하지 못한 협상자료 등이 상승작용을 하여 쌍끌이어업은 부실자료 제출 원인행위자가 아니라, 새로운 한·일어협의 최대 피해대상 업종으로 여론몰이가 됐다. 해양수산부는 여론의 몰매에 사실 확인보다 뒷감당하기에 급급했다. 국내에서 협상자료의 부실을 재감사하여 사실 여부를 규명하기보다, 시간에 쫓기면서 일본과의 추가협상으로 떠밀렸다. 결국 3월초 추가협상을 추진하여 1999년 3월 17일, 최종 협상이 완료되었다. 한·일 어업협정에서 추가협상까지 추진한 쌍끌이 어업은 80척 배정으로 결론이 났고, 어획량은 외끌이 어업과 트롤에 이미 할당돼 있는 7,770톤 내에서 할당하되 부족하면 추가로 배정하기로 했다. 쌍끌이 추가 협상으로 한국 측은 복어 채낚기 어업과 갈치 채낚기 어업을 추가 조업할 수 있게 됐으나 자망과 통발어업은 일본 측에 양보했다. 결과적으로 일본수역에서의 어획량이 3% 미만으로 밝혀진 쌍끌이 어업은 대게를 잡는 자망어업이나 장어를 잡는 통발어업보다 협정에 의한 영향이 크지 않았음에도 불구하고 일반국민들에게 "1998년 신 한·일 어업협정 실패"로 각인시키는 데 역할을 하였다. 그러나 한심한 것은 그렇게 난리쳐서 추가협상까지 했던 80여척의 쌍끌이 어선은 단 1척도 일본수역에서 조업하지 않았다. 속인 자는 누구고, 속은 자는 누구인가.

여섯째, 신 협정의 성격과 유효기간은 한·일 문제에 따라 가변적일 수 있다. 『98 한·일 어협』은 양국의 EEZ 경계획정에 우선하여 잠정적으로 체결된 어업에 관한 양국 간 조약이기 때문에 영해나 영토문제에 대한 양국의 입장이 영향을 받지 않는다. 협정의 유효기간은 3년이며, 그 이후에는 어느 일방이 6개월 전에 상대방에게 협정종료 의사를 서면으로 통보하면 협정은 종료되나, 종료통보가 없는 경우에는 계속적으로 효력을 갖게 된다. 문제는 과거 『65한·일 어협』만큼 한·일 양국이 협정파기 문제를 중대시하는가 하는 문제이다. 현실적으로 『98 한·일 어협』에 따르려면 조업 쿼터가 주어져도 입어조건이 까다롭고 단속이 심해서 쿼터 소진이 쉽지 않다. 또한 상대방 수역에서 조업의 경제적 가치도 과거에 비해 점차 감소되고 있다.

아울러 독도문제, 수산물 수출입 규제 등을 어업협정과 연계시키려는 일본의 수산외교전략이 집요하다는 점이다. 첫 번째 사례는 『98 한·일 어협』의 1차 만료 시점인 2002년 초 일본의 산리쿠 해역에서의 꽁치조업 규제 강화와 어협파기 직전까지 간 사례다. 두 번째 사례는 2011년 3월 후쿠시마 원전사고에 따른 일본 수산물의 방사능 오염을 우려한 한국이 수입을 반대하자, 일본은 98 한·일 어협과 연계하였다.

『98 한·일 어협』이 톱다운 방식으로 출발해서 타결되기까지는 한·일 모두 비중 높은 정치인들이 교섭의 대표이자 비선의 실세로 투입되었다. 한국은 한일의원연맹 수석부회장으로 활동한 김봉호 국회부의장, 일본은 홋카이도 출신으로 어업 분야의 실력자인 사토 고코 의원이었다. 이들은 양국 어민의 이해관계가 첨예하게 충돌하는 어업협정 교섭의 돌파구를 마련하기 위하여 적극적인 역할을 했다. 비선을 통해 시작된 교섭이었지만 나중에는 교섭의 경위며 분위기, 교훈까지 모두 양국 외교당국에 제도적으로 계승되었다.[40] 그 비결은 두 사람 배후에서 실제 교섭 전략을 수립하고 집행하는 모든 작업을 양국 외교부가 담당했다는 데 있었다. 양국 정부가 각본과 감독을 맡았고 두 사람의 정치인은 주연배우 역할을 한 셈이다. 두 나라 사이에 입장의 차이가 너무 커서 타협점을 찾기 어렵고 국내적으로도 민감한 외교 사안을 처리하기 위해서는 비선에 의한 교섭이나 밀약의 체결이 불가피한 경우가 있다. 그러나 어쩔 수 없이 변칙적인 외교 수법을 동원하더라도 그 결과가 합리적인 국익에 부합하고 중장기적으로 지속되기 위해서는 공식 외교조직의 뒷받침을 받으면서 추진될 필요가 있다. 전문적인 관료집단을 배제한 채 정치 지도자가 외교 교섭을 전횡하게 되면 단기적인 정권의 이익에 편향될 가능성이 매우 크기 때문이다.[41]

교수이자 정치인 출신이며, 일본을 상대해본 권철현 주 일본대사(재임

2008~2011년)의 대 일본 외교 전략은 함축적이다.[42]

"'신뢰외교', '예방외교', '끈질긴 외교'는 세 가지 중요한 외교원칙이다. '신뢰외교'는 신뢰를 주는 말과 행동을 하는 것이다. '예방외교'는 사전에 미리 예측하고 준비하고 대비해서 일이 터지지 않도록 하는 것이다. 마지막으로 '끈질긴 외교'는 뭐가 하나 잘 되었다고 해서 반색하지 말고, 한 가지 일에 실패했다고 해서 좌절해서도 안 된다. 예컨대 '독도문제가 해결되지 않으면 한일관계의 미래가 없다'고 해버리면, 외교는 그 순간 상실된다. 독도는 '내 호주머니 속의 보석' 같은 존재다. 일본이 아무리 떠들어봐야 우리가 든든히 지키고 있는 우리 땅이다. 이는 변할 수 없는 사실이다. 일본이 떠들 때마다 내 주머니 속의 보석을 꺼내놓고 그들과 '내 것이니, 네 것이니' 하고 싸우는 것은 불필요한 행동이다. 일본이 노리는 것은 국제 분쟁화 지역인데, 우리가 의연하고 당당할수록 답답하고 분통 터지는 건 일본이기 때문이다. 독도문제는 냉정하고 차분하게 하나씩 비례의 원칙에 따라 행동으로 보여주는 것이 훨씬 효과적이다. 초지일관 끈질긴 외교를 해나갈 때 복잡했던 문제도 하나씩 풀린다."

미국 국무장관이었던 제임스 베이커는 협상전략이란 '5P – Prior Preparation Prevents Poor Performance'로 "미리 협상을 준비하는 것이 협상의 실패를 막는다."고 했다. 한·일 어업협정은 한국에게 미리 협상을 준비하지 못할 때 대가를 톡톡히 치르게 하는 단골 메뉴다. 1998년 새로운 한·일 어업협정의 타결과정에서 파장과 곡절은 컸지만, 연근해 어선의 감축과 구조조정 추진, 잡는 어업에서 기르는 어업으로의 정책이 본격적으로 추진되는 개혁의 계기를 공여했다.

7. 2000년 한·중 어업협정

　1994년 11월 '바다헌장'인 『유엔해양법협약』이 발효됨에 따라 우리나라와 일본은 1996년에, 중국은 1998년에 각각 배타적 경제수역 EEZ 제도를 도입하였고, 한·중·일 모두 해양경계획정과 새로운 어업질서를 위한 제도의 필요성이 대두되었다. 한·중 양국 간 수역 거리는 최대 280해리로 양국 모두가 200해리 EEZ를 설정할 경우의 400해리에 미치지 못하기 때문에 해양경계획정은 장기화될 수 밖에 없다. 그러나 양국은 어민들의 조업질서를 위해 해양경계획정 이전에라도 서해에서 어업수역을 설정할 필요성이 있었다. 한·중의 수산업 상황은 1980년대 초까지는 한국 어선이 중국 연안에서 더 많은 조업을 했으나, 1980년대 중반 이후에는 중국 어선의 한국 측 수역에서의 조업이 급증했고, 그에 따른 자원의 고갈과 한국 어민들의 피해는 누적되고 있었다. 한·일 간 어업협정 조기 타결을 일본이 원하듯이, 한·중 간 어업협정 조기 타결은 한국이 원하는 상황이었다.

　80년대 후반부터 한·중 양국 간에는 수산업에 대한 협력과 조율의 필요성을 인식하고 있었다. 이에 따라 1989년 12월, 한·중 양국의 민간단체 사이에 『어선 해상사고 처리에 관한 합의서』가 체결되었고, 1993년 12월부터는 정부 간 어업협정 체결을 위한 실무회담을 시작하였다. 한·중 양국이 19회에 걸친 마라톤회담에서도 교착상태에 빠졌던 한·중 어업협상은 1998년 11월 11일부터 15일까지 중국 강택민 주석의 초청으로 김대중 대통령이 중국을 방문한 것을 계기로 역사적인 첫 어업협정을 가서명하였다. 어업협정과 같이 국민정서가 깊숙이 관련된 문제는 실무급 협상을 거쳐 대통령이 정식서명하기보다, 톱다운 방식으로 국가 원수 간에 큰 틀을 타결한 후에 실무급 협상으로 문제를 푸는 것이 일반적이다. 우리나라 헌법에 따르면, 국가 간 협정이 이루어지는 과정은 ① 타결 ② 가서명 ③ 정식서명 ④ 비준 ⑤ 발효의 순서와 절차를 거친다.* 한·중 국가 정상 간에 큰 틀을 타결한 바탕에서 가서명된 어업협정은 2000년 8월 3일 정식 서명 체결되었고, 2001년 2월 28일 국회 본회의에서 비준이 동의되었다. 비준이 처리된 직후 2001년 4월 5일 중국 베이징北京에서 열린 한·중 수산당국 차관회담(한국 측 홍승용 해양수산부 차관, 중국 측 지칭파 농업부 부부장)에서 어업조건에 대해 최종 합의함으로써 2001년 6월 30일부터 발효됐다.

사실 한국과 중국은 1992년 국교정상화가 이뤄졌음에도 불구하고 그 동안 어업협정이 없이 상대국 영해 변경에서 무질서한 조업을 함으로써 서해의 수산자원은 고갈되어 왔고, 상대적으로 어선세력이 약한 우리 어민의 피해는 날로 심화되어 왔었다. 어업협정 체결 직전 상황은 우리 어선의 중국수역 어획량이 매년 약 10만 톤임에 반해 중국 어선들의 우리 수역 어획량은 약 25만 톤으로 우리의 2.5배로 격차는 날로 커지고 있었다. 특히 중국 어선들은 갈치나 가자미 등 바다 밑바닥에 사는 어류를 잡는 저인망어업이 대부분으로 우리 어민들은 중국 어선들이 서해 어장의 씨를 말린다는 불만을 제기해 왔다. 중국 어선들의 우리 관할수역 침범건수는 96년 4천 1백여 건, 97년 1천 7백여 건이며, 우리 어선의 중국 관할수역 침범건수는 불과 매년 1~4건으로 거의 없었던 점을 비교해 볼 때 우리의 피해가 얼마나 컸었나를 알 수 있다. 또한 중국 어선이 흑산도와 제주도 연안에서 연간 5천 여

---

* ① '타결'은 협상과정에서 이견에 대한 합의점을 찾은 것으로 타결 선언 이후에 기술협의, 법률검토, 조문화 작업 등의 기술적 작업을 거친다. ② '가서명'은 양측 협상단이 협정문 문안을 확정하는 행위로서 가서명된 협정문은 법제처 심의, 차관회의, 국무회의 등을 거친다. ③ '정식서명'은 가서명된 협정문에 대해서 대통령의 재가를 받는 것으로서 정식 서명된 협정문은 국회보고, 비준 동의를 받아 정식 발효하게 된다. ④ '비준'은 협정 등에 대한 국가의 최종적 확인행위로서 대통령이 정식 서명하여 확정된 협정문은 국회 보고 후 국회의 동의를 얻어야 완전히 성립하게 되며, 협상 당사국 내 비준이 완료된 이후 협상 당사국간 비준서를 교환한다. ⑤ '발효'는 조약, 법, 공문서 따위의 효력이 정식으로 개시되는 것으로 발효일 이후 협정 사항이 적용한다.

척이 긴급피난 시 어장파괴, 불법어업, 해양오염 유발 등을 야기함으로써 우리 어민들의 호의가 적대감으로 변한 것은 이미 오래전 일이다. 우리 해역을 안마당 드나들 듯이 하면서 불법어로를 일삼는 중국 어선들을 단속하는 것은 시급한 외교적 과제였다.

『2000년 한·중 어업협정』은 양국의 공동 관심사항인 해양생물자원의 보존과 합리적 이용을 도모하고, 해상에서의 정상적인 조업질서를 유지하며, 어업분야에서 상호협력을 강화·증진하기 위한 목적으로 체결되었다. 이로써 1997년 11월 『일·중 어업협정』, 1998년 10월 『한·일 어업협정』에 이어 2000년 8월 마지막으로 『한·중 어업협정』이 타결됨으로써 한반도 주변해역에서의 한·중·일 3국간의 '바다 삼국지'는 일단락되었다. 한·중·일 세 나라 사이에 가장 먼저 시작했던 한·중 어업협정의 체결이 가장 늦었던 이유는 양쯔강 하구수역 조업문제, 상대국 EEZ 상호입어문제, 현행 어업질서 유지수역 범위 등 협상에서 어려움이 있었지만, 근본적으로는 중국의 이른바 '만만디전략'과 한·일 어업협정 과정에서 시련을 겪은 한국의 '신중론'이 겹쳤기 때문이었다. 한국의 일본과 중국과의 어업협정 체결에 대한 입장은 '비용편익 분석'을 고려할 때, 일본과는 가능한 지연 타결이 전략적 목표였다면, 중국과는 가능한 조속한 타결이 전략적 목표였다.

『2000년 한·중 어업협정』(이하 본서에서는 '한·중 어협'으로 표기)에 임하는 우리나라 협상전략은 첫째, 서해와 동중국해에서 1982년 유엔해양법협약에 근거하여 한·중 간 어업질서를 위한 법·제도를 조속히 마련하는 것이었다. 아울러 향후 한·중 간 EEZ 설정 시 중간선을 설정할 수 있는 교두보를 마련하는 것이었다. 둘째, 우리 어민의 어획량 보전을 위하여 한·중 어획량 격차를 최소화하고, 상호 EEZ입어수역에서 등척·등량의 조업조건을 마련하는 것이었다. 셋째, 중국 어선의 불법어로 및 수산자원 고갈 방지를 위해 양국이 엄격히 적용할 불법조업 단속 민·형사 제도를 마련하는 것이었다. 1993년 이후 19차례에 걸친 양국 간 어업협상의 쟁점은 EEZ 수역의 바다경계선을 설정하는 문제로서 중국은 해안선의 길이, 역사적·경제적인 요소를 감안하여 자국의 관할수역 면적을 중간선보다 넓게 설정하자는 입장이었다. 반면 한국은 신해양질서 체제에 부합되는 중간선을 설정하자는 입장으로 팽팽히 맞서왔다. 두 국가 간 협상에서 가장 중요한 점은 협력과 갈등의 '구동존이 求同存異(서로 다른 점은 인정하면서 공동의 이익을 추구한다는 뜻)' 요소가 있다. 흔히 협상문제를 갈등의 차원, 즉 '제로섬 게임 zero sum game'으로만 인식하는 경향이 있으나 협상은 근본적으로 협상을 하지 않았을 때보다 양측 모두에게 더 좋은 결과를 얻기 위해 추구하는 '포지티브섬 게임 positive sum game'이자 협력행위가 될 수 있다.

한·중 어협은 세계 역사상 가장 어려운 기하학적 측량과 수학적 계산이 도입된 협정이었다. 한·일 어협도 그렇지만, 한·중 어협의 실무협상과정에서 몇 차례나 상대방 국가에 최후통첩에 버금가는 외교적 행위도 수차례 있었다. 외교적으로 '최후통첩 ultimatum'이란 국가 간의 우호적인 외교 교섭을 중지하고 최종적인 요구를 내세워 일정 기한 내에 상대국이 그 요구에 불응할 경우에는 어떤 행동을 취하겠다는 뜻을 밝힌 외교행위를 말한다. 협상과정에서 위협이나 최후통첩은 쟁점을 해결하기도 하지만, 쟁점을 더욱 어렵게도 한다. 그래서 위협이나 최후통첩을 하는 측은 최후통첩의 위험의 성패를 정확히 이해하는 것이 중요하다. 어업협상은 정부의 의도에서 벗어나 어민과 정치권, 그리고 언론이 최후통첩의 분위기로 몰아가는 경향이 있기에 어렵다.

힘난한 과정을 거쳐 한·중 어협은 2000년 최종적으로 타결되었다. 한·중 어협은 총 16개의 조항과 두 개의 부속서로 구성되었으며 양국의 협상

전략이 조정된 주요 내용과 쟁점사항은 다음과 같다.[43]

첫째, EEZ 수역 설정의 전 단계로 어업수역을 배타적 경제수역, 잠정조치수역, 과도수역, 현행조업유지수역 등 4개 수역의 개념을 도입했다. 한·중 어협 전에 타결된 『일·중 어업협정』이나 『한·일 어업협정』에서는 양국이 각각 독립적 어업권을 갖는 '배타적 경제수역'과 공동 조업이 가능한 '잠정수역'의 경계선을 설정하는 2개 수역을 도입했다.

▲배타적 경제수역: 한·중 양국은 협정 발효와 함께 서해와 동중국해 일부수역에서 '배타적 경제수역 EEZ'를 설정하기로 했다. 양국의 배타적 경제수역은 중국이 설정한 직선기선의 적법성 문제 등으로 영해기선으로부터 일정한 거리를 기준으로 획정하기 어려웠기 때문에 가상적인 황해 면적 이등분선을 기준으로 양국 연안으로 대등한 면적의 잠정조치수역을 먼저 획정하고 그 이원의 수역을 양국의 배타적 경제수역으로 설정하는 방식이 적용되었다.

▲잠정조치수역: 서해의 한·중 간 중간선을 기준으로 양측의 면적이 비슷한 수준에서 약 8만 3천 ㎢에 달하는 '잠정조치수역'을 설정하였다. 잠정조치수역의 북쪽 한계선은 서해특정금지구역과 접하는 북위 37도선, 남쪽 한계선은 북위 32도 11분으로 하였다. 잠정조치수역의 동쪽과 서쪽 한계는 가상적인 서해면적 이등분선을 기준하여 대등한 면적이 되도록 설정하되, 일반적인 해안선의 형태 및 어장 조건 등이 고려되었다. 잠정조치수역은 잠정적 성격의 공동어업수역으로 체약국인 한·중 쌍방이 함께 어업활동을 할 수 있는 공동어로수역이다. 법적체제는 선적국의 관할권에 종속되며, 제3국에 대해서는 한·중 양국의 EEZ로서 국가관할권이 적용되는 수역이다.

▲과도수역: 과도수역은 한·중 양국의 배타적 경제수역과 잠정조치수역의 중간적 성격을 갖는 완충수역이다. 과도수역은 잠정조치수역 좌우 20

해리의 폭에 해당하며, 그 북쪽 한계선은 북위 35도 30분으로, 남쪽 한계선은 우리 측 북위 32도 11분이다. 공동조업이 가능하지만 발효일부터 4년 후인 2005년 6월 30일부터 연차적으로 감축하여 양국의 배타적 경제수역으로 편입되는 수역이다. 과도수역은 한·일 어협이나 일·중 어협에는 없는 수역이다. 과도수역의 도입은 배타적 경제수역을 최대한 넓게 확보하려는 한국 측 입장과 최소한 좁게 획정하려는 중국 측 입장을 절충한 것이다.

▲현행조업유지수역: 황해북부와 동중국해 일부 수역으로 별도의 협의가 없는 한 당분간 자국의 법령을 현행대로 조업하는 수역이다. 특히 이 협정의 타결로 인해 그동안 양국 사이에 가장 큰 협상 쟁점이었던 동중국해 현행조업유지수역의 범위를 제주 한·일 중간수역보다 남쪽으로 확장한 북위 29도 40분까지 설정함으로써 중국과 일본의 잠정조치수역 이남인 26도와 27도 사이에서도 한국 트롤어선 40척, 통발어선 30척, 낚시류 어선 120척이 조업할 수 있게 되었다. 가서명 당시 양국은 별도의 합의로서 중국이 한국 서해의 특정금지구역을 준수하는 대신, 한국은 양쯔강 하구수역에서 연간 2~3개월간 조업이 금지되는 휴어구 등을 준수하기로 하였다. 그러나 한·중 어업협정 마지막 단계에서 상호규제하기로 한 어업규제의 내용에 대하여 양국 간 이견이 발생하게 되었는데, 이른바 양쯔강 하구수역 조업규제문제였다.

국가 간에 최종적 해양경계획정 이전에 설정되는 중첩수역은 '유보수역 white zone'과 '잠정수역 gray zone'으로 대별될 수 있다.[44]

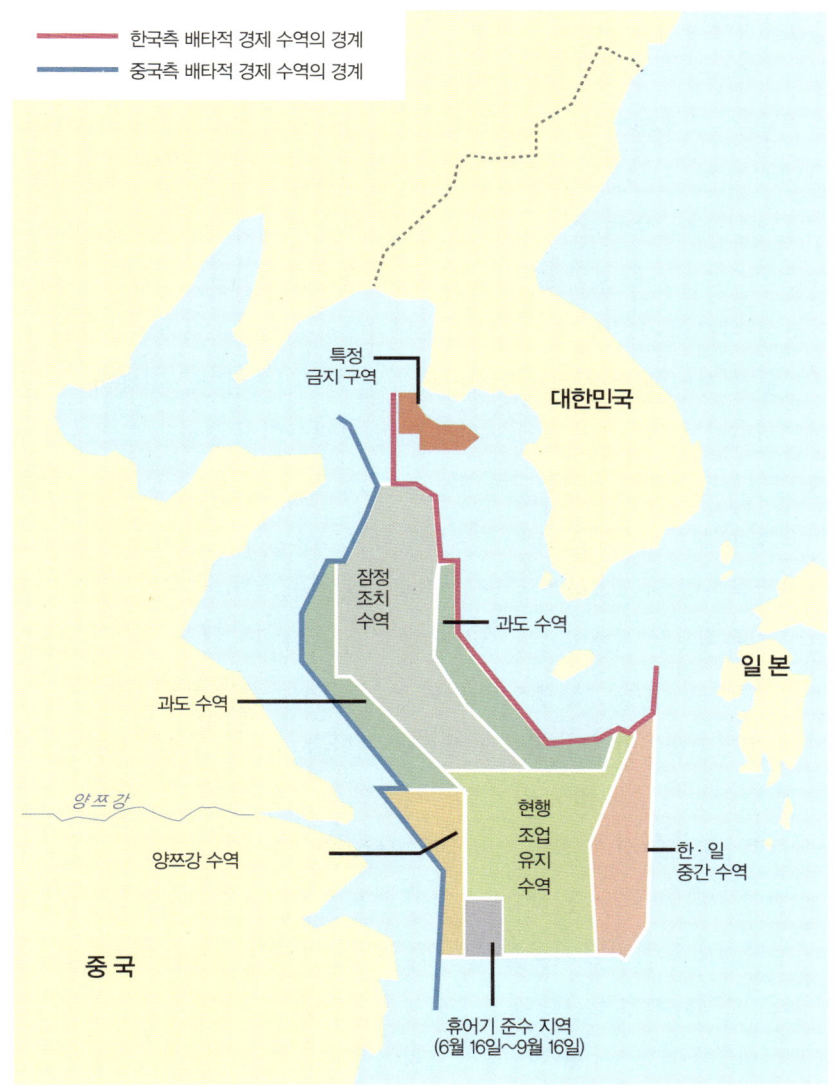

그림 15.5. 2000년 한·중 어업협정 수역도

'유보수역'은 당해수역이 체약당사국 간에는 사실상 공해로 간주되기 때문에 체약국의 모든 어선이 자유로운 어업활동이 허용되는 수역이고, '잠정수역'은 어선에 대한 관할권 행사는 '선적국주의'에 의하여, 그 수역의 어업자원에 대한 공동체적 관리체제가 유지되는 수역이다. 한·중 어업협정에서 동중국해의 현행조업질서 유지수역은 전자에 해당되고, 과도수역과 잠정조치수역은 모두 후자에 속한다고 볼 수 있다.

둘째, 양국의 상대방 EEZ 수역에서의 어업허용 어선수의 제한 및 허용 어획량을 설정했다. EEZ 체제의 정착단계 초기에 상호입어를 허용하는 것은 어업관리와 해역관리체제의 변화로 인한 경제사회적 충격을 완화하기 위한 방편으로 유엔해양법협약에서 인정한 제도이다. 특히 동북아해역과 같이 어업의 상호의존도가 높은 해역일수록 그 중요성은 컸고, 한·중 어협의 핵심쟁점이었다. 그러나 한국과 중국 사이에는 단순한 어획량 기준의 상호입어 허용제도를 시행하기는 어려웠다. 중국 측이 제시한 과거 조업실적의 통계신뢰도가 너무 낮을 뿐만 아니라, 상호입어를 공식 인정할 수 있는 양이 못되었기 때문이었다. 협상 초기 중국은 한국 EEZ에 입어희망 어선척수를 한국 어선의 중국 EEZ 입어 희망척수의 약 6배 정도를 요구하였다. 중국이 본서에서 앞서 언급한 '소비에트 협상스타일'의 전략을 사용한 사례이다. 협상 결과 한국과 중국의 상호입어 허용방식은 어선 척수 기준으로 하되, 부가적으로 어획량 기준을 병용하도록 하였다. 아울러 그 비율은 3:5의 비율로 시작하여 일정기간 경과 후에는 동등수준이 되게 하는 방안을 택하였다. 『한·중 어협』 시행 첫해의 상호입어 쿼터는 한국 어선의 중국 EEZ 입어는 1,402척에 어획량 90,000톤 이었고, 중국 어선의 한국 측 EEZ 입어는 2,709척에 어획량 164,400톤 이었다. 2005년 1월 1일부터는 상호입어 수준을 어선 2,000척 기준, 등척·등량으로 하였다.

셋째, 중국 양쯔강 하구와 한국 북방한계선의 어업금지수역문제를 상호 존중하기로 하였다. 한·중 어협 제9조는 잠정조치수역 이북의 일부수역과 과도수역 및 잠정조치수역 이남의 일부수역에서 '별도의 합의'가 없는 한 연안국의 법령을 타국의 어선 및 국민에 적용하지 아니한다고 규정하고 있다. 문제는 '별도의 합의'로서 한·중 양국은 가서명 당시 잠정조치수역 이북의 한국 측 일부 수역과 중국 측 과도수역 이남의 일부 수역에서는 각각 연안국이 시행중인 법령을 존중할 것에 합의하고, 양해각서를 교환하였다. 어업협정 가서명 이전 교섭 시 한국 측은 '북방한계선 Northern Limits Line, NLL'과 관련하여 서해 5도 인근해역에 설정된 특정금지구역을 중국이 존중하여 줄 것을 요구하였으나, 중국은 북한과의 관계를 고려하여 인정할 수 없다는 입장을 고수하였다. 협상 결과 양해각서에서 중국 측은 북한과의 관계를 고려하여 특정금지수역 관련법령을 명시적으로 기재하지 않는 선에서 한국 측의 특정금지구역을 존중하는 대신, 한국 측에 중국의 양쯔강 하구 수역에서 '현재 시행하고 있는 어업에 관한 법령'을 존중하는 것으로 타결됐다.

그러나 이른바 '양쯔강 하구수역 조업금지문제'가 발생했다. 이 문제는 한·중 어협 가서명 이후인 1999년 3월 중국이 어족자원 보호를 이유로 양쯔강 하구에 조업금지수역을 설정하고, 이를 한국 측에 준수해 줄 것을 요구한 데서 비롯됐다. 당초 중국 측이 현재 시행되고 있는 어업에 관한 법령이란 '1975년도 일·중 어업협정상의 휴어구제도'였는데, 가서명 이후 제도를 바꾸고, 그 바뀐 제도를 한국 측에 존중해 달라는 것이었다. 이것은 국제관행상 무리한 요구였다. 관계법령이 개정 중인 사실을 인지하지 못했던 중국 측 어업협상 실무진의 실책은 한·일 어협에서 발생한 한국 측의 쌍끌이 파동과 유사했다. 아울러 중국 측은 양쯔강 하구가 중국 측 잠수함 항로 및 해군항로로서의 중요성 때문에 한국 측 특정금지수역과 유사한 성격이라는 점을 문제제기했다. 그 이후 양측은 협상이 지연되었다. 98년 한·중 어협이 가서명된 이후 지연의 결과는 중국 수역에서의 한국 어선 어획량보다 한국 수역에서의 중국 어획량이 훨씬 많은 상태에서 한국 측 피해만 늘어날 뿐이었다. 중국의 최후통첩을 가미한 '만만디 전략'이 가동되기 시작한 것이다. 지연효과는 매년 한국 측에 3천여억 원의 피해가 발생될 것으로 당시 한국해양수산개발원은 추정 발표하였다. 양해문서 문안에 대한 이견의 원인이 중국 측에 있었지만, 이를 파기하는 것이 한국 측에 유리할 것인가에 대한 한국 측 고민은 적지 않았다. 결국 한국은 전체적인 어업실리와 안보이익 등을 고려하여 합리적이고 실용적인 해결방안을 모색하게 되었다. 교섭 결과 어업협정 발효 이후 2년간은 한국 어선이 양쯔강 하구 수역에서 계속 조업하되, 그 이후에는 일단 잠정적으로 철수하고 향후 양쯔강 수역의 수산자원이 회복될 경우, 재입어하는 것으로 일단락되었다.

넷째, 이어도 문제는 한국 측 과도수역 면적 확장과 연결하여 고려하였다. 이어도는 제주도 남쪽의 마라도에서 서남방으로 149㎞, 중국의 퉁타오 童島로부터 북동쪽으로 247㎞, 일본의 도리시마 鳥島에서 서쪽으로 276㎞에 위치한 수중 암초다. 국제법상 섬이 아니라 그 자체로서 영해를 가질 수도 없고, EEZ 및 대륙붕의 기점이 될 수 없다. 이어도는 제주도로부터 200해리 이내에 위치하고 있어 한국의 EEZ 권원 내에 있다.

중국이나 일본으로부터도 200해리 이내에 있어 중국의 권원도 이어도 주변에 미칠 수는 있다. 그러나 이어도는 한·중 간 가상 중간선을 그을 경우, 두 나라브다 한국에 더 가깝게 위치하고 있으므로 경계획정 이전에도 그 주변수역은 한국의 EEZ라 할 수 있다.

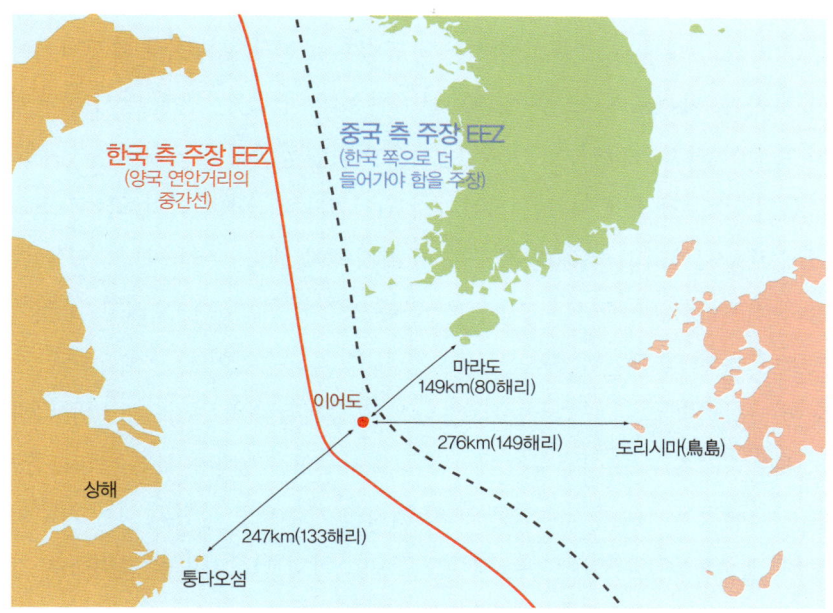

그림 15.6. 한국과 가장 가까운 이어도의 지리적 위치

　이어도가 위치한 제주도 남부수역은 한·중 어업협정상 잠정조치수역 및 과도수역 이남에 위치한 '현행어업질서유지수역'이며, 이 수역에서는 한중 양국의 어선이 현행과 같이 어업활동을 할 수 있다. 그렇다고 해서 이 수역이 완전 공해는 아니다. 『98 한·일 어협』에서는 제주도 남부 중간수역을 기준으로 한국 측 협정수역은 한국의 EEZ로 간주되기 때문에 중간수역의 서쪽에 위치한 이어도는 한국의 EEZ 수역으로 간주되는 수역 내에 있다.* 제주도 남부 동중국해 수역 전체는 앞으로 한·중 간 또는 한·중·일 간 EEZ

---

* 한·일 어협 부속서 II의 제1항

경계선이 획정돼야 할 수역이며, 이러한 과정에서 이어도는 한국 연안으로부터 가깝기 때문에 그 주변 수역은 궁극적으로 한국의 EEZ로 획정되어야 할 것이다. 이어도 과학기지(2003년 6월 14일 건설)는 건설 당시 국제법상 쟁점이 되지 않았다. 2000년 한·중 어업협정에서 과도수역은 제주도로부터 약 70해리에 이르는 지점까지 되어 있는데, 만일 이어도를 과도수역에 포함시키려면 15해리 정도를 더 확장해야 했다. 우리 과도수역을 확장하려고 할 경우, 중국도 그만큼 한국 측으로 더 확장해 나오려고 할 것이기 때문에 합의가 어렵게 됨은 물론, 중국 측 과도수역이 한국 측으로 확장되어 가상 경계선에 근접하는 것은 앞으로 경계획정을 위해서도 바람직하지 못했다.[45] 일·중 어업협정에서 잠정조치수역은 연안에서 52해리, 한·일 어업협정에서의 중간수역은 약 35해리를 기준으로 설정된 점에 비추어 보면, 제주도 주변수역에서는 제주도 주변수역의 어장가치를 고려하여 가능한 우리의 EEZ를 특별히 넓게 확보하도록 노력하였다. 교섭 당시 중국은 우리나라의 과도수역이 지나치게 크다고 반발하였던 점에 비추어, 만약 우리가 더 넓은 과도수역을 주장할 경우 협상은 장기간 교착상태에 빠졌을 것이다.

다섯째, 한·중 양국은 어업협정이 유효하게 집행될 수 있도록 양국의 법령 준수의무 및 관련 법령의 투명성 명시, 어업자원보존 협력, 조업질서유지 및 행사사고 처리, 어업공동위원회 설치 등 구체적이고 실효적 제도를 담았다. 한·중 양국은 어업에 관한 주권을 행사하는 배타적 경제수역에서 외국어선의 어종·어획량·조업조건 등을 제한하며, 이를 위반했을 때는 연안국이 처벌과 재판 관할권을 행사할 수 있도록 하였다. 즉 배타적 경제수역 협정수역은 연안국이, 잠정조치수역과 과도수역은 어업공동위원회가, 현행조업유지수역은 양국 정부 간 별도의 합의로 관리되는 질서가 구축되었다. 이를 위해 한중 양국은 한중어업공동위원회를 설치하였고, 협정의 유효기간은 5년이며 이후에도 일방 당사자가 1년 전에 사전 서면통보를 하기 전까지 그 유효성은 지속된다.

그 후 한·중 어업협정의 체결로 인해 한국 정부는 서해 관리해역을 설정하고 어종별 및 연차별 쿼터를 설정하여 자원의 보존 및 관리가 가능하게 되었고, 어선규모 및 척수를 제한하여 어획노력을 규제할 수 있게 되었다. 상대방 EEZ 수역에서의 한국 대 중국의 조업 어선수를 1 대 6에서 3 대 5 수준으로 조정하였다. 단순 인구 비교만 해도 중국이 한국의 20배인 점을 감안할 때 비율산정의 합의는 쉽지 않은 문제였다. 또한 불법조업을 단속하고 어업분쟁의 평화적 해결이 가능하게 되었다. 한·중 양국 간의 현실적인 배타적 경제수역 범위를 확인하는 유일한 장치이기 때문에 한·중 양국의 어업협력 및 새로운 국제어업 질서를 구축하는 데 있어서 중요한 역할을 하였다. 한·중 어업협정은 어업에 관한 쌍방 체약국의 이해관계를 조정하여 합의한 것으로 어업 이외의 국제법적 문제들이 도서영유권, 해양경계 획정, 대륙붕 개발, 해양과학조사활동, 해양환경 보전과 같은 문제에는 영향을 미칠 수 없도록 규정하고 있다.

『2000년 한·중 어업협정』은 서해와 동중국해에서 한국 정부가 어업은 물론 해양력 강화를 위해 해야 할 일이 구체화됐다는 것을 의미한다. 한·중 어협 체결 직후 수립된 해양수산부의 관련 전략이다. 첫째, 정부는 새로운 한 중 어업협정에 따라 어업별 어종별로 어장구역을 재배치한다. 어민들이 어업편익을 향유할 수 있도록 수산업 관련 제도를 전면 재정비하고, 어장에 관한 정보를 신속히 제공한다. 우리 측의 감척사업 추진과 동시에 중국 측의 감척사업을 철저히 모니터한다. 둘째, 우리의 바다를 지키고 관리하기 위한 해양력을 증강시킨다. 중국 어선의 불법조업에 대한 단속을 강화하기 위해 해양수산부와 해양경찰청의 어업지도선 및 경비정을 대폭 보강하고 해양주권수호를 위해 해군과 연계한 해양경비를 철통같이 한다. 셋째, 수산자원의 통합관리를 한·중 양국이 공동으로 계획하고 추진한다. 서해바다가 세계 7대 죽어가는 바다가 되고, 어족의 요람에서 어족의 무덤으로 변해가고 있다는 점에서 육상기인 오염에 대한 철저한 대응책을 마련한다. 넷째, 한 중 어업협정으로 한·중 관계가 '선린우호협력 관계'를 넘어 '협력 동반자 관계'로 한 단계 성숙되도록 한다. 어업분야에서 진정한 협력 동반자 관계란 양국이 공유하는 수역에서 수산자원의 지속가능한 생산력 수준을 협동하여 만드는 것이다.

8. 《태평양 심해저광구 확보책략》

태평양 한복판 심해저에 대한민국 광구가 있다. 우리나라는 하와이 동남방에서 1천 7백여 km 떨어진 태평양의 클라리온·클리퍼턴 Clarion-Clipperton(약칭 'C-C해역') 해역에 남한 면적의 4분의 3 크기인 7만 5천 km²의 단독광구를 갖고 있다. 육지가 아니고 수심 4천~5천 미터의 깊은 바다 해저이긴 하지만, 유엔이 허가한 우리나라의 배타적 탐사 및 개발권을 주장할 수 있는 광구이다. 1994년 유엔에 등록된 이 광구는 망간단괴 등 심해저 자원 개발에 관해서는 경제영토에 준하는 권리를 주장할 수 있다. 이는 고구려 광개토대왕 이후 1300년 동안 영토의 분열과 축소과정을 겪고 있는 우리 한민족에게 오랜 숙원인 영토 확장에 준하는 '경제영토의 확장'이며 민족적 자긍심을 드높인 역사적 사건이었다.[46] 무엇보다도 심해저에 매장된 무진장한 '다금속 망간단괴 polymetallic nodules' 광물 자원의 보고를 확보했다는 점에서 경제적 의미가 크다.

　수심 4천 m 내지 5천 m의 심해저 광구에는 망간, 코발트, 니켈, 구리 등 40여 종의 희소금속이 다량 함유된 감자 모양의 망간단괴가 부존되어 있다. '바다의 노다지'라고도 불리는 심해저 망간단괴에 함유된 전략금속은 철강사업, 자동차 및 전자산업, 정보통신 등 군수산업 등에 필수적이다. 망간단괴에 함유된 희소금속은 정치상황이 불안정한 아프리카 일부국가들에 부존되어 있고, 육상자원 부존량이 고갈되고 있어 심해저 망간단괴는 주목의 대상이었다.

　심해저 망간단괴 자원의 중요성을 처음 세계에 알린 것은 1965년 해양학자 존 메로 John L. Mero다. 이 엄청난 무주물에 대해 몰타 Malta의 아르비드 파르도 Arvid Pardo(1914~1999)대사는 '심해저는 인류공동의 유산 Common Heritage of Mankind 이어야 하며, 유엔해양법체제의 필요성을 제기'하면서 1973년부터 제3차 유엔해양법 회의의 핵심논쟁이 되었다. 1973년 이후 무려 10년간 심해저자원을 포함한 '새로운 바다헌장' 마련을 위해 서방선진국과 개도국 중심의 '77그룹' 간에 치열한 논쟁과 협상이 있었다. 서방선진국들은 이미 60년대부터 심해저 자원의 중요성을 인식하고 탐사활동과 투자를 진행해 왔기 때문에 기득권을 보호하는 '조부조항 祖父 Grandfather Clause' 체제를 구축하려고 했다. 반면, 77그룹을 중심으로 한 개도국들은 몰타의 파르도 대사가 제창한 '심해저는 인류공동의 유산원칙'을 지지했다. 개도국들은 심해저자원에 대해 일부 선진국들의 제국주의식 독과점체제를 반대했고, 대신 유엔에 의한 공영개발방식을 주장하였다. 유엔해양법협약 타결이 지연된 핵심 이유는 바로 심해저 자원 탐사·개발을 위한 체제문제였다. 이처럼 국가나 그룹 간의 치열한 논쟁 속에 난망했던 해양법 협약은 10년 협상의 막판 이해 조정으로 타결되었다.

심해저를 '인류 공동의 유산'으로 하여 유엔 공영개발 방식을 원칙으로 하되, 심해저 탐사 활동을 수행한 국가나 기업의 기득권을 인정하는 차원에서 '조부조항 祖父 Grandfather Clause'인 선행투자가 Pioneer Investor 보호제도를 담은 『결의 II, 다금속단괴에 대한 선행투자활동 시 선행투자에 대한 규칙』(이하 본서에서는 '결의 II'로 표기함)을 채택하였다. 이로써 320개 조항의 본 협약, 9개 부속서, 2개 결의로 구성된 방대한 '바다헌장'이 채택되었다. 그러나 결의 II에 명시된 개발도상국 선행투자가인 중국이나 인도에 비해서도 탐사활동이나 투자실적이 전무했던 우리나라는 바다헌장이 협상이 서명되는 순간까지도 정부는 심해저개발사업에 공식적 관심을 표명하지도 않았다. 국책연구기관도 심해저탐사 경험이 없었고, 심해저자원 탐사·개발인력과 장비, 대양을 탐사할 해양조사선조차 없었다. 대한민국이 심해저개발사업에 도전한다는 것은 어쩌면 무모한 몽상이었다.

80년대 초·중반 유엔해양법협약이 타결되는 과정에서 우리나라의 유엔해양법 제도상 법적 지위는 개발도상국이었다.* 우리나라가 개발도상국 선행투자가가 되기 위해서는 1985년 1월 1일까지 미화 3천만 달러의 투자와 상업적 가치가 있는 유망광구를 탐사해야 했다. 후발 참여 희망국가들에게는 시간·돈·기술 모두가 커다란 제약조건이었다. 투자할 돈도, 시간도, 기술도, 탐사경험도 없었다. 정부의 정책도 없었다. 그래도 불과 몇 명의 해양 책략가들은 기회를 놓칠 수 없었다. 비록 후발 참여자이지만, 한국의 심해저 개발사업 도전은 여러 가지 기대효과를 가져올 수 있었기 때문이다. 그들은 정부에 심해저사업의 필요성을 다음처럼 제안했다. ▲육상광물자원이 부족하고, 전략금속인 망간, 니켈, 코발트 등을 전량 수입에 의한 나라로

---

* 우리나라가 선진국 진입의 관문격인 '경제협력개발기구 OECD'에 가입한 것은 1996년 12월 12일이다.

서 성공할 경우 수입대체 효과가 막대하다. ▲수심 5백 미터의 한반도 연근해 탐사 기술수준을 수심 5천 미터의 심해와 대양탐사기술로 도약시킬 수 있다. ▲심해저 광업 개발 장비인 선박과 해양구조물 장비 개발 시 세계 최고 수준에 있는 우리 조선업은 새로운 시장 확보와 기술선점효과를 누릴 수 있다. ▲그리고 현재 세계열강들의 독과점 경쟁시장인 심해저 개발에 우리가 참여함으로써 향후 세계 해양질서를 둘러싼 주도권 다툼에서도 유리한 외교적 위치에 설 수 있다.

그러한 상황에서 우리나라가 심해저개발사업에 도전하기 위한 전략을 수립하고 여러 대안 중에서 최선의 선택을 마련하기 위해 치밀한 논리와 대담한 접근이 요구되었다. 무엇보다도 심해저자원개발에 관련된 유엔체제는 큰 얼개만 형성되었지, 아직도 제도적으로 추진하기에는 미확정되고 불확실한 내용이 적지 않았다. 바로 그러한 미확정과 불확실성이 우리나라 정부가 전략적 결정을 해야 할 때 언제나 걸림돌이었지만, 기회이기도 했다.

유엔해양법이 타결된 시점에 채택된 '결의 II'는 그동안 심해저 탐사 및 개발활동을 한 국가나 기업에 기득권을 보호하는 '조부조항 祖父 Grandfather Clause'체제이자, 일종의 특혜조항이었다. 유엔해양법회의 최종의정서 부속서 중 결의 II에서 규정한 '선행투자가 pioneer investor'란 망간단괴의 탐사활동 및 체계적 분석, 기술적 및 경제적 타당성에 관련된 투자, 연구조사 및 기술개발활동을 한 국가나 법인으로 선진국의 경우 1983년 1월 1일 이전까지 미화 3천만 달러를 투자하고, 그 중 10%를 상업적 가치를 보유한 신청광구에 관련된 조사자료 확보에 투자해야 했다.* 투자시한은 선진국과 선진국 컨소시엄들은 1983년 1월 1일이고, 개발도상국은 1985년 1월 1일

---

* 3차 유엔해양법회의 『최종의정서 부속서 결의 II 제1항(a)』, 1982.

까지로 정했다. 선행투자가의 면적은 최대 15만 km²이며, 8년 이내에 이중 50%는 유엔에 반납해야 했다.* 선행투자가의 신청광구는 하나로 접속된 지역일 필요는 없으나, 2개의 광업활동이 가능할 만큼 충분히 넓고 충분한 상업적 가치가 추정되는 지역이어야 했다.**

선행투자가가 최종적으로 7.5만 km²의 광구를 확보하려면, 제1단계에서 등가치의 15만 km² 광구 두 개를 제출하고 그 중 하나의 광구를 유엔에서 할당받으면, 8년 이내에 다시 7.5만 km²의 광구를 유엔에 포기해야 한다. 쉽게 말하면 선행투자가 광구 신청 시 상업적 가치가 있는 30만 km²의 광구를 확보해야 최종적으로 7.5만 km²의 광구를 확보할 수 있다. 그 광구도 문헌조사가 아니라, 실제로 해역에서 탐사활동을 하고, 탐사자료를 확보해야 했다. 상업적 가치가 있는 30만 km²를 확보하려면 100만 km² 이상의 면적에 대한 탐사활동을 해야 한다는 의미다.

망간단괴자원이 가장 고밀도로 부존된 곳으로 알려진 클라리온·클리퍼턴 C-C해역의 총 면적은 약 350만 km²이며, 이중 40%인 125만 km² 만이 상업적 개발에 유망한 지역으로 분석되고 있었다. 일본은 이 망간단괴 부존 노른자위 지역을 '망간 긴좌 銀座'로 부르고 있다. 산술적으로는 광구 당 가채매장량 7,500만 톤(매년 250만 톤씩 30년 생산)의 광구 27개를 개발할 수 있는 지역이다. 인도양에 광구를 희망한 인도를 제외한 나머지 선행투자가들이 과거 탐사자료의 풍부함이나 향후 상업생산의 지리적 위치를 고려할 때 C-C해역으로 몰리는 것은 당연했다. 더욱이 설사 3천만 달러 이상을 투자하여 상업적 가치가 있는 유망광구를 찾더라도 선행투자가들이 유엔해양법에 따라 15만 km² 크기의 광구 2개씩(자국용 1 + 유엔 개발청

---

* 제3차 유엔해양법회의『최종의정서 부속서 결의 II 제1항(e)』, 1982.
** 제3차 유엔해양법회의『최종의정서 부속서 결의 II 제3항』, 1982.

Enterprise 용 1)을 선정한다면 광구중복 문제가 나올 수도 있는 위험한 상황이었다. 심해저 탐사 후발자인 우리나라에게 '선행탐사가 기득권 보호조항'이 결코 유리하지만은 않았다.

유엔해양법협약과 '결의 II'에 따라 우리나라가 검토할 수 있는 심해저개발 사업 참여 방안은 세 가지였다. 첫째 방안, 결의 II에 따른 개발도상국 선행투자가로 단독광구 확보, 둘째 방안, 다른 서방선진국 선행투자가들과 컨소시엄 참여로 일정지분의 광업권 확보, 셋째 방안, 향후 구성될 유엔 심해저개발청 Enterprise에 참여 등이다.

(1) 선행투자가 Pioneer Investor로 단독광구 확보방안

첫째 방안은 '결의 II'에서 정한 개발도상국 선행투자가로 단독광구를 확보하는 전략이다. 이 방안은 ① 법률적 투자시한 연장, ② 투자재원 확보, ③ 유망광구 확보 및 중복광구 해소라는 세 가지 문제를 풀어야 했다.

① 법률적 투자시한 연장문제

당초 '결의 II'에서 정한 개발도상국의 투자시한 1985년 1월 1일이 적용됐다면, 한국의 도전은 사실상 불가능한 일이었다. 그러나 '국제해저기구 및 해양법재판소 설립 준비위원회 PrepCom'는 『심해저광업규칙 Mining Code』를 제정하는 과정에서 틈새가 있었다. PrepCom에서는 유엔해양법협약의 실효적 가동을 위하여 미국·영국의 유엔해양법협약 비준을 촉구하는 한편, 광구중복 문제와 개발도상국 투자시한 연장문제를 협상하였다. 이 틈새에서 선행투자가가 되려는 인도, 중국, 한국 등 개도국들은 끈질기게 선행투자가의 시한연장을 요구하였다. 결국 선행투자가 간의 중복광구문제를 다룬 『1986 아루샤 양해 Arusha Understanding』와 선행투자가들의 등록

절차와 일정을 다룬 『1987 뉴욕양해』(UN Doc./LOS/PCN/L.41/Lev.1)가 준비위 PrepCom에서 채택되었다. 『1987 뉴욕양해』 제20항에서는 "개발도상국의 투자시한을 당초 1985년 1월 1일까지에서 유엔해양법협약 발효 전까지"로 수정 합의하였다. 미국과 영국 등은 유엔해양법협약 비준을 미룬 채 시간을 끌었고(현재까지도 비준 안 함), 선진국들은 광구등록비 등 재정적 조건과 관련한 『심해저광업규칙』에서 보다 유리한 조건을 관철하면서 개도국들의 시한연장과 협상을 거래한 것이다. 심해저광업에 관한 유엔체제는 1973년 이후 10년간 제3차 유엔해양법회의 내내 뜨거운 감자였으며, 1982년 해양법협약이 타결되고 7년이 경과한 1989년 중순에야 심해저광업 규칙을 마무리했다.

한국은 제3차 유엔해양법회의 당시 개발도상국 그룹에 속했고, 개발도상국의 선행투자가 조건 충족기한이 유엔해양법협약 발효 전까지라는 불확실한 기한이지만, 우리나라가 심해저광구 확보를 위한 가장 큰 걸림돌인 투자시한문제가 풀린 것이다. 선행투자가 시한연장은 법적 기한의 연장과 동시에 우리나라가 선행투자가의 제반 요건을 충족할 수 있는 금쪽같은 시간을 번 것이다. 당시 유엔해양법의 발효 시점은 불확실하였지만 전문가들은 적어도 10년 이상 소요될 것으로 전망했고, 실제로 10년 뒤인 1994년 11월 16일에 발효되었다. 한국은 개발도상국 선행투자가가 되기 위한 투자시간을 벌면서 선행투자가 방안은 한국의 옵션이 될 수 있었다.

② 투자재원 확보문제

다음 쟁점은 선행투자활동과 관련한 투자재원 문제였다. 선행투자가의 투자시한이 연장되면서, 선행투자가 탐사활동 시한도 자연 연장되었다. 선행투자가로 인정받기 위해서는 유엔에서 정한 마감 기한 내에 탐사장비 확보 및 실해역 탐사에 3천만 달러를 투자해야 하는데 당시로서는 큰 금액이었고 재원확보도 쉽지 않았다. 최종광구 면적 7.5만 km²의 네 배에 해당하는 30만 km²의 상업적 가치가 있는 광구를 찾아내는 것은 고난도의 탐사기술과 막대한 투자를 요구했다. 한국해양연구원 조사선 건조 전략은 투자재원 마련의 급소이자 묘수였다. 당시 한국해양연구원 KORDI는 대양탐사능력을 갖춘 종합해양조사선이 절실히 필요했던 상황이었다. 우리나라로서는 차제에 종합해양조사선도 건조하고 단시간에 큰 투자를 선행투자비로 충당한다면 일석이조의 투자전략이었다. 우리나라 정부 내에서도 조사선 건조 투자가 선행투자활동에 포함되는지에 대한 해석을 놓고 논쟁이 있었고, 그에 대한 답을 얻기 위해 유엔해양법 사무국에 정부공식 질의서를 보냈다. 유엔해양법 사무국은 조사선 건조 투자도 선행투자 활동에 당연히 포함된다는 법률적 유권해석을 보내왔다.

 한국해양연구원은 일본의 ODA 차관 2천 3백만 달러를 투자해 우리나라 최초의 해양조사선 '온누리호'를 건조하였다. 온누리호 건조는 선행투자가가 되기 위한 3천만 달러 투자의 70% 이상을 충족하는 중요한 역할을 하였다. 그러나 당시 정부에서 이러한 해양조사선 투자의 긴급성과 필요성에 대한 인식 결여로 정부재정 투자 대신 일본의 ODA 차관을 빌렸다는 점은 부끄러운 역사이다. 사실 정부예산이 아닌 일본차관으로 조사선을 건조하려던 그 시기는 선행투자가 조건 충족의 핵심인 '우리 해양조사선에 의한 실해역 탐사와 상업적 가치가 있는 광구 확보' 시한이 촛농처럼 소진되던 때였기에 우리나라 심해저광구확보 사업단과 관계자들은 애간장이 탈 수밖에 없었다. 그 후 일본은 차관지원은 물론 일본 조선소에서의 건조계획에 지연작전을 벌였다. 일본으로서는 사실 내키지 않는 심해저 탐사용 해양조사선 건조 차관이었고, 바다전쟁에서 종합해양조사선이 어떤 역할을 할지 너무도 잘 알았기 때문이었다. 우리나라가 선행투자가가 되지 못하도록, 등록시한 종료 호루라기를 불기 직전까지 이런저런 핑계로 건조 자체를 무기한 지연 또는 무산전술을 구사했다. 우리나라 주관기관인 한국해양연구원은 결국 일본 측에 차관조건의 지연과 조건 불이행을 정식으로 항의한 후 노르웨이 조선업체로 방향을 선회하였고 어렵사리 '온누리호' 조사선 건조를 마칠 수 있었다.

③ 유망광구 확보 및 중복광구 해소문제

사실상 가장 중요한 문제는 미화 3천만 달러 투자와 그 중 10%인 3백만 달러 이상의 탐사활동을 통해 상업적 유망광구 30만 ㎢를 확보하는 것이었다. 우리나라는 탐사선 건조를 진행하는 한편, 다른 나라의 해양조사선을 임차하여 우리 광구 확보를 위한 탐사 자료의 분석, 각종 신청 자료의 작성 등 제반 작업을 본격적으로 진행하였다. 하와이대학이 보유하고 있는 탐사선 Kana Keoki호를 비롯 영국의 글로리아 Gloria호 등을 여러 차례 임차하여 직접 심해저 조사와 망간단괴 샘플 채취 등의 작업도 착착 진행시켜 나갔다. 1980년대 말부터는 우리 종합해양조사선 온누리호에 의한 본격적 탐사활동으로 귀중한 광구신청 자료를 확보하였다. 그리고 최후의 남은 과제는 선행투자가 간 광구중복을 해결하는 문제였다. 심해저 탐사의 역사가 거의 전무했던 우리로서는 수십 년 동안 노하우를 쌓아온 선진 해양국들의 협조와 도움이 그 어느 때보다도 절실했다. 심해저 사업을 추진하면서 유엔 해양법 사무극, 미국계 4개 컨소시엄을 비롯하여 프랑스, 중국, 일본, 러시아 등과 교분을 돈독히 쌓는 일에 무척 많은 노력을 기울였다. 때로는 '국제해저기구 및 해양법재판소 설립 준비위원회 PrepCom' 유엔회의에서 끈기 있게 접촉했고, 때로는 전문가 간의 국제회의를 통해서, Win-Win하는 과정이 있었다. 정말 다행이었던 것은 '국제해저기구 및 해양법재판소 설립 준비위원회 PrepCom' 유엔회의 우리 대표단의 구성이 외교부와 동력자원부, 그리고 한국해양연구원의 최정예 멤버들이었던 점이다. 이들은 국제회의나 국내 부처 간 회의에서 고비마다 전략 선택을 위해 치열하게 논쟁했고, 아울러 그 덕에 후발주자인 우리나라는 심해저사업에 대한 노하우를 축적할 수 있었다. 더욱이 우리대표단이 장기적으로 큰 변화 없이 꾸준히 활동할 수 있었던 덕분에 유엔해양법 사무국이나 선행투자 예상국가 대표단들과 긴밀하게 협력할 수 있었던 점은 매우 중요한 교훈이다. 결과적으로 이들의 노력으로 등록신청 마지막 단계에서 가장 힘들었던 중복광구문제를 해결했고, 유엔에 등록 신청서를 작성하고 제출했다.[47]

이처럼 첫째 방안은 확정된 절차와 준비된 광구자료에 입각한 것이 아니라, 투자시한·투자재원·유망광구 확보 및 중복광구 해소 등 모든 면에서 위험과 불확실성이 큰 방안이었다. 예정된 '고위험·고수익' 방안이었지만, 속도전에 강한 한국만이 할 수 있는 전략이었다. 어떤 위대한 일이 성사되기 위해서는 표면에 나타나지 않은 이면의 땀과 투혼이 있기 마련이다. '국제해저기구 및 해양법재판소 설립 준비위원회 PrepCom'에 참가하면서 선행투자가 투자시한을 유엔해양법 발효 때까지로 연장하고 선행투자가에 관한 법적 자문을 위해 유엔해양법 사무국과 긴밀한 관계를 유지했던 함명철 대사, 최정일 대사, 김두영 국제해양법재판소 사무차장과 백진현 박사(훗날 ITLOS 재판관 선임) 등 외무부 엘리트 공무원들의 치열하고 끈질긴 외교협상 노력, 심해저사업을 국책사업으로 이끌고 선행투자비 3천만 달러와 탐사활동에 투자하도록 결정한 과학기술처 홍재희 국장, 동력자원부 한준호 국장(훗날 중소기업특별위원회 위원장)의 정책적 결단, 무엇보다도 이 사업을 처음부터 끝까지 기획하고 투자재원을 마련하고, PrepCom에 참가하여 대내외 활동을 추진한 한국해양연구원의 필자인 홍승용 박사를 비롯한 전략팀들과 태양이 작열하는 망망대해의 태평양 바다에서 유망광구를 찾아낸 강정극 박사를 포함한 탐사팀들이 합동해서 이뤄낸 방안이었다.

(2) 다른 서방선진국 선행투자가들과 컨소시엄 참여방안

둘째 방안은 다른 서방 선진국 선행투자가들인 프랑스, 일본, 독일 등과 컨소시엄을 구성하여 일정 지분의 광업권을 확보하는 전략이다. 투자규모가 적고, 상업적 가치에 대한 위험분담을 저감하는 전형적인 '저위험·저수익' 방안이 될 수 있다. 선행투자가 단독광구 대신 서방선진국 기업으로 구성된 4대 국제기업 컨소시엄인 'OMA, OMCO, Kennecott, OMI'와 동구권 기업 컨소시엄인 'IOM'에 광구개발에 지분참여가 가능하겠지만, 후발참여자로서 어려운 비즈니스 협상이다. 물론 유망광구 확보라는 측면과 기술보유국과의 합작, 투자비 축소라는 측면에서 위험부담이 훨씬 적다. 그러나 1개 광구의 사업규모가 연 3백 만 톤 생산의 경제규모임을 감안할 때, 선행투자가의 독자광구보다 수익성에서 미흡하다. 컨소시엄 방안은 조선업이 강하고, 철강 산업이 강한 우리나라로서는 산업파급효과에 대한 기대가 작지 않지만, 컨소시엄 지분에 투자할 기업을 찾기가 쉽지 않았다. 동구권 기업 컨소시엄인 IOM을 제외하곤 둘째 방안을 적극적으로 추진한 서방국가나 기업은 없었다.

(3) 유엔 심해저개발청 Enterprise에 참여방안

셋째 방안은 향후 설립될 유엔의 '심해저개발청 Enterprise'에 일정 지분을 투자하여 참여하는 전략으로 둘째 방안과 유사한 '저위험·저수익' 방안이다. 물론 선행투자가들이 유엔에 상업적 가치가 있는 광구 2개 중 하나를 제출함으로써 유망광구를 찾는 노력이나, 다른 투자가들의 광구중복을 피하는 노력이 필요 없는 장점이 있다. 아울러 선행투자가와 합작을 할 수 있기 때문에 기술이전에도 장점이 있다. 그러나 선행투자가라면, 한국의 지분은 클 수 있지만, 선행투자가가 아닌 경우, 심해저 개발청에서의 역할과 지분은 제한적이 될 수 밖에 없다. 더욱이 심해저자원을 '인류공동의 유산'으로 인식하고 있고 사회주의적 공영개발체제를 담은 유엔해양법협약 내용을 고려한다면, 특정국가의 편익을 도모하기가 쉽지 않다. 물론 선행투자가인 우리나라는 훗날 셋째 방안 추진이 가능하다.

각각의 방안에는 장·단점이 있었지만 향후의 장기 독립적 운영, 경제성을 고려한 경제규모, 전략금속자원의 안정적 확보, 상업시점의 불확실성, 심해저광업 통합시스템 구축, 국가위상 등을 감안하여 한국 정부는 1988년 경제장관회의와 국무회의를 거쳐《개발도상국 선행 투자가로서의 지위를 확보하는 방안》을 결정하였다. 불확실한 국제법적 요건, 막대한 소요예산, 심해저 전문가 부족, 변변한 해양과학 조사선 하나 없었던 열악한 조건에서 시한에 쫓기며 피 말리는 총력전을 기울인 끝에 우리나라는 유엔에 선행투자가 신청 자료를 제출하였다. 마침내 1994년 4월 14일 장 피에르 레비 유엔해양법 사무국장이 3일간의 법률기술위원회 심사 후 "대한민국은 선행투자가로서의 법률요건을 충족하였다."고 발표하면서 축하를 건넸다. 같은 해 8월 2일 국제해저기구 및 해양법재판소 설립 준비위원회의 의결을 거쳐 우리나라는 등록 마감 시한을 불과 3개월 앞두고 세계 7번째 선행투자가로 유엔에 광구 등록국가가 되는 쾌거를 이뤘다. 부트로스 부트로스 갈리 Boutros Boutros-Ghali 유엔 사무총장(재임 1992~1996년)은 1995년 우리나라에 선행투자가 등록증을 발급하였다.

한국의 심해저광구 확보전략을 요약하면 다음과 같다.

첫째, 틈새전략 Niche Strategy. 틈새전략은 틈새시장 niche market을 찾아내 그곳에 경영자원을 집중적으로 투입하여 차별화를 도모함으로써 Only One의 지위를 확보하는 경쟁전략이다.

그림 15.7. 유엔사무총장이 발급한 한국의 선행투자가 등록증

미국의 유엔해양법협약에서의 포지셔닝 positioning은 서명은 하되 비준은 안 하는 정책이다. 반면에 개발도상국들은 서명과 비준을 서둘렀다. 이해의 충돌은 또 다른 협상으로 이어졌고, 선행투자가의 등록시한은 10년 정도 늦춰졌다. 모든 협상은 마지막 단계에서 가장 중요한 문제를 처리한다. 틈새전략은 마지막 단계의 협상에서 우리나라가 끼어들 수 있는 조건과 상황을 끈기 있게 파고든 결과다. 한국은 개도국과 미국·영국이 유엔해양법 협약 비준과 심해저 광업규칙을 협상하는 마지막 협상단계에서 틈새를 비집고 들어가 개도국 선행투자가 시한을 연장하고 선행투자가 요건을 충족하여 개발도상국 선행투자가 방안을 추진했다.

둘째, 추발자전거 게임전략 Road Bike Racing Strategy. 자전거 경주에서 상대적으로 늦게 출발하지만 마지막 순간에 스퍼트함으로써 경기를 이기는 전략이다. 장거리 자전거경주에서는 출발부터 앞장서는 것이 반드시 유리하지는 않다. 초반에 선두에 서게 되면 최선두는 바람막이가 되어 버려서 초반에 힘을 많이 써버리게 된다. 오히려 선두보단 뒤에서 40%정도 위치에 서 가장 힘을 덜 쓰게 되는 것이 중요하다. 추발자전거 전략처럼 한국의 심해저광구 확보전략은 출발이 늦었어도 10여 년간 치열한 다툼 끝에 결승선을 앞두고 선두그룹에 진입했다.

셋째, 빅딜 전략 Big Deal Strategy. 유엔해양법협약이 채택된 1982년 이후 『심해저 광업규칙』이 협상된 1989년에 이르는 가장 중요한 시기에 우리나라는 선진국 그룹과 개도국 그룹 간에서 양측의 정보를 공유함으로써 포지셔닝을 정확히 조정할 수 있었다. 경제 사항 논의는 선진국 그룹과 같이 하지만, 정치 사항 논의는 개도국 그룹과 같이 하면서 양측의 빅딜전략을 파악하고 때로는 조정자 역할을 할 수 있었다.

넷째, 일석이조 전략 一石二鳥 Killing Two Birds with One Stone Strategy. 심해저광구확보전략 사업 추진으로 국내 해양과학기술의 획기적 발전을 도모했다. 선행투자가 조건인 3천만 달러 투자내역 중 70% 이상을 대양탐사능력을 지닌 해양조사선 온누리호 건조와 해양탐사장비 구축에 사용했다. 설사 선행투자가 되지 않더라도 EEZ 시대에 주변국들과의 해양경계 획정 전쟁에 대비한 해양탐사 능력과 인프라를 대폭 확충했다는 의의가 있다. 심해저 광구 확보사업으로 해양 분야 R&D에 대한 정부의 관심과 투자가 획기적으로 증대했고, 해양과학기술인재 양성이 대폭 늘었다.

다섯째, 빠른 추격자 전략 Fast Follower Strategy. 산업화 과정에서 저개발국에서 선진국 대열에 오른 '빨리 빨리 정신'으로 단기간에 최소투자로 최대효과를 얻었다. 선진국 선행투자가들이 30년 이상에 걸쳐 이룩한 선행투자가 자격요건을 한국은 불과 10여 년 만에 조사선도 건조하고, 선행투자가 요건 충족에 필요한 투자도 하고, 심해탐사능력도 갖춘 것이었다.

여섯째, '선치중 후행마 先置中 後行馬' 전략 Register First, Develop Later Strategy. 바둑에서 '선치중 후행마'라는 말은 사활이 걸린 대마의 급소를 먼저 치고, 그 후에 행마를 하면서 승부의 기회를 찾는다는 말이다. '결의 II'에 따른 개발도상국 선행투자가 기회는 마지막 기회였으며, 우선 광구등록을 위해 상업적 가치가 있는 광구 30만 ㎢를 찾는 것이 최우선 목표였다. 최종 광구 7.5만 ㎢에 대한 상업적 광구개발은 추후 등록 선행투자가들과 보조를 맞추면 된다는 전략이었다.

일곱째, '신물경속 愼勿輕速' 전략 Think Cautiously, Act Quickly Strategy. 이 말은 위기십결 圍棋十訣의 하나로 속단하여 덤비면 위험하므로 신중히 생각한 후 착점을 하라는 말이다. 확신하지 말고 심사숙고하라는 말이다. 80년대 초반부터 1994년 광구등록 시점까지 해양법 및 결의 II 내용의 해석, 투자시한의 변화 및 연장기간의 예측, 일본과의 ODA차관 확보 및 건조 협상, 탐사위치 선정, 탐사자료의 분석 및 광구등록 마지막 순간에 치열했던 다른 선행투자가들의 광구중복 회피 노력 등 모든 문제에서 신중하고 또 신중하게 토론과 검토과정이 있었다. 그리고 일단 방침과 전략이 결정되면 신속하게 움직이는 전략을 사용했다.

여덟째, 나비효과전략 Butterfly Effect Strategy. 나비효과라는 용어는 미국의 기상학자 로렌즈 E. N. Lorenz가 사용한 용어로, 어느 한 곳에서 일어난 작은 나비의 날갯짓이 뉴욕에 태풍을 일으킬 수 있다는 이론이다. 초기 사소한 변화가 나중에 막대한 결과를 초래할 수 있다. 심해저광물자원 중 중요한 3대 광종은 망간단괴, 망간각, 해저열수광상이다. 만일 우리나라가 망간단괴 자원 탐사능력을 갖추고, 유엔에 광구를 등록한다면, 공해상이나 태평양 도서국가의 EEZ 해역에 망간각이나 열수광상 광구를 확보할 수 있다. 망간단괴 광구 확보가 가져올 채광기술, 제련기술, 연관 산업기술 등 해양개발분야의 나비효과는 엄청나게 클 것으로 전망했다.

돌이켜 보면 우공이산처럼 무모한 도전이라 하던 유엔심해저광구 확보 전략은 대한민국에 자부심과 국부를 가져다 줄 해양 전략이었다. 선행투자가가 됨으로써 우리나라가 2002년 유엔에 최종적으로 확보한 C-C해역 광구 면적은 7.5만 ㎢이며, 광구에 부존된 망간단괴 추정매장량은 5억 1천만 톤이다. 한국해양과학기술원은 이 중 채광할 수 있는 양은 3억 톤으로 연간 300만 톤을 생산한다고 가정할 경우 100여 년간 개발할 수 있는 양이라고 평가했다. 우리나라는 상업생산을 목표로 정밀탐사와 함께 채광 및 제련, 심해저 로봇 등 관련기술의 개발에서 다른 선행투자가들과 해양 광물자원 개발 경쟁을 치열하게 벌이고 있다. 이 사업으로 우리나라의 해양탐사 능력은 연근해 위주에서 대양탐사를 할 수 있도록 업그레이드되었으며, 온누리호 등 해양 현장탐사 장비의 인프라를 갖추게 되었다. 2006년에는 세계에서 4번째로 수심 6,000m 해저를 탐사할 수 있는 무인잠수정 '해미래'를 개발했다. 우리나라 해양과학 기술에 대한 국내외의 인식이 달라졌고, 선진국과의 공동연구가 급증하는 계기가 되었다. 심해저광구 확보의 성공 스토리로 해양 분야에 대한 정부의 연구개발투자가 획기적으로 증가하였다.

현재 세계는 '심해광물자원 광구 확보 전쟁'이 벌어지고 있다. 공해상 해양광물자원 관리를 위해 설립된 유엔국제해저기구 ISA에 등록된 탐사광구는 세계적으로 2007년까지는 1개 광종인 망간단괴에 관한 8개 광구였다. 하지만, 이후 불과 10년 사이에 공해상 탐사광구는 3개 광종(망간단괴, 해저열수광상, 망간각)의 광구가 30개 지역으로 증대되었다. 뿐만 아니라 해저열수광상이 분포하는 도서국의 EEZ에도 대부분 탐사권이 발급되어 있다. 우리나라의 해양경제영토도 심해저와 타국의 EEZ에서 계속 확장하고 있다. 우리나라는 94년 유엔에 태평양 C-C해역 망간단괴 광구 등록 이후, 통가의 EEZ(2008년 유엔 국제해저기구 ISA 등록)와 피지의 EEZ(2011년 유엔 ISA 등록), 인도양 공해상 중앙해령에 해저열수광상 광구(2012년 유엔 ISA 등록)에 이어 서태평양 공해상 마젤란 해저산 지역에 3천 ㎢의 망간각 광구(2016년 7월 20일 유엔 ISA 등록)를 확보했다. 심해저와 대양연구의 후발주자였던 우리나라는 중국, 러시아에 이어 세계에서 세 번째로 공해상 3개 광종(망간단괴, 망간각, 열수광상) 탐사광구 5개, 총 면적 11만 5천 ㎢를 유엔에 등록한 선도국가로 발돋움하였다. 더욱 주목할 것은 최근 심해 및 열수광구에서 생명공학 발전에 획기적인 도움이 될 수 있는 의약소재나 산업소재들이 속속 발견되고 있다는 점이다. 심해저 광구의 자원 가치를 미래세대가 높게 평가할 날이 올 것이다.

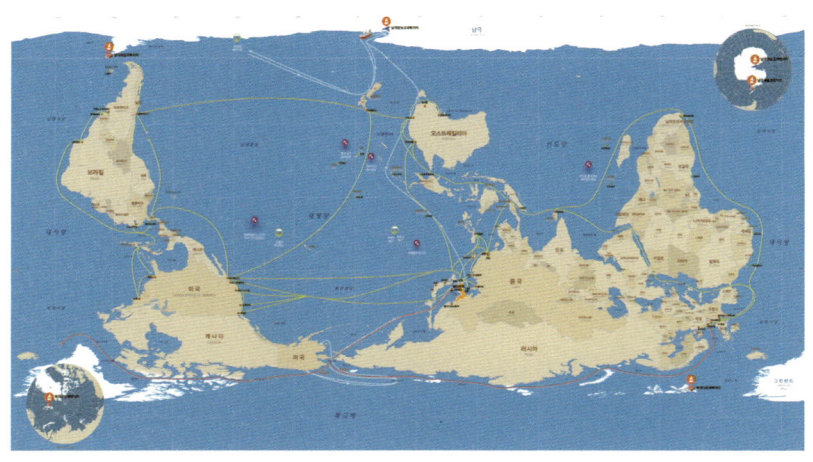

그림 15.8. 거꾸로 된 세계지도의 한국 망간단괴 · 망간각 · 열수광상광구

참고문헌

제9장 팍스 브리태니카

1. 앨리슨 위어 지음, 하연희 옮김,《엘리자베스 1세》, 루비박스, 2007
2. 김정미,〈메리 스튜어트〉,《인물세계사》, 네이버 지식백과, 2009
3. 〈칼레 해전〉, 나무위키
4. 〈항해법 Navigation Acts〉, 위키백과, Britanica Online Encyclopedia
5. 오형규,《보이는 경제세계사》, 글담, 2018
6. 오형규, 위와 동일, p. 175
7. 오형규, 위와 동일, pp. 204~206
8. Stephen Weir,《History's Worst Decisions》, Pier 9, 2008, pp. 64~67
9. 〈Lord Frederick North〉,《History of Government》, Blog GOV.UK
10. 사이토 다카시 지음, 홍성민 옮김,《세계사를 움직이는 다섯가지 힘》, 뜨인돌, 2009, p. 34
11. Stanley Weintraub,《Victoria: An Intimate Biography》, N.Y. Dutton, 1987
12. Andrew Porter,《The Nineteenth Century, The Oxford History of the British Empire Vol. III》, Oxford University Press, 1998
13. 〈영국 제국주의 첨병 동인도회사〉,《오피니언뉴스》, 2018. 12. 30.
14. Paul Kennedy,《Rise and fall of the great powers(강대국의 흥망)》, Vintage, 1989
15. 〈Lord George F. Hamilton〉, Wikipedia
16. 오형규, 위와 동일, p. 133
17. 페터 자거 지음, 박규호 옮김,《옥스퍼드 & 케임브리지(Oxford & Cambridge)》, 갑인공방, 2005, p. 313
18. 〈빅토리아 여왕〉, Wikipedia

제10장 팍스 아메리카나

1. 정병설 외,《18세기의 도시》, 문학동네, 2018
2. 함규진,《조약의 세계사》, 미래의 창, 2014
3. 마이클 우드 외 지음, 박누리 외 옮김,《죽기 전에 꼭 알아야 할 세계 역사 1001 Days》, 마로니에 북스, 2009
4. 〈알래스카 매매〉, 'Treaty with Russia for the Purchase of Alaska: Primary Documents of American History',《The Library of Congress》, 위키백과
5. Ronald J. Jensen,《The Alaska Purchase and Russian-American Relations》, University of Washington Press, 1975

6. Douglas Brinkley, 《The Wilderness Warrior: Theodore Roosevelt and the crusade for America》, Harper Collins, 2009, p. 383
7. Douglas Brinkley, 위와 동일, pp. 297~298
8. Douglas Brinkley, 위와 동일
9. Douglas Brinkley, 위와 동일, pp. 297~298, p. 397
10. 〈시어도어 루스벨트〉, 나무위키
11. 강준만, 〈왜 시어도어 루스벨트는 일본의 한국 지배를 원했는가?: 가쓰라-태프트 비밀 협약〉, 《전쟁이 만든 나라, 미국》, 인물과 사상사, 2016
12. 무라타 료헤이 지음, 이주하 옮김, 《바다가 일본의 미래다》, 청어, 2008
13. 조지 프리드먼 지음, 손민중 옮김, 《100년 후》, 김영사, 2010
14. Robert D. Kaplan, 《Asia's Cauldron》, Random House, 2014
15. Edward N. Luttwak, 《The Rise of China vs. The Logic of Strategy》, Belknap Press, 2013
16. 송홍근, 〈중국 전략목표는 한국의 핀란드화〉, 《신동아》, 2016. 8. 23.
17. 리샤오, 〈미·중 무역전쟁 그리고 경제 글로벌화시대 국가 간 경쟁의 본질에 대하여〉, 길림대 경제금융대학원 졸업식 강연, 2018. 6. 2.
18. 쑹훙빙 지음, 홍순도 옮김, 《화폐전쟁 4》, 알에이치코리아, 2014
19. 쑹훙빙 지음, 홍순도 옮김, 위와 동일, p. 554

제11장 세계 최대 해양영토국가 프랑스

1. 아오키 에이치 지음, 최재수 옮김, 《시 파워의 세계사 1》, 한국해사문제연구소, 1995
2. Anne Salmond, 《Aphrodite's Island》, Berkeley: University of California Press, 2010, p. 90, pp. 118~119
3. 〈폴 고갱〉, 두산백과
4. 〈EEZ〉, Wikipedia
5. 박한빈, 〈프랑스 '인도-태평양 전략' 美와 안보도전 공동 대응〉, 《국방일보》, 2019. 7. 19.
6. 〈콜베르〉, 《인명사전》, 네이버 지식백과
7. 〈프랑스서인도회사〉, 두산백과
8. 아오키 에이치 지음, 최재수 옮김, 위와 동일, p. 225
9. 아오키 에이치 지음, 최재수 옮김, 위와 동일, p. 230
10. 서정복, 《나폴레옹》, 살림, 2009
11. 〈브뤼메르 18일 쿠데타〉, 위키백과
12. 외교부, 〈나. 제1제정(1804~1814)〉, 《프랑스 개황》, 2018. 9, p. 16
13. 〈나폴레옹 전쟁〉, 두산백과
14. 〈인류 최대 '심해탐사'가 시작된다〉, 《The Science Times》, 2018. 12. 20.

15. CMA·CGM,《2018년도 Annual CSR Policy Report》, 2019
16. 〈CMA CGM〉, Wikipedia
17. 〈Messageries Maritimes〉, Wikipedia
18. Engineer-Rear Admiral Scott Hill, 〈Battle of the Boilers〉,《The Engineer vol. 16》, 1954. 7. 23, pp. 351~360
19. 〈"선사는 반드시 살린다"… 수조 원 부은 獨拂〉,《조선비즈》, 2018. 12. 18.
20. 임종관,《THE OCEAN Vol.6》, KMI, 2016. 11.

제12장 중국의 꿈 '해양굴기 海洋崛起'

1. 함규진, 〈정화 鄭和〉,《인물세계사》, 네이버 지식백과, 2009
2. 함규진, 위와 동일
3. 김홍식, 〈정화〉,《세상의 모든 지식》, 서해문집, 2007
4. Michael Pillsbury,《The Hundred-Year Marathon》, St. Martin's Griffin, 2016
5. 강효백, 〈식성 변한 시진핑의 중국… 대륙국가서 해양국가로 급팽창 중〉,《중앙일보》, 2016. 11. 16.
6. 〈美·中한, 세계 곳곳서 군사적 대립… 충돌 우려 커지는 남중국해〉,《한국경제》, 2018. 12. 30.
7. 〈신화통신〉, 2011. 8. 11.
8. 강태호, 〈푸틴의 동방외교와 극동개발의 국제정치2〉,《디펜스21-한겨레》, 2016. 7. 29.
9. 〈김정은, 서해 이어 동해 조업권도 中에 팔아〉,《조선일보》, 2016. 8. 11.
10. 《조선일보》, 위와 동일
11. 〈北 어선 1천500척 동해 대화퇴 어장 집결… 日 "불법조업 겨냥"〉,《연합뉴스》, 2018. 10. 25.
12. 오형규,《보이는 경제 세계사》, 글담, 2018
13. 최형규, 〈'시진핑 사상' 알아야 시진핑 시대의 중국 보인다〉,《중앙일보》, 2017. 10. 17.
14. 최형규, 위와 동일
15. 우야마 다쿠에이 지음, 오세웅 옮김,《너무 재밌어서 잠 못 드는 세계사》, 생각의 길, 2016
16. 중국 국무원,《실크로드 경제벨트 및 21세기 해상실크로드 공동건설 추진의 비전과 행동》, 2015. 3. 28.
17. 1) 김대호, 〈일대일로(一帶一路)에 담긴 시진핑의 4가지 전략〉,《글로벌 이코노미》, 2015. 4. 2.
    2) KIEP·KMI,《중국 일대일로 전략과 활용방안: 항만분야를 중심으로》, 2015
    3) 유상철, 〈B-독을 닮은 시진핑 외교〉,《중앙일보》, 2015. 6. 3.
18. 유상철, 위와 동일
19. 〈그리스 최대 항구, 중국 기업에 매각〉,《서울경제》, 2016. 4. 9.
20. 〈이탈리아, 결국 中 '일대일로' 합류… 항구 4곳 열었다〉,《한국경제》, 2019. 3. 20.
21. 〈중국 53조원 쏟아 '해양굴기'… 세계 50대 컨테이너 항구 60% 장악〉,《한국경제》, 2017. 1. 13.
22. 한우덕, 〈'차이나 패러독스', 대통령의 방미 보따리에 담아라〉,《중앙일보》, 2015. 6. 1.

제13장 섬나라 일본의 줄기찬 해양강국전략

1. 마리우스 B. 잰슨 지음, 손일·이동민 옮김, 《사카모토 료마와 메이지 유신》, 푸른길, 2014
2. 마리우스 B. 잰슨 지음, 손일·이동민 옮김, 위와 동일
3. 탁양현, 《일본 근대 사무라이 사상가들》, 이펍플, 2018
4. 도몬 후유지 지음, 안희탁 옮김, 《사카모토 료마》, 지식여행, 2001
5. 마리우스 B. 잰슨 지음, 손일·이동민 옮김, 위와 동일
6. 〈선중팔책〉, 위키백과
7. 이광훈, 《조선을 탐한 사무라이》, 포북, 2016
8. 무라타 료헤이 지음, 이주하 옮김, 《바다가 일본의 미래다》, 청어, 2008
9. UBC, 《Sea Around Us – Fisheries, Ecosystem and Biodiversity》, 2017. 4. 1.
10. 〈List of countries and territories by land and maritime borders〉, Wikipidia, 2018. 3. 7.
11. Seoung-Yong Hong and Jon M. Van Dyke, 《Maritime Boundary Disputes, Settlement Processes, and the Law Of the Sea》, Martinus Nijohoff Publishers, 2009, pp. 145~176
12. 〈일본, 1600만톤 이상 희토류 발견... 전 세계가 수백 년 사용할 양〉, 《뉴스핌》, 2018. 4. 11.
13. 〈제2의 센카쿠 영토 분쟁 막으려 일본, 148개 외딴섬 인구 늘린다〉, 《중앙일보》, 2017. 3. 29.
14. 이장훈, 〈일본판 '반(反)접근 지역 거부(A2/AD)' 전략〉, 《월간중앙》, 2017. 2.
15. 〈일본 조선업 구조조정, "처참한 실패였다(?)"〉, 《SNN 쉬핑뉴스넷》, 2016. 5. 2.

제14장 한국역사에 나타난 바다경영

1. 강봉룡, 《바다에 새겨진 한국사》, 한얼미디어, 2005
2. 이다지, 《이다지 한국사 1》, 브레인스토어, 2015
3. 한국학중앙연구원, 〈사개송도치부법〉, 《한국민족문화대백과》
4. 현병주 지음, 이원로 옮김·해설, 《사개송도치부법 정해: 조선 송도 상인의 계산과 기록》, 다산북스, 2011
5. 한국학중앙연구원, 〈사개송도치부법〉, 《한국민족문화대백과》
6. 강봉룡, 위와 동일
7. 〈김신 金侁〉, 두산백과

제15장 현대한국의 해양경영과 해양책략

1. 이한우, 〈이승만, 거대한 생애 90년 9번〉, 《올인 코리아》, 2007
2. 정병준, 《우남 이승만 연구》, 역사비평사, 2005, pp. 124~125
3. 정인섭, 〈이승만은 왜 박사 논문을 이 주제로 택하였나?〉, 《뉴데일리》, 2019. 6. 27.
4. 1) 이한우, 위와 동일
   2) 정인섭, 위와 동일

5. 정인섭, 위와 동일
6. 이정식 옮김,《청년 이승만 자서전》, 신동아, 1979. 9.
7. 조갑제,〈한국이 지옥의 문턱까지 갔다가 돌아온 운명의 5일간〉,《조갑제닷컴》, 2015. 6. 22.
8. 이한우, 위와 동일
9.〈평화선〉, 위키백과
10. 최종화,《현대국제해양법》, 세종출판사, 2000, p. 25
11. 이제민 외,《한국의 경제발전 70년》, 한국학중앙연구원, 2015, p. 18
12. 김진현,〈한국의 해양화 혁명과 해양화의 세계화〉, 21c 해양강국심포지엄 기조연설, 2005. 6. 28.
13. Thomas P. Rohlen,〈A 'Mediterranean' Model for Asian Regionalism: Cosmopolitan Cities and Nation-States in Asia〉, Stanford University, 1995
14. David Biello,《Scientific American》, 2006. 11. 2.
15. 이제민 외, 위와 동일, pp. 464~468
16. KDI,《한국경제 60년사》, 2010, p. 212
17. 현대중공업, http://www.hhi.co.kr
18. Allice Hoffenberg Amsden,《Asia's Next Giant: South Korea and Late Industrialization》, Oxford University Press, 1989
19. 현대중공업, http://www.hhi.co.kr
20.〈홍승일의 직격 인터뷰-조선업계 구조조정… 3사·2사 아닌 2.5사 체제로 가라〉,《중앙일보》, A30면 1단, 2017. 4. 7.
21.〈홍승일의 직격 인터뷰〉,《중앙일보》, 위와 동일
22.〈일본 조선업 구조조정, "처참한 실패였다(?)"〉,《SNN 쉬핑뉴스넷》, 2016. 5. 2.
23. 베셀즈 밸류, www.vesselsvalue.com
24. 베셀즈 밸류, www.vesselsvalue.com
25.〈해수부, "해운업 선박경쟁력 강화에 6조 5000억 규모 금융지원"〉,《매일경제》, 2016. 10. 31.
26.〈금융논리 앞세우다 해운업 좌초… 기업 구조조정 '헛발질'〉,《동아일보》, 2016. 12. 14.
27.〈이동걸, 기업 매각 넘어 조선업 항공업 재편을 선택하다〉,《비즈니스 포스트》, 2019. 4. 25.
28.〈"구조조정 헛발질로 한국 해운업 몰락"〉,《조선비즈》, 2016. 12. 21.
29.《조선비즈》, 위와 동일
30.《해성 이맹기》, 2006
31. 남영수,〈잃어버린 해운산업 20년에 대한 변명〉,《CLO INSIGHT》, 2018. 11. 7.
32. 공병호,《김재철 평전》, 21세기북스, 2016
33. 공병호, 위와 동일, pp. 164~175
34. 공병호, 위와 동일
35. 허브 코헨 지음, 강문희 옮김,《협상의 법칙》, 청년정신, 2001
36.《1965 한·일 양국의 수산연감》
37. 1) 외교통상부·해양수산부,《한중 어업협정 해설》, 1999

2) 해양수산부 내부자료, 〈한·일 어업협정 체결과정과 앞으로의 과제〉
3) 국회사무처, 《한일·한중 어업협정의 문제제기 및 개선방안 마련을 위한 토론회 자료집》, 2008
38. 〈김영구, 한일 어업협정, 그 치명적인 실수〉, 《한겨레21》, 제608호, 2006. 5. 3.
39. 헌재 2001.3.21. 99 헌마 139. 판례집 제13권 1집, 676
40. 조세영, 〈'오키나와 핵 밀약' 이끌어낸 정치학자의 죽음〉, 《한겨레》, 2016. 11. 11.
41. 조세영, 위와 동일
42. 이상흔, 〈권철현 대사 인터뷰, "일본 거물 정치인들을 친한파로 만든 비결은?"〉, 《조선pub》, 2016. 10. 18.
43. 1) 외교통상부·해양수산부, 《한중 어업협정 해설》, 1999
    2) 국회사무처, 〈대한민국 정부와 중화인민공화국 정부 간의 어업에 관한 협정문〉, 《한일·한중 어업협정의 문제제기 및 개선방안 마련을 위한 토론회 자료집》, 2008
44. Robin R. Churchill, 〈Fisheries Issues in Maritime Boundary Delimitation〉, 《Marine Policy》, vol. 17-1, 1993
45. 외교부·해양수산부, 《한중 어업협정 해설》, 2002
46. 홍승용, 《바다와 대학》, 블루앤노트, 2009
47. 홍승용, 위와 동일

표 참고

표 11.1. 주요 국가의 EEZ 면적과 순위 / 자료: UBC, 《Sea Around Us – Fisheries, Ecosystems and Biodiversity》, 2017. 4. 1.
표 11.2. 프랑스 본토·해외속령·해외보유도서의 EEZ&TW / 자료: Wikipedia, 2018. 10.
표 13.1. 한·중·일 각국의 영토 및 EEZ 면적 대비 / 자료: UBC, 위와 동일
표 15.1. 1인당 GDP 증가율(1990년 미국 구매력평가 기준, 단위 %) / 자료: 이제민 외, 《한국의 경제발전 70년》, 한국학중앙연구원, 2015. p. 15

그림 참고

그림 10.1. 미국의 영토 확장(1803~1853년) / 자료: 함규진, 《조약의 세계사》, 2014
그림 12.1 정화의 항해기록 / 자료: 김홍식, 〈정화〉, 《세상의 모든 지식》, 네이버 지식백과
그림 12.3. '중국 왕들의 케이크'(1898. 1. 16. 《Le Petit Journal》) / 자료: Wikipedia
그림 12.4. 러시아 극동항만과 자루비노 항 인근 지역 / 자료: 안병민, '북방경제협력과 Zarbino항의 전략적 위상, 그리고 향후 전망' 그림 제공, 〈중·러, 자루비노항 개발 합의... 韓, 암초 만나〉, 《에너지경제》, 2018
그림 12.5. 북한 동·서해 조업권 중국에 판매 / 자료: 〈김정은, 서해 이어 동해 조업권도 中에 팔아〉, 《조선일보》, 2016. 8. 11.
그림 12.6. 중국의 세 대륙을 잇는 일대일로 책략의 공간범위 / 자료: Brian Eyler, 〈China's new silk roads tie together three continents〉, Chinadialogue, 2015. 4. 17.
그림 12.7. 유럽 턱밑까지 진출한 중국의 일대일로 전략 / 자료: 〈쑥쑥 나가는 中 일대일로... 유럽 턱밑 항구까지 진출〉, 《조선일보》, 2016. 1. 22.
그림 13.1. 해양영토 확보 위해 인구 늘리는 일본 섬들 / 자료: 〈제2의 센카쿠 영토 분쟁 막으려 일본, 148개 외딴섬 인구 늘린다〉, 《중앙일보》, 2017. 3. 29.
그림 13.2. 일본의 난세이 제도와 센카쿠 열도 / 자료: 이장훈, 〈일본판 '반(反)접근 지역 거부(A2/AD)' 전략〉, 《월간중앙》, 2017. 2.
그림 14.1. 남·북조 시대의 발해와 주변국들과의 통상로 / 자료: 이다지, 〈발해: 발해를 꿈꾸며〉, 《이다지 한국사 1》, 브레인스토어, 2015

그림 15.1. 프린스턴대학교에서 단행본으로 출판한 이승만 박사학위 논문 『Neutrality As Influenced By the United States』 표지 / 자료: 정인섭, 〈이승만은 왜 박사 논문을 이 주제로 택하였나?〉, 《뉴데일리》, 2019. 6. 27.
그림 15.3. 세계해운 얼라이언스 재편 / 자료: 박도휘 외, 〈해운업의 어제와 오늘, 그리고 내일〉, 《Samjong INSIGHT》, Vol. 64, 삼정KPMG 경제연구원, 2019. 4. 23, p. 31
그림 15.6. 한국과 가장 가까운 이어도의 지리적 위치 / 자료: 〈이어도〉, 《시사상식사전》, 박문각, 네이버 지식백과, 2013
그림 15.8. 거꾸로 된 세계지도의 한국 망간단괴·망간각·열수광상광구 / 자료: 해양수산부

INDEX

ㄱ

가빈 멘지스	123
가쓰 가이슈	167
가쓰라·태프트 밀약	71, 73
강정극	346
개성상인 복식부기	210
견문제	125
게르하르두스 파비우스	175
견훤	207
고디언의 매듭	286
고종	226
고틀리프 다임러	39
공도정책	215
과도수역	328
구빈법	21
구텐베르크	129
국무부	52
국제해양법재판소	303
권철현	322
그레고리우스 9세	26
그레이어 앨리슨	132
그레이트 게임	143, 148
그린 모델 Greenmodal 운송체계	120
기시 노부스케	178
김대중	247, 307
김두영	345
김영삼	246, 303
김재철	296, 300, 301, 302
김정호	202
김진현	303
김형벽	253
김홍식	129

ㄴ

나비효과전략	350
나카오카 신타로	173
나폴레옹	33, 53, 101
낙도보전 기본방침	178
난세이 제도	181

| | |
|---|---|
| 네웨이핑 | 155 |
| 넬슨 | 32, 33, 103 |
| 노무현 | 247 |
| 노재봉 | 302 |
| 노태우 | 302 |
| 농본억상 | 131 |
| 뉴욕양해 | 342 |
| 뉴 프랑스 | 54 |
| 뉴 프랑스 New France의 아버지 | 90 |
| 능창 | 207 |
| 니콜라스 크리스토프 | 243 |
| 니토베 이나조 | 72 |

ㄷ

다금속 망간단괴	336
다오렌 전략	138
다카스기 신사쿠	172
당나라 드림	196
대륙봉쇄령	105
대조영	203
덩샤오핑	132
데이비드 스타 조던	232
도광양회	133
도쿠가와 요시노부	172
두만강지역개발계획	142
두목	195
드 귀베르	102
드레이크	17
드와이트 아이젠하워	232
드 윗 클린턴	50
딘스모어	227
딘 애치슨	136, 233
딥 스타	112

ㄹ

랜드 그랜트법	58
레몽 프앵카레	107
레오나르도 다 빈치	220
로렌즈	350
로버트 더들리	18

로버트슨	233
로버트 카플란	81
로버트 클라이브	36
로버트 필	35
로베스피에르	102
로이즈 리스트	28
로이즈 해상보험	25
루보아	100
루이 14세	91, 97
루이 18세	33
루이스 햄린	226
루이 앙투안 부갱빌	91, 92
루이지애나	53
루카 파치올리	213
류화칭	135, 138
리샤오	84
리처드 그렌빌	14
리처드 닉슨	183, 232, 234

ㅁ

마쓰시타고노스께	249
마오쩌둥	133
마이클 필스버리	131
마크 웨인 클라크	240
마하니즘	81
매슈 페리	166
매킨리	64, 69
맥킨지의 컨설팅 보고서	273
메리 스튜어트	16
명백한 운명	56
명예혁명	22
모험대차	26
문재인	274
미국 금융의 아버지	49
미운 오리 새끼	76
민계식	253
민영환	226

ㅂ

바이런	41

박근혜	270
박정희	247
박춘호	304
반기문	245
발레리 지스카르 데스탱	114
발해	202
밥 루츠	262
배타적 경제수역	327
백년의 마라톤	132
백년의 치욕	131
백진현	304, 345
버논 보그대너	43
베르나르 비올레	110
보스턴 홍차 사건	31
부트로스 부트로스 갈리	347
분발유위	133
브뤼니 당트르카스토	92
브뤼메르	103
비스마르크	39
빅딜 전략	349
빅터 베스코보	108
빅토르 위고	89, 109
빅토리아	33
빠른 추격자 전략	97, 349
빨리빨리 전략	78

ㅅ

사마모토 료마	163
사뮈엘 드 샹플렝	90
사쓰마	173
사이러스 밴스	306
사카모토 료마	174, 221
사토 에이사쿠	183
삼각무역	24
새뮤얼 애덤스	31
새뮤얼 월리스	92
샌프란시스코강화조약	240
샤를 4세	11
샤를르 드골	43, 106
샤오캉	150

선덕제	123
선두주자의 벌금	39
선망어업	297
선장론	299
선중팔책	163
선 치중 후 행마	350
선행투자가 Pioneer Investor 보호제도	338
성종	216
세계 일주항해	91
세계화	35
세종대왕	219
세포이	36
센카쿠 섬 분쟁	181
셈페르 에어뎀	10
소스타인 베블런	39
송도사개치부법	212
수장령	21
쉐릴 우 던	243
스쿠버	111
스테판 팔럼비	246
시변제	212
시어도어 루스벨트	63, 227, 232
시워드의 어리석은 짓	60
시원적 취득방법	237
시진핑	134, 147, 155
신동방정책	143
신물경속	350
심해저개발청	346
심해저광업규칙	341
쑹훙빙	85

ㅇ

아담 스미스	220
아루샤 양해	341
아르망쟝 뒤 쁠레시 리슐리외	97
아르망쟝 리슐리	90
아르비드 파르도	337
아베 신조	178
아베 신타로	178
아이젠하워	233
알래스카	57, 61
알랭 쥐페	115
알렉산더	101
알렉산더 해밀턴	49
알렉산드르 2세	60
알프레드 마한	64, 67
앙리 4세	90
앤드루 잭슨	74
앤드루 존슨	56, 59
앤드류 그로브	295
앤 블린	16
앨버트	40
앨버트 로스탄드	113
앨프레드 테니슨	41
야마우치 도요시게	172
어네스트 시몬스	113
에드워드 3세	11
에드워드 가우딘	114
에드워드 로이드	27
에드워드 루트워크	82, 244
에드윈 라이샤워	196
에밀 가냥	111
에이브러햄 링컨	52, 57
엔닌	196
엘리자베스 1세	9
영국왕립해군	38
영락제	123
영조	220
예측불가능성의 중요성	234
오귀스트 피카르	108
오대양 심해탐사	109
오부치 게이조	314
오위일체	150
온누리호	343
올리버 크롬웰	22, 29, 48, 98
왕건	207
왕후닝	149
요시다 쇼인	174
우드로 윌슨	228, 231
우성리	134
월터 롤리	14
웰링턴	33
윈스턴 처칠	38
윌리엄 매킨리	56, 59, 65, 70, 226
윌리엄 블라이	93

윌리엄 셰익스피어	21
윌리엄 시워드	52, 56, 57
윌리엄 태프트	73, 227, 228, 232
유득공	202
유엔국제해저기구	351
율리시스 심프슨 그랜트	56
이맹기	285, 301
이명박	247
이승만	59, 73, 219, 225
이승휴	202
이와사키 야타로	169
이원로	213
이정기	197
이회림	211
인도-태평양 국가	95
인도통치법	36
일대일로	130, 134, 147, 294
일석이조 전략	349

ㅈ

자동차 속도규제법	39
자산어보	220
자유함	76
자크 사드	115
자크 시라크	114
자크 이브 쿠스토	110
자크 카르티에	90
잠정조치수역	327
장 밥티스트 콜베르	91, 98
장보고	195
장 자크 루소	91
장 프랑수아 라페루즈	94
장 피에르 레비	347
적기 조례법	39, 268
전략적 변곡점	295
점령과 지배의 최소화 책략	37
정약용	220
정약전	220
정조	220
정주영	248
정화	123
제노포비즘	243

제임스 1세	22
제임스 녹스 포크	55
제임스 먼로	60, 66
제임스 베이커	322
제임스 와트	220
제임스 카메론	108
제임스 쿡	91, 92
젠쇼 에이스케	212
조부조항	338
조수호	278
조슈번	172
조중훈	278
조지 3세	31
조지 리바노스	252
조지 마셜	52
조지 엘리엇	41
조지 워싱턴	52
조지 해밀턴	38
존 F 케네디	47, 65
존 듀이	70
존 러셀	34
존 러스킨	41
존 로크	22
존 롱	64
존 메로	337
존 밴 다이크	178
존 오설리번	56
존 왕	116
존 퀸시 애덤스	74
존 페어뱅크	133
존 폴 존즈	64
존 헤이	52, 59, 226
존 호킨스	15, 18
죠반니 카보토	13
주원장	131
중복광구문제	345
지경학	244
지미 카터	306
지오반니 다 베라자노	47, 90
직선기선	312

ㅊ

차인제	212, 214
차 조령	29
차항출해	140, 144
찰스 1세	22
찰스 니드햄	226, 232
찰스 다윈	220, 295
찰스 디킨스	41
찰스 롱바톰	250
찰스 타운센드	30
책임신탁	51
처녀 여왕	10
청교도혁명	22
청해진대사	198
첸쉐썬	138
최각규	302
최기선	253
최정일	345
최후통첩	326
추발자전거 게임전략	349
치국이정	149
치킨게임	261
칭기즈 칸	151

ㅋ

카메하메하 1세	68
카보타지 룰	23
카이사르	101
칸린마루	175
칼 프리드리히 벤츠	39
캐서린	16
커피하우스	25
케임브리지대학	40
코스코	294
코시모 데 메디치	27
콘보이	29
콜베르	98
쿠자와 유키치	174
클라리온·클리퍼턴	336
클리블랜드	69
키플링	148

ㅌ

타히티 여인들	93
태평양 심해저광구	336
테르미도르	102
토마스 로렌	245
토마스 우드로 윌슨	232
토마스 제퍼슨	50, 52
토머스 칼라일	41
통상기선	312
통신혁명	65
통일령	21
투키디데스의 함정	132
트루먼	238
특정 유인 국경낙도 책략	176
틈새전략	348

ㅍ

파나마 운하	68
파비우스	175
파비우스 막시무스	263
팍스 브리태니카	33
팍스 아메리카나	63, 80
패자의 축복	32
패트리셔 에브리	131
펑리위안	135
페니 대학	27
페르디난드 폰 리히트호펜	148
페터 미노이트	48
편의치적선	79
평화선	235, 236
포용의 정치	58
폴 고갱	93
폴 바라스	102
푸틴	143
프랑소와 1세	90
프랑수아 쇼아슬	101
프랑스국립해양연구원	107
프랑스 서인도회사	99
프랜시스 드레이크	14, 16, 18
프랭클린 루스벨트	71, 76
프레더릭 노스	29
프로크루스테스의 침대	282

프리 길버트	14
플라시 전투	36
피레우스	157
필리프 6세	11

ㅎ

한국해양진흥공사	274
한규설	226
한일어업협정	241
한준호	345
한중 어업협정	323
함명철	345
합병운동	68
항해법	23
항해조례	29
해금정책	131, 151
해럴드 맥밀런	43
해리 트루먼	232
해미래	351
해양개발기본법	302
해양개발연구회	301
해양굴기	130
해양수산부	301
해양플랜트	256
해양화 전략	244
해운업 생존·성장책략	287
해운합리화조치	266
해원대 규약	170
핼포드 존 맥킨더	80
허동섭	211
헨리 7세	18
헨리 8세	18
헨리 아펜젤러	226
헨리 카이저	74, 77
헨리 키신저	52
헨리 패트릭	76
헨리 포드	77
헨리 허드슨	47
현병주	213
현행조업유지수역	328
호연호통	152
홍무제	125
홍승용	324, 346
홍재희	345
홍희제	128
화평굴기	133
화폐전쟁	85
회계학의 아버지	213
후발자의 이익	40
후진타오	134
휴 딘스모어	226
휴 브로건	74
흑묘백묘론	132
희망봉	124

해양책략 2
OCEAN STRATAGEM

한국해양수산개발원 학술총서 8

초판 발행　2019년 12월 10일
초판 1쇄　2019년 12월 10일
초판 2쇄　2019년 12월 31일

지은이　　홍승용
총괄기획　장영태(한국해양수산개발원)
펴낸이　　한수흥
펴낸곳　　효민디앤피
출판등록　1998년 9월 11일(제3-329호)
주소　　　부산광역시 부산진구 신천대로102번길 17
전화　　　051-807-5100
팩스　　　051-807-0846

ⓒ 홍승용, 2019
ISBN 979-11-90481-07-6
값 15,000원

본 저작물은 저작권법에 의하여 보호받는 저작물이므로 무단복제, 복사 및 전송을 할 수 없습니다.